U0180821

大美中国系列丛书

The Magnificent China Series

王贵祥 陈薇 主编

Edited by WANG Guixiang CHEN Wei

Brilliant History and Marvelous Temples

王贵祥 著

Written by WANG Guixiang

中国建筑工业出版社
中国城市出版社

『十三五』国家重点图书出版规划项目

序

古罗马建筑师维特鲁威在2000年前曾提出了著名的“建筑三原则”，即建筑应该满足“坚固、实用、美观”这三个基本要素。维特鲁威笔下的“建筑”，其实是一个具有宽泛含义的建筑学范畴，其中包括了城市、建筑与园林景观。显然，在世界经典建筑学话语体系中，美观是一个不可或缺的重要价值标准。

由中国建筑工业出版社和城市出版社策划并组织出版的这套“大美中国系列丛书”，正是从中国古代建筑史的视角，对中国古代传统建筑、城市与景观所做的一个具有审美意象的鸟瞰式综览。也就是说，这套丛书的策划者，希望跳出既往将注意力主要集中在“结构－匠作－装饰”等纯学术性的中国建筑史研究思路，从建筑学的重要原则之一，即“美观”原则出发，对中国古代建筑作一次较为系统的梳理与分析。显然，从这一角度所做的观察，或从这一具有审美视角的系列研究，同样具有某种建筑学意义上的学术性价值。

这套丛书包括的内容，恰恰是涉及了中国传统建筑之城市、建筑与园林景观等多个层面的分析与叙述。例如，其中有探索中国古代城市之美的《古都梦华》（王南）、《城市意匠》（覃力）；有分析古代建筑之美的《名山建筑》（张剑葳）、《古刹美寺》（王贵祥）；也有鉴赏园林、村落等景观之美的《园景圆境》（陈薇）、《水乡美境》（周俭）。尽管这6本书，还不足以覆盖中国古代城市、建筑与景观的方方面面，但也堪称是一次从艺术与审美视角对中国古代建筑的全新阐释，同时，也是一个透过历史时空，从艺术风格史的角度，对中国古代建筑的发展所做的全景式叙述。

在西方建筑史上，对于建筑审美与艺术风格的关注，由来已久。因而，欧洲建筑史，在很大程度上，就是一部艺术风格演变史。所以，欧洲人往往是从风格的角度观察建筑，将建筑分为古代的希腊、罗马风格；中世纪的罗马风、哥特风格；其后又有文艺复兴风格，以及随之而来的巴洛克、洛可可和古典主义、折中主义等风格。而中国建筑史上的观察，更多集中在时代的差异与结构做法、装饰细节等的变迁上。即使是对城市变化的研究，也多是从里坊与街市变迁的角度加以分析。故而，在中国建筑史研究中，从艺术与审美角度出发展开的分析，多少显得有一点不够充分。这套丛书可以说是透过这一世界建筑史经典视角对中国古代建筑的一个新观察。

尽管古代中国人，并没有像欧洲人那样，将“美观”作为建筑学之理论意义上的一个基本原则，而将主要注意力集中在对统治者的宫室建筑之具有道德意义的“正德”、“卑宫室”等限制性概念上，但中国人却从来不乏对于建筑之美的创造性热情。例如，早在先秦时期的文献中，就记录了一段称赞居室建筑之美的文字：“晋献文子成室，晋大夫发焉。张老曰：‘美哉，轮焉！美哉，奂焉！歌于斯，哭于斯，聚国族于斯！’文子曰：‘武也，得歌于斯，哭于斯，聚国族于斯，是全要领以从先大夫于九京也！’北面再拜稽首。君子谓之善颂、善祷。”[①] 其意大概是说，在晋国献文子的新居落成之时，晋国的大夫们都去致贺。致贺之人极力称赞献文子新建居室的美轮美奂。文子自己也称自己的居室，可以与人歌舞，与人哭泣，与人聚会，如此也可以看出其居室的空间之宏敞与优雅。

虽然孔子强调统治者的宫室建筑，应该遵循“卑宫室”原则，但他也对建筑之美，提出过自己的见解：“子谓卫公子荆：‘善居室。始有，曰：苟合矣。少有，曰：苟完矣。富有，曰：苟美矣。’”[②] 尽管在孔子看来，建筑之美，是会受到某种经济因素的影响的，但是，在可能的条件下，追求建筑之美，却是一个理所当然的目标。

可以肯定地说，在有着数千年历史的传统中国文化中，我们的先辈在古代城市、建筑与园林景观之美的创造上，做出了无数次努力尝试，才为我们创造、传承与保存了如此秀美的城乡与山河。也就是说，具有传统意味的中国古城、名山、宫殿、寺观、园林、村落，凝聚了历代文人与工匠们，对于美的追求与探索。探索这些文化遗存中的传统之美，并将这种美，加以细心的呵护与发扬，正是传承与发扬中国优秀传统文化的必由之路。

希望这套略具探讨性质的建筑丛书，对于人们了解中国传统建筑文化中的审美理念，理解古代中国人在城市、建筑与园林方面的审美意象增加一点有益的知识，并能够在游历这些古城、古山、古寺、古园中，亲身感受到某种酣畅淋漓的大美意趣。若能达此目标，则是这套丛书之策划者、写作者与编辑者们的共同愿望。

2019 年 12 月 1 日

---

① [清]吴楚材、吴调侯．古文观止．卷3．周文．晋献文子成室（檀弓下《礼记》）．

② 论语．子路第十三．

目录

导言　从建筑与艺术的历史风格变迁谈起

这套丛书的主题是“大美中国”。谈论中国之美，自然不能不谈到中国古代的建筑之美；而中国古代建筑中，又尤以历代佛教寺院中的造像、壁画、殿阁、塔幢，以及幽邃曲折的寺院空间等建筑、雕塑与绘画艺术遗存，最能激起人们对于“中国之美”的深刻体验与感悟。其中的原委其实十分简单，因为现存中国古代建筑遗存，特别是具有典型中国特征的传统木构建筑遗存中，以佛教建筑覆盖的历史时段最长，分布的地理范围最广，艺术形式也最为丰富而变化多样。此外，在建筑类型与建筑造型的多样性方面，佛教建筑也表现得最为充分。

诚如大家所熟知的，无论是在繁华的帝都华街，纷扰的市井里鄽，还是在凡俗的山野村寨，抑或偏僻的高山林壑中，都可能会发现幽邃寺院中那佛阁层叠、塔影绰绰的熟悉景观；也都会被寺院中那梵呗缭绕、香雾迷蒙、晨钟暮鼓、青灯古佛的静谧与神秘的宗教氛围所吸引。

然而，在展开这一佛教建筑艺术之美的匆匆之旅之前，不妨先对中国古代建筑与艺术发展的一般趋势作一个概要性的描述，从一个宏观的角度，对中国历史上各个主要时代的基本艺术取向与审美趣味，有一个粗浅的了解，或能有助于我们在进一步的深入讨论中，把握住各个时代佛教建筑艺术的本质与特征。

还是先来看看建筑。如果你在很短的时间，去欣赏这样三座同样是三开间的，规模与尺度十分接近的木构殿堂，分别是：唐代的五台南禅寺大殿、辽代的蓟县独乐寺山门、金代的太原晋祠献殿，你会找到什么样的感觉呢?

站在南禅寺大殿的庭院之中，屏住呼吸观察这座规模不大的唐代殿堂（图0-1），你会感受到一种令人感动的豪放、雄阔与力劲。

尽管这是一座尺度不大的木构殿堂，但其屋顶坡度之平缓飘逸，檐下斗栱之简单古朴，四下出檐之深远阔大，檐口曲线之平直舒展，檐下门窗柱额之简率粗犷，都给人以某种雄视天下的凛然大气与咄咄逼人的刚劲力道。

当然，可能有人会说，这座大殿经过了现代人的修葺。但请不要忘记的是，这座大殿的梁架是唐代遗构，其屋顶举折、屋顶两山出际都是原初的形式。建筑保护学者们，通过严格的科学方法，只是将被后人锯短了的檐椽，以及由后人修改过了的檐下门窗，参照唐代木构建筑的原有规制加以修复。至少，这里展示给我们的，正是一座没有掺杂后世艺术趣味的唐代建筑式样，表露的正是大唐时代那感人的艺术气质与氛围。

接着，你来到了蓟县独乐寺山门前（图0–2），静静地观察这座同样是三开间的木构门殿，你会有一种与南禅寺大殿截然不同的感觉。独乐寺山门的屋顶稍稍高峻了一点，但仍不失平缓曲婉的感觉。其出檐依然较深，但由于其翼角有明显的起翘，使得整个屋顶显得柔美轻盈了许多，其檐下的斗栱也显得工整细致了一些，从而略少了唐代建筑的简单直率，反而多了几分醇和的感觉。但整体上看，这座屋瓦脊饰以灰色为主的三间小殿，外观显得古拙、质朴、简洁、宁静，没有刻意的雕琢感，没有多余的装饰感，更多的是巧妙比例与简朴外观的和谐与统一。

然后，你再来到坐落于晋祠圣母殿前鱼沼飞梁南侧的献殿之前。这也是一座三开间小殿（图0–3）。但其屋顶曲线明显陡峻，屋顶覆盖的绿色琉璃瓦与色彩斑斓的屋顶琉璃脊饰，使得这座小殿屋顶，更显得精美而稍显艳丽繁缛。檐下斗栱尺度虽然依旧硕大，但也似乎显得有点丛密、喧闹。当然，再加上这是一座空间本来就应该开敞的献殿，故其四围并没有设置习惯上常见的厚重墙体，而是用了类似木栅栏的做法，反而更显出这座小殿玲珑剔透的雕琢感。这里既不见南禅寺大殿的雄阔大度，也不见独乐寺山门的古拙醇和，有的反而是某种不拘一格的放浪与精雕细琢的礼赞。

当然，也许有人会说，晋祠献殿，并非是一座佛殿，而是一座具有地方信仰性质的准宗教祭祀建筑。但这毕竟代表了一个时代、一种风格。晋祠献殿的基本结构与装饰风格，不会与金代同样规模的佛殿建筑有太大的差别。

佛塔造型艺术的历史变迁情况，似乎更为简单明了。唐代的佛塔，以楼阁式塔为例，如西安兴教寺玄奘塔（图0–4），方形的平面，简单明

图0-1　山西五台县南禅寺大殿（唐）

图0-2　天津蓟县独乐寺山门（辽）

图0-4　陕西西安兴教寺玄奘塔（唐）

图0-3　山西太原晋祠鱼沼飞梁前献殿（金）

了的逐层递减节律，叠涩的出檐，素朴简率的塔身轮廓线，一股直捷明快的艺术感觉扑面而来。宋代的佛塔，如定州开元寺料敌塔（图0–5），八角形平面，依然用了叠涩的出檐，但首层屋顶上的平坐下用了雕刻的斗栱装饰，各层门窗也有雕刻，显然已经精细了许多。至于南宋时代的泉州开元寺塔（图0–6），则以其精致细密的仿木构造型外观，给人以精雕细刻的感觉。其后的明清佛塔（图0–7），装饰之细密，造型之羁直，工艺之精准，更不待言。

接下来，我们再来看一看寺院中的佛造像。唐代以前的早期佛造像，无论是云冈石窟佛像中透露出的犍陀罗艺术影响，还是炳灵寺石窟具有中土意味“瘦骨清像”风韵的佛造像（图0–8），其艺术的魅力，早已被艺术史家们讨论得广为人知。

既然佛殿只有唐代的遗存，我们还是从唐代造像艺术谈起。洛阳的龙门石窟奉先寺卢舍那大佛所表现出来的大气磅礴的造像比例，与神秘微妙的面部微笑，应该是唐代造像艺术的集中代表（图0–9）。敦煌石窟唐窟内的佛与菩萨造像、山西晋城古青莲寺内唐代弥勒佛及其侍从菩萨的造像（图0–10），也都是体态雍容饱满，面相精妙大气，艺术气度不凡。

大同华严寺内的辽代佛与菩萨造像（图0–11），尽管依然透着神秘的微笑，但其绰约的身姿，姣好的面容，柔美的手印，已经变得更令人容易接近了。而重庆大足石刻中的宋代佛造像（图0–12），更是变得柔美端庄，慈眉善目，多了一些凡人的柔和与亲近，却少了一些佛与菩萨的神秘与威严。

辽宋以降的佛造像，在艺术的创造力上，似乎有一些渐趋衰微的感觉。如果说元代佛造像（图0–13），尚保留了一些多少浸润了藏传佛教造像意味的放浪与不拘一格，从而变得潇洒与奔放；明代佛造像（图0–14），亦多少保留了一些宋代雕塑的雍容与优雅，显得端庄与大方；那么，到了清代佛寺中，一般的佛造像，则被华丽的服饰包裹得严严实实，形象上更多了一些人为的故作姿态、繁琐的细密装饰与金光灿灿的凡俗与华丽（图0–15），却少了一些超凡脱俗的艺术氛围与惟妙惟肖的宗教神秘。

说到历代雕塑艺术的变迁，我们还可以举出一个更为显而易见的例

图0-5　河北定州开元寺料敌塔（北宋）

图0-6　福建泉州开元寺仿木石塔（镇国塔，南宋）

图0-7　北京颐和园琉璃多宝塔（清）

图0-8　甘肃临夏永靖县炳灵寺石窟第125窟造像（北魏）

图0-9　河南洛阳龙门石窟卢舍那大佛造像（唐）

图0-10　山西晋城青莲寺下寺大殿内佛造像（唐）

图0-11　山西大同下华严寺薄伽教藏殿造像（辽）

图0-12　重庆大足石窟菩萨造像（宋）

图0-13　山西五台县广济寺佛造像（元）

图0-14　山西大同上华严寺大殿佛造像（明）

图0-15　浙江普陀山法雨寺九龙殿菩萨造像（清）

图0-16　江苏丹阳南朝梁萧景墓石刻天禄（南朝）

图0-17　陕西乾县乾陵石狮雕刻（唐）

子。不同时代的石狮子造型，就透露出截然不同的艺术格局。这方面的例子，较为早期的，可以举出六朝齐梁时期的石刻天禄（图0-16）。这是一种类似狮子造型的雕刻。但其形体曲线之简单刚劲，充满了向上跃动的张力。更为令人吃惊的是，在这些六朝石刻天禄造型中，还有双翼的造型，显然表现了其受到西亚艺术影响的痕迹，却也恰恰从一个侧面说明，这一时期的艺术家，在创造力上的自信、奔放与不拘一格。

更为典型的例子，是唐代乾陵墓道旁的石刻狮子造型（图0-17）。狮子呈蹲踞之势，作大吼状，其形体线条之简单，外观形态之有力，俨然一副雄视天下的气派。狮子的身体上，几乎没有什么装饰，却表现出大气凛然的雄阔与力劲。

这一点正如鲁迅先生所说的："遥想汉人多少闳放，新来的动植物，即毫不拘忌，来充装饰的花纹。唐人也还不算弱，例如汉人的墓前石兽，多是羊、虎、天禄、辟邪，而长安的昭陵上，却刻着带箭的骏马，还有一匹鸵鸟，则办法简直前无古人。……汉唐虽然也有边患，但魄力究竟雄大，人民具有不至于为异族奴隶的自信心，或者竟毫未想到，凡取用外来事物的时候，就如将彼俘来一样，自由驱使，绝不介怀。"[①]用鲁迅这段话中表达的意思，来理解南朝石刻天禄与唐代石狮子的造型，是再贴切不过了。

北宋皇陵墓道上的狮子造型（图0-18），多呈行走的姿态，姿态依然雄劲，但气势与力道已经难以与唐代石狮造型同日而语了。其鬃毛更多了一些装饰的意味，加上颈项上的链条，及四肢与胸前的佩饰，更显得驯顺、柔和，甚至乖巧了许多。

其后的狮子造型，就是我们所常见的明清宫殿、衙署与寺院前的狮子雕刻了（图0-19）。这些石刻狮子，多经过精雕细刻，装饰精美，比例严格，形象端庄谨讷，有时甚至还会表现出一些憨态可掬的玲珑样貌，更像是一尊经过专门训练的看门驯兽，而非傲视天下的雄狮。其中的审美品位与艺术风格的历史变迁，应该是显而易见的。

我们再把视线转向建筑，来看一下历代建筑的室内装饰。中国古代木构建筑的室内装饰中，最引人瞩目的往往是位于室内空间中心地位的天花藻井。藻井，又被称为"承尘"，其最初的功能，可能是用来厌火的，但却成就了某种装点室内空间之核心位置的作用。

藻井之设，至迟不会晚于南北朝时期。据《南齐书》载，南齐东昏侯萧宝卷永元二年（500年），其宫殿后宫起火遭焚，之后为了重新装饰内宫，萧氏更是大起仙华、神仙、玉寿，诸殿刻画雕彩，室内装点涂壁锦幔珠帘，穷极绮丽："执役工匠自夜达旦，犹不副速，乃剔取诸寺佛刹殿藻井，仙人骑兽，以充足之。"[②]说明这一时期的宫殿与寺院殿堂中，多有藻井之设。

---

① 鲁迅．坟．看镜有感．

② 钦定四库全书．史部．正史类．[南朝梁]萧齐显．南齐书．卷七．本纪第七．东昏侯．

图0-18　河南巩县宋陵石狮雕刻（北宋）

图0-19　北京故宫太和门前铜铸狮子雕刻（清）

然而，作为一种小木作结构，其耐久的时间，甚至不如大木梁架，所以，辽宋之前建筑物中的藻井，没有一个实存的例证。目前所知辽代殿阁中的藻井，一是蓟县独乐寺观音阁内的藻井（建造于984年），造型与结构极其简单，直接用了斗八的木肋梁（图0-20），形成一个形如穹隆的顶盖，木肋梁之间，用菱形的细木密肋，承托藻井上表面的顶板，密肋上饰有色彩。二是应县木塔首层大佛之上覆盖的藻井（建造于1056年），其做法与蓟县独乐寺观音阁内藻井大体上接近，只是菱形细木密肋的做法更为精细，彩画也更为华美（图0-21）。这可能是因为，应县

图0-20 天津蓟县独乐寺观音阁内藻井（辽）

木塔的建造时间，略晚于蓟县独乐寺观音阁。

与辽代这两处藻井的建造时间最为接近的是北宋初年宁波保国寺大殿内的藻井（建造于1013年）。虽然依旧用了斗八的做法，同样是八角密肋梁所承托的穹隆式造型，但在做法上却精致了许多。如斗八藻井之下，用了斗栱承托；八角密肋变成了曲婉的圜和形式，其上则用圆形横环木肋，显得更为圆润、细腻。然而，尽管这样，这款北宋藻井，仍然不失简约、大气、优雅的气质（图0-22）。

尽管辽与北宋时期藻井之间有一些差别，辽之朴素、率直、粗犷，与北宋之简约、精致，富于设计的感觉，多少表现了两者之间的文化差异，但由于时代比较接近，这两种藻井，都还属于比较质朴、简单、豪放的艺术类型。

再来看一看时代更晚一点的金代藻井。一个典型的例子是山西应县净土寺大殿藻井（图0-23）。这是怎样一款华丽、精美、细密的小木作艺术品？先是在方形的中心梁架网格中，用细密的斗栱承托起四个方向的天宫楼阁造型，每一楼阁又有自己的柱子、勾阑、斗栱、屋顶系统。天宫楼阁之上，在方形顶盖中，再通过抹角处理，形成一个八角形平面的藻井。八角形的八条边上，丛丛密密地布满了斗栱。藻井中央是木刻的二龙戏珠；藻井四角，亦为木刻凤凰的造型。整个藻井繁缛、细密、精

图0-21　山西应县佛宫寺释迦塔首层藻井（辽）

图0-22　浙江宁波保国寺大殿藻井（北宋）

图0-23　山西应县净土寺大殿藻井（金）

致、华美、绮丽。这里再不见辽代藻井之古朴、简单、豪劲，亦不见北宋藻井之曲婉、圜和、优雅。虽然不过是一二百年的时间差别，金代藻井与辽及北宋时代藻井间的艺术品味与审美趣尚的差别竟是如此之大，不能不令人感喟不已。

如果说金代藻井小木作艺术，虽然繁密、琐细，但还透露出工匠们当时某种内心的情感奔放与艺术意趣的自由放浪，那么，再来看一看清代建筑中的藻井，却似乎只剩下丛密、繁缛、工细了。典型的例子，可以举出北京故宫太和殿内的藻井。

这款藻井艺术品，充溢着皇家的尊贵、豪奢，金碧辉煌气氛，除了细密的斗栱之外，就是精雕细刻的盘龙卧凤。藻井中心龙口中，又垂下宝珠华盖。在艺术品鉴上，太和殿内的藻井，除了华贵、繁密、精细之外，唯一使人能够感觉得到的，只是工匠如履薄冰般的小心翼翼与精准工细、严整规矩，其中看不出丝毫具有创造性的艺术松弛与张力，反而显得过于古板与工整（图0–24）。

当然，如果说清代北方官式建筑物内的藻井，更多地显示了清代建筑的羁直、规矩与工细，则清代一般地方建筑物内的藻井（图0–25），以及清代地方一些建筑物的屋顶瓦饰（图0–26）、檐下斗栱（图0–27）等，在艺术取向上，都会表现为极其繁缛、细密、精美，又极尽装饰堆砌之能事，其风格略近西方大约同一时代的“洛可可”艺术。这一时期建筑物内的小木作艺术品，在工艺技术的繁复程度上，可以说是达到了登峰造极的地步；但是，在艺术上却乏善可陈，甚至显得多少有点过于细密、工整、繁缛与冗余。其艺术品位与审美意趣，难以与辽、宋、金时代的藻井、斗栱等小木作艺术同日而语。

显然，历代佛寺之美，并没有一个亘古不变的模式，而是随着时代的变迁，并沿着不同时代的文化与艺术好尚之轴而悄然变化着的。无论是寺院内的木构殿堂，还是殿堂内的佛、菩萨造像；是殿堂外的装饰性配置物，抑或是殿堂室内的藻井、天花、佛座、佛道帐，乃至门窗、彩绘等，一切可见的造型、装饰等艺术组成部分，都会随着时代的变化而变化，也都会与其所处的那个时代的基本的艺术趣向与审美品味相一致。

图0-24　北京故宫太和殿藻井（清）

图0-25　江苏苏州全晋会馆戏楼藻井（清）

图0-26　广东佛山祖庙屋顶瓦饰（清）

图0-27　山东聊城山陕会馆入口檐下斗栱（清）

这种现象，或可以被归纳在“艺术史视野下的建筑史”这一命题之下。因为，尽管古代中国人，仅仅把建筑看作是遮风避雨的房子，至多不过是工匠们营造技艺的产物，甚至被历来的儒家士大夫视作是难登大雅之堂的雕虫小技，但是，在很大程度上，在现代人，抑或在传统西方人的语境中，建筑却被看作是一门艺术。而透过艺术的视角所观察到的房子，确实与仅仅通过技术与功能的视角所观察到的房子，在感觉上是大相径庭的。

梁思成先生早已注意到这一点。在第二次世界大战期间，在十分艰难困苦的条件下，先生在四川南溪县李庄撰著《中国建筑史》，就从艺术史的角度，对中国古代建筑的发展，作出了许多十分有价值的判断。这里不妨举出两个例子，是他在书中结尾部分所附的两张图。一张是“历代木构殿堂外观演变图”，另外一张是“历代佛塔型类演变图”。两张图都是尝试着从建筑造型的艺术视角，对中国古代建筑作一种历史风格变迁的探索。

在这两张图中，梁先生已经开始使用一些艺术史上习用的风格语汇，对建筑作历史风格的区分。如在“历代木构殿堂外观演变图”中，梁先生将尚存历代木构殿堂，分为三个历史时段（图0–28）。首先，将唐代、辽代，以及北宋初年的木构殿堂，归为一类，称之为“豪劲时期”；然后将《营造法式》问世之后的北宋末年，以及受到南宋影响的金代、元代木构殿堂，归为一类，称之为“醇和时期”；最后将人们习见的明清时期的木构殿堂，归为一类，称之为“羁直时期”。尽管，限于当时的条件，梁先生手中能够掌握的历代建筑案例十分稀少，但这一大致的历史风格分期，却是十分恰到与精准的。

中国古代佛塔建筑遗存的数量较多，时间跨度也较大，故在“历代佛塔型类演变图”（图0–29）中，梁先生将自北魏至唐末的佛塔，归在了“古拙时期”的门类之下，将五代、宋、辽、金、元的佛塔，归在了“繁丽时期”的门类之下，最后，将明、清两代的佛塔，归在了“杂变时期”的门类之下。这样一个基本的分类，对于理解现存历代佛塔的艺术造型风格，大体上也是适当的。

然而，实际上，无论是佛塔，还是佛寺内的殿阁、楼堂，如果作进一

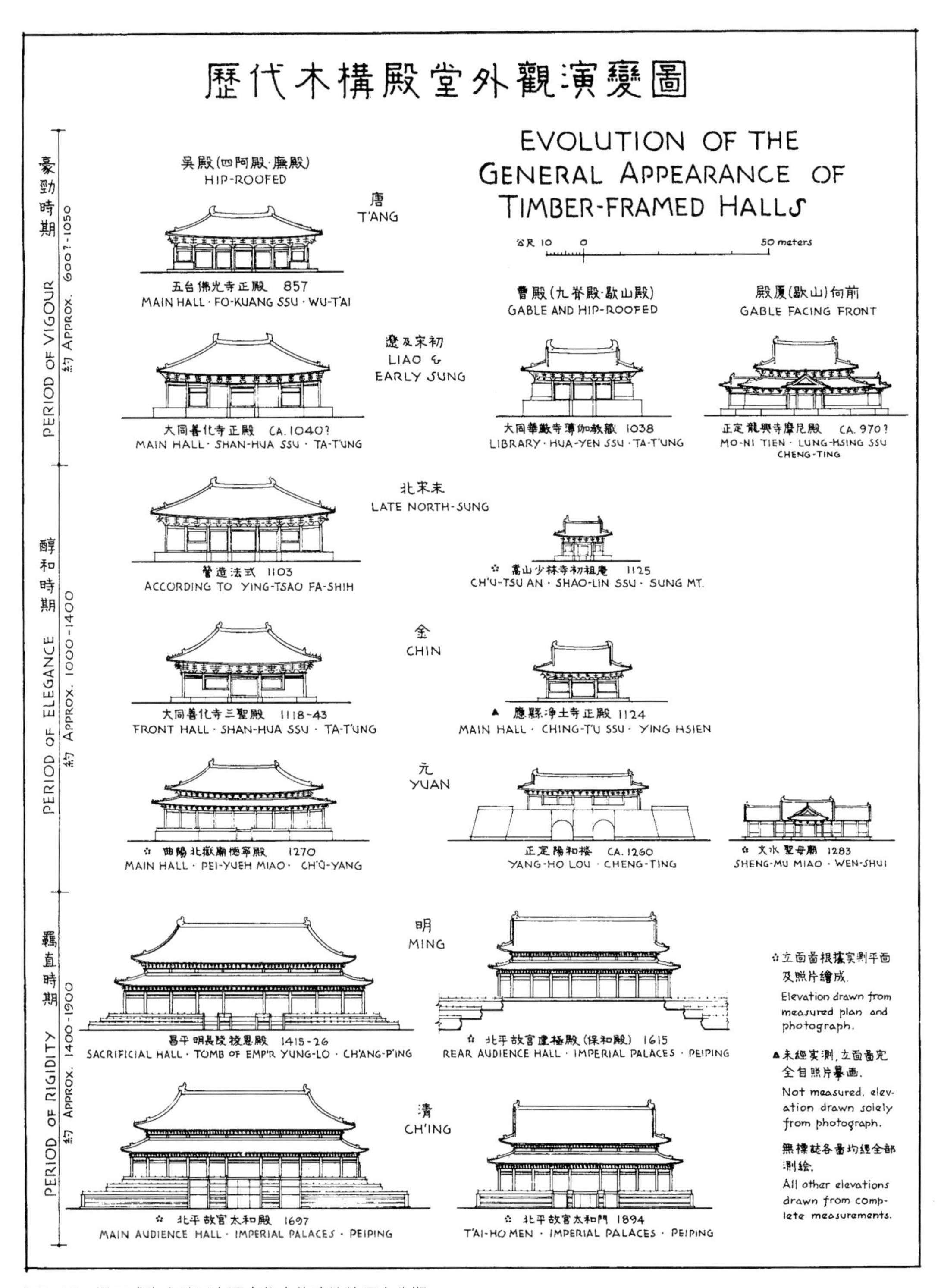

图0-28 梁思成先生关于中国古代木构建筑的历史分期

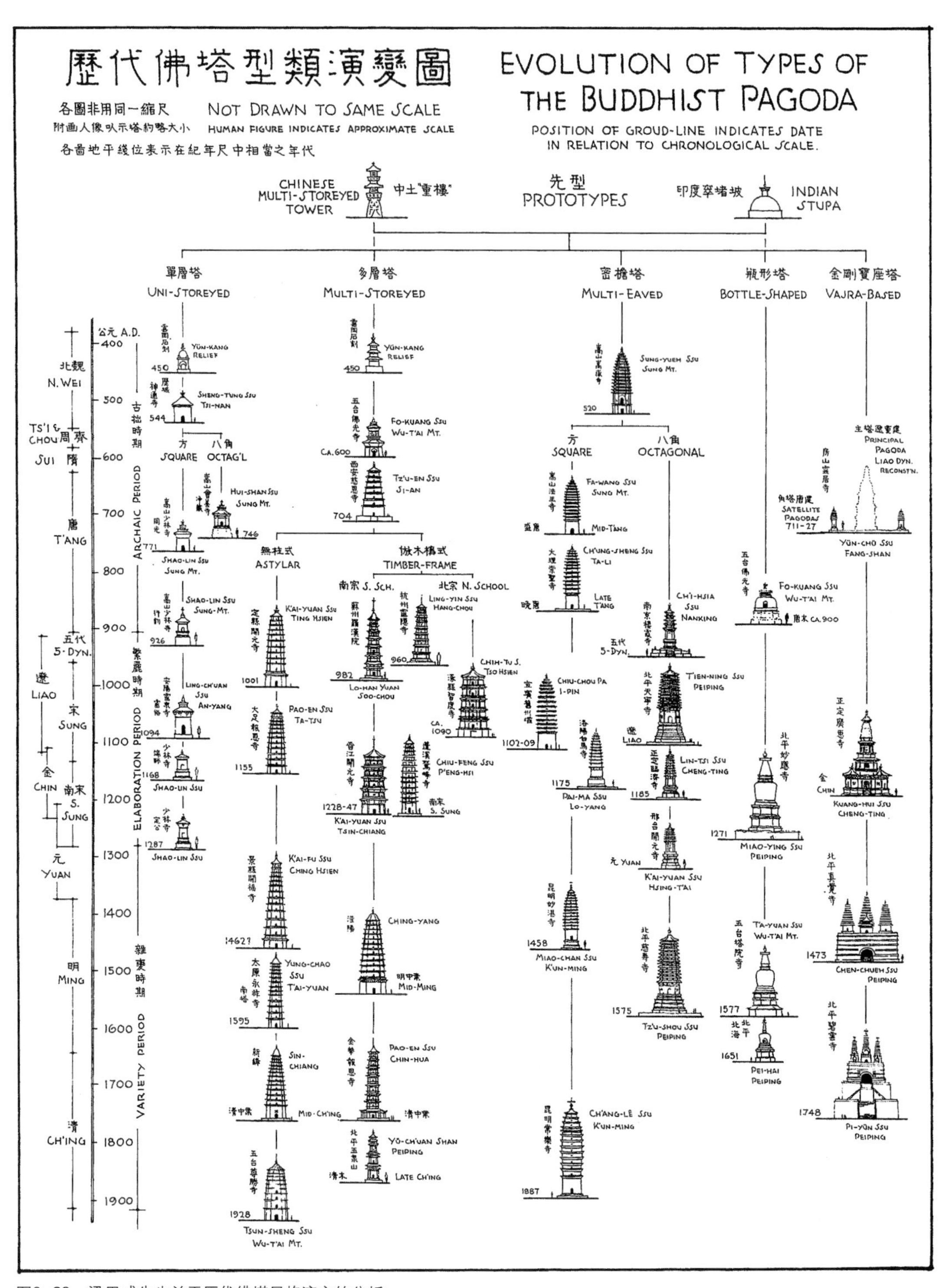

图0-29　梁思成先生关于历代佛塔风格演变的分析

步的分析与归类，则三个历史风格时段的划分，其实还是很不充分的。比如，北宋初年，与北宋末年，以及南宋时代，在艺术趣尚上，就有很大的差别。梁思成先生已经注意到这一点。

金代建筑的艺术趣味，似乎更接近南宋建筑，但又独具金人不拘一格的特征，却与同是北方民族的辽人，在艺术品味上大相径庭。若说辽代殿阁“古拙”“豪劲”，金代建筑则只能用“柔和”“繁丽”称之了。

元代建筑也颇有南宋或金人的遗韵，但又不同于金或南宋。明清北方官式建筑，在艺术品味上十分接近，但也存在微妙的差别。明清北方官式建筑，与明清时代的各地地方建筑之间的差异，却存在不可思议的巨大差别。北方官式建筑，大致可以归在梁先生所名之为的“羁直”风格上，而许多地方建筑，却表现为“繁复、绮巧”，抑或只能以“杂变”这个概念而论之了。

也就是说，尽管是在实例十分珍稀的情况下，梁思成先生透过自己独到的艺术史视角，所提出的诸如“豪劲”“古拙”“醇和”“繁丽”“羁直”“杂变”等艺术风格分类，对于理解中国古代不同时期建筑的艺术风格趣向，仍然具有十分贴切与恰到的意味。

让我们就循着梁思成先生中国建筑艺术风格分期的视角与思路，对中国古代佛寺中的殿阁、塔幢做一次穿越历史的学术与艺术之旅吧。

第一章　豪迈雄劲隋唐风

引子　隋唐艺术一瞥——遒劲雄阔

尽管佛教的传入可以追溯到公元之初的汉明帝时，但是自东汉、三国至两晋、十六国时期将近四百年的佛教建筑，只能从史料中找到一些蛛丝马迹，尚存的佛教建筑遗存，最早也只能见之于始于5世纪初的南北朝时期。

如前文中所提及，也许是受到西来佛教及其造像艺术的影响，南北朝至隋唐时代的佛造像及这一时期的其他雕塑艺术，充满一种令人感动的简单、雄劲与气势恢宏的艺术张力。北魏云冈石窟巨大的佛造像，如第20窟大佛（图1-1），自不待言，其无论在造型的雄浑，比例的恰到，衣纹的简洁，面相的庄严方面，都有一种佛教初传中土之时那种与生俱来的淳朴、简单与大气磅礴。南朝佛造像遗存相对比较罕见，但南朝萧梁墓地上的天禄石吼造型（图1-2），其造型之简约流畅，线条之舒张有力，还毫无顾忌地加上了显然来自西亚古代雕塑中

图1-1　山西大同云冈石窟第20窟造像

图1-2　江苏丹阳南朝梁萧氏墓前东天禄石吼

的双翅，简直没有半点的犹豫与胆怯，这里显示了早期中国雕塑艺术多么雄阔的豪放与包容。

再来看看唐代帝陵前的石狮（图1–3），那藐视万物的蹲踞姿态，雄视天下的傲然身形，凸凹有力的肌肉表现，华美高贵的鬃毛卷髻，都透着大唐艺术家内心的豪迈与雄劲。当然，能够代表唐代佛教艺术风范者，当首推洛阳龙门石窟奉先寺卢舍那大佛莫属（图1–4）。这尊雕凿于7世纪中叶，高达17.14米的石刻佛像，其比例之匀称，面相之庄严，神韵之玄奥，气势之豪放，更是前无古人。

然而，由于历史的久远及木结构的难以保存，隋唐以前的佛教建筑，除了石窟寺之外，几乎没有什么可见的佛教建筑遗存。史料中可知的最早的佛教建筑之一，是三国时的笮融："乃大起浮图祠，以铜为人，黄金涂身，衣以锦采，垂铜槃九重，下为重楼阁道，可容三千余人，悉课读佛经。"[①]其造型大约是在中国式木构楼阁之上，覆以印度窣堵坡式覆钵及相轮的形式。近年在湖北襄阳出土的东汉楼阁式佛塔造型（图1–5），多少弥补了我们对笮融时代这种早期木构楼阁式佛塔造型的想象。

尽管南北朝时期的佛教建筑，达到了中国汉传佛教建筑史上的第一次高潮，北魏时还曾创建了冠绝古今，高度接近150米的木构佛塔——洛阳永宁寺塔（图1–6），然而，令人遗憾的是，汉魏时代的佛教建筑，除了石窟寺及若干尚存的佛塔，如著名的登封嵩岳寺塔之外，多已湮没在历史的尘埃之中，木构殿堂更没有一例留存，故这里将讨论的重点放在隋唐时期，特别是唐代的佛教寺院与建筑。

---

① ［南朝宋］裴松之注．三国志．卷四十九．吴书四．刘繇太史慈士燮传第四．

图1-3　陕西乾县唐乾陵石狮

图1-4　河南洛阳龙门石窟奉先寺卢舍那大佛造像

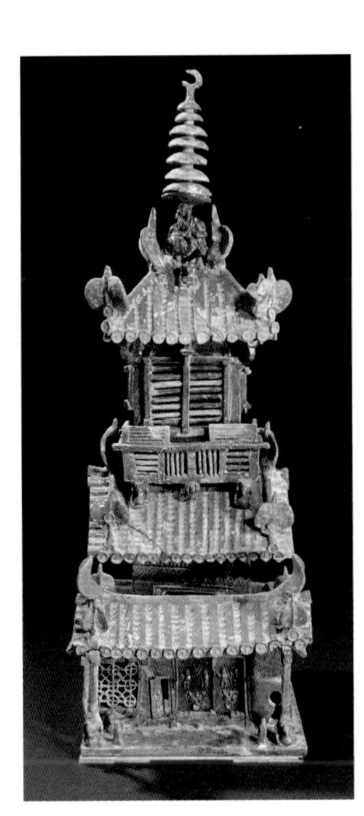
图1-5　湖北襄阳出土的东汉陶塔

图1-6　北魏洛阳永宁寺塔立面图

第一节　文字与图像史料中的唐代佛寺与殿阁

谈到唐代佛教寺院建筑及其艺术风尚，人们很容易联想到唐代人柳冲的一段话：“山东之人质，故尚婚娅，其信可与也；江左之人文，故尚人物，其智可与也；关中之人雄，故尚冠冕，其达可与也；代北之人武，故尚贵戚，其泰可与也。”[①]这里的山东人大体是指华北地区，即冀鲁豫一带的人；江左人大体是指江浙一带的人；代北人主要是指长城以北地区的草原游牧民族；而关中人，则主要是指关陕陇右一带的人。

事实上，隋唐两代的统治中心，主要是在关中一带。隋唐两代的统治者，也主要是北朝末年以来一直十分活跃的贵族集团，即关陇集团的人。由此可以推知，隋唐两代的主流文化，应该更具有关陇集团的代表人物们所崇尚的“雄大”气概。这或也解释了，何以隋唐两代的城市、建筑、雕塑等艺术，多充满了豪迈雄劲之气的可能原因。

尽管隋代的国祚仅有37年时间，但在中国汉传佛教建筑史上，却有其不可替代的历史地位。隋之前的两晋、南北朝数百年，佛教在中土地区呈现出喷涌式发展。一批天竺、西域卓越高僧，不顾中土战乱频仍，前仆后继来到这里译经弘法。东晋高僧法显富于传奇色彩的西游取经历险过程，也以顺利返回中土并完成《佛国记》的撰写而告结束。经由高僧佛图澄的大力推动，尤其是其高足释道安两次“分张徒众”，汉传佛教传布范围大为扩展，汉译佛经数量迅速增加，寺院建筑遍布大江南北。

南北朝佛教，呈现出各不相同特色：北朝僧侣重修持，讲禅定，不仅建立了无数寺塔，还开凿了一大批石窟寺。受到士族文化熏陶的南朝僧侣，重义理，讲弘传，南朝寺院中很早就将“讲堂”设置在寺内重要位置，南朝首都建康，更呈现了“南朝四百八十寺，多少楼台烟雨中”[②]的繁盛场面。

一、隋唐佛教寺院简说

隋代第一次将南朝与北朝的佛教整合为一，并刻意搜罗散落的佛教经典，组织专门翻经院，对佛经进行系统翻译整理。隋代文、炀二帝，还借助国家力量，在全国

---

① 钦定四库全书．史部．正史类．[宋]宋祁．新唐书．卷一百九十九．列传第一百二十四．儒学中．柳冲传．

② 钦定四库全书．集部．总集类．御定全唐诗．卷五百二十二．杜牧．江南春绝句．

范围内，大规模推进佛教寺塔建设。隋文帝甫一登基，就在他龙潜时曾生活过的45个州，建立了45座“大兴国寺”，并且在五岳等一些名山之下各建造一座寺院。之后的仁寿年间，又将沙门赠予他的佛舍利，分赠天下各州，建立塔寺。先后在全国110个州，建造了瘗藏这些舍利的舍利塔，大大推动了隋代佛教及其建筑的发展。

虽然唐代统治者，为了自身利益，将道教置于佛教之上，引起了一些佛教徒的不满，初唐时期的统治者，甚至还曾对佛教采取了一些限制性的措施，但是从有唐一代的历史来看，却是中国汉传佛教寺院发展最为鼎盛的一个时段。太宗为了安抚战死疆场将士们的英灵，在他曾经战斗过的10个地区，建造了10座寺院。其中最著名者，就是建造于古幽州的悯忠寺（今北京法源寺）。高宗已经开始留意佛教，武则天对佛教也表现出了极大的热情，曾经在全国各州，建立“大云寺”。之后的唐中宗，也曾效法其母，在全国各地建造“龙兴寺”。盛唐开元之年的唐玄宗，更在全国各地建造“开元寺”。寺院分布范围之广，寺院基址面积之大，都达到了前所未有的规模。

从历史的角度观察，隋唐两代的佛教寺院，很难作截然的分割，唐代的一些著名寺院，如长安大兴善寺，其实是在隋代时创建的。唐长安城西南一隅，矗立的两座7层高木构楼阁式塔：大庄严寺塔与大总持寺塔，也是隋炀帝分别为其父隋文帝与其母献文皇后建造的，原名分别被称为东、西禅定寺塔。

当然，中国人对唐代情有独钟。回望大唐，一直是中国人魂牵梦绕的一个憧憬。建筑史上的情形也是一样，一提到唐代建筑，中国的建筑学人们，就会有一种激动与自豪的情感油然而生。

前辈建筑史学家梁思成先生发表在《中国营造学社汇刊》中的第一篇论文，就是“我们所知道的唐代佛寺与宫殿”[①]，或也大概可以看出，中国建筑学人，对于唐代建筑的崇尚与向往。

在这篇文章中，梁先生透过文字史料与敦煌壁画中的图形资料，对唐代的宫殿与佛寺进行了最初的全面梳理，初步想象复原出了唐大明宫的大致平面。并对敦煌壁画中所表现出来的唐代佛教寺院平面配置的基本特征，佛寺内殿阁楼台等主要建筑类型，样态纷呈的佛塔形式，以及木构佛殿建筑的色彩、台基、阑干、柱额、斗栱、屋顶、脊饰等，一一作了十分详尽的分析与说明。

那么，唐代佛寺建筑中，有什么特别值得我们去了解与关注的呢？首先是唐代寺院

① 梁思成. 我们所知道的唐代佛寺与宫殿. 中国营造学社汇刊. 第三卷. 第一期，1932：75-114.

的规模宏大；其次是唐代寺院内建筑的恢宏尺度；然后，是唐代寺院内建筑空间的曲折繁复，层叠错落。这些，无一不透露出唐代佛教寺院建筑的豪放、大气与雄劲之美。

佛教寺院日趋宏大与繁复的趋势，早在六朝与隋代，就已经初露端倪。如隋开皇十一年（591年）所建的一座尼寺："其势极弘丽，地惟爽垲，房庑深重，长廊交映，连甍云合，比屋霞舒，宝铎迎风，雕梁照日。至于庄严□殿，饰尽丹青，相好非常，光明特绝。"[①]好一个"房庑深重，长廊交映，连甍云合，比屋霞舒"，将这座基址宏大、空间繁复的尼寺，表述得淋漓尽致。

隋唐两京的大寺院，多是在隋代建城之时，就已初具规模。长安城内的大兴善寺，寺院基址面积有一坊之大。位于长安西南隅的大庄严寺与大总持寺（东、西禅定寺），寺基占有长安西南隅大坊——永阳坊的一坊半之大，其面积不会小于大兴善寺。唐代新创的大安国寺与大慈恩寺，也都是占有半坊之地的大寺。即使是规模较小的西明寺（图1–7），也有1/4坊的基址面积。而长安城内一座最小的里坊，也有500余亩之大，则一座寺院基址有百余亩，甚至数百亩之大，在唐代两京城内，是十分寻常的事情。

唐代僧人的著述，也为这种大规模的寺院基址，提供了理论与舆论上的支持与推动。初唐僧人释道宣撰写了两部图经，分别是《中天竺舍卫国祇洹寺图经》与《关中创立戒坛图经》（图1–8）。这可能是受到来华天竺僧人对天竺舍卫国祇洹寺描述与渲染，加之唐以前相关史料文献，如北朝僧人灵裕法师撰写的《寺诰》等资料的影响，结合唐代宫殿与寺院现状，对天竺舍卫国祇洹寺的一种追述，也是对他心目中理想佛寺的一种描述。

而道宣所描写的这两座寺院，恰恰就是以规模宏大、庭院繁复而著称。两座寺院的占地面积均为80顷，全寺共有120个院落，布置在一块东西长近有10里，合近3000步，南北700余步的土地上。在这块横长用地上，重重叠叠地布置有120座院落。这其实是一座可以与帝王宫殿相比肩的大型建筑群（图1–9）。

唐人在描述一些宏大寺院时，往往尽言其院落繁多。如《宋高僧传》中所载五台山唐释法照，曾见到一寺："寺前有大金榜，题曰：《大圣竹林寺》，一如钵中所见者。方圆可二十里，一百二十院，皆有宝塔庄严。"[②]这种说法，很可能是受了道宣两部图经中所描绘之寺院空间影响的结果。

---

① ［清］严可均辑．全隋文．卷三十．阙名．建安公等造尼寺碑．

② ［宋］赞宁．大宋高僧传．卷二十一．感通篇第六之四．唐五台山竹林寺法照传．

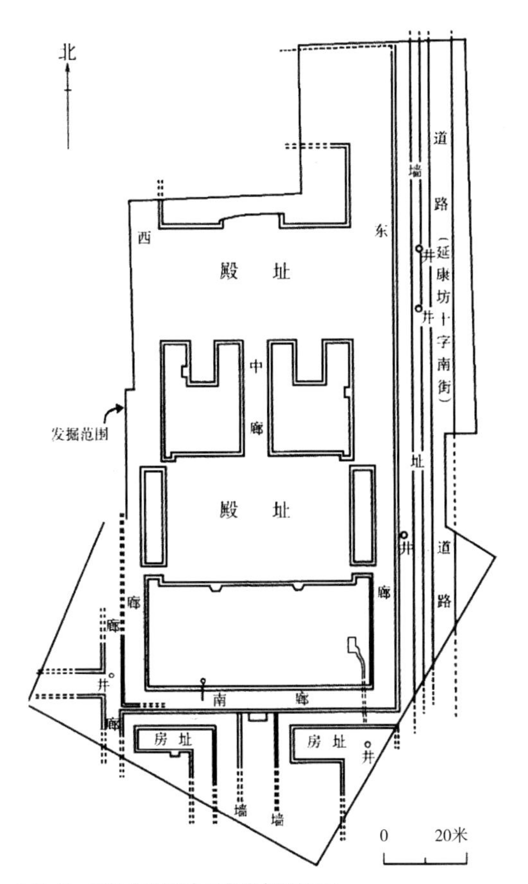

图1-7　唐长安西明寺局部发掘平面图

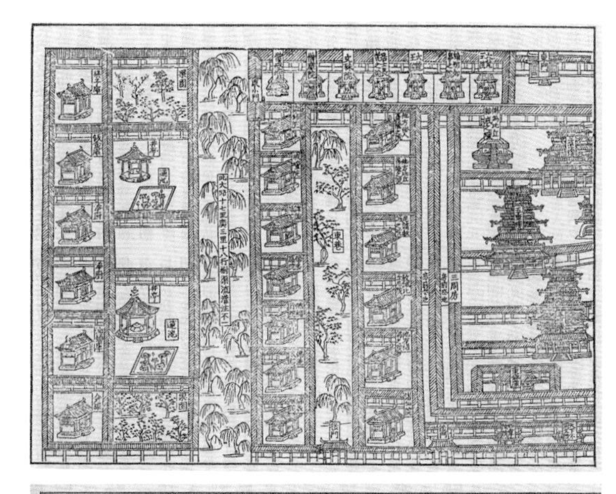

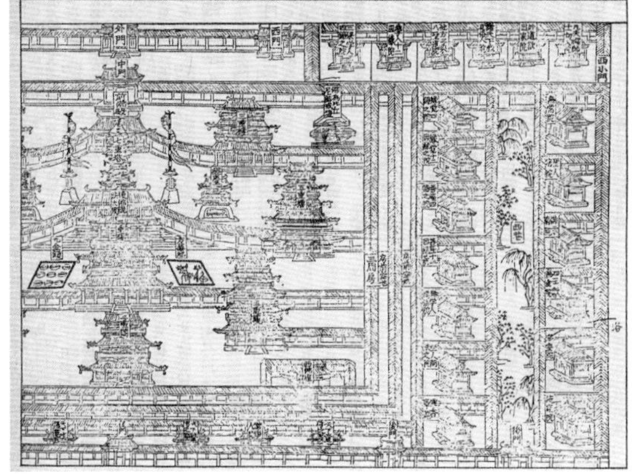

图1-8　南宋刻《戒坛图经》全图

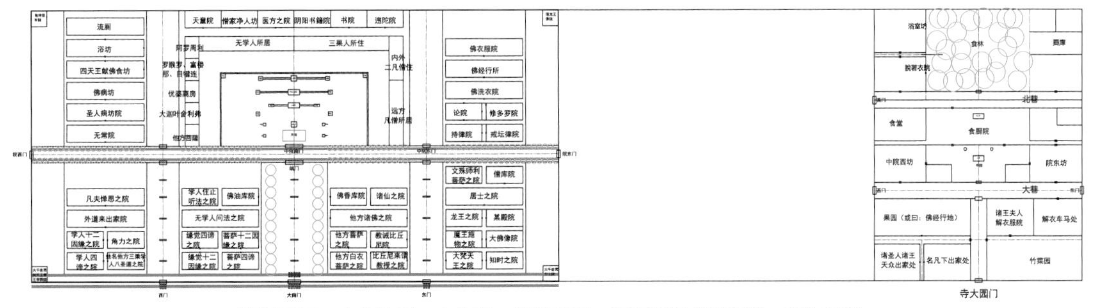

路阔三里，中有林树一十八行，花果相间；东西两渠北流清骏，西边渠者从大院伏窦东出北流。此之大路严净洁车马不行

图1-9　道宣祇洹寺平面复原示意图

由于寺院基址面积大，寺院的空间组织十分繁复，从而构成了以数量众多的庭院组合为主要特点的唐代寺院空间特征。如长安大慈恩寺，“慈恩寺，寺本净觉故伽蓝，因而营建焉。凡十余院，总一千八百九十七间。”[①]由1897间建筑物，组成10余座院落，如果将其想象成一些尺度比较平均的院落，则每个院落大约有不少于150间房屋。这样规模的院落，似乎也不是很小。

长安章敬寺，也以寺中院落繁多而著称。宋人撰《游城南记》：“章敬寺，《长安志》曰：在通化门外，本鱼朝恩庄也，后为章敬皇后立寺，故以为名。殿宇总四千一百三十间，分四十八院，以曲江亭馆、华清宫观风楼，百司行解，及将相没官宅舍给其用。”[②]以4130间房屋，分为48座院落，每一院落平均有房屋约86间。每座院落的规模，与慈恩寺相差不大。当然实际上，院落本身也是有大小之分的。

唐代的大规模寺院，并非仅仅见之于两京地区，宋人《梦粱录》中的杭州开元寺：“开元寺广九里，自南渡初，斥西北充军器所作院及民居。寺元有铁塔、石塔者五，又有法华塔。”[③]而开元寺应该是唐代时就有的寺院。杭州唐代所建的大寺院，其影响一直延伸到北宋时代：“在端拱间，僧文定建千顷广化院，有慈化大佛塔，即了性塔。”[④]宋代端拱年间（988—989年）的这座千顷广化院，无疑是唐代所建大寺院之传统的遗绪。

泉州开元寺，据宋人的描述，有与道宣的祇洹寺相同的规模，其寺有120个院落之大：“泉州……寺院，开元寺（在州西，唐武后垂拱二年，居民黄守恭宅，园中桑树忽生白莲花，因舍宅为寺。又戒坛居殿后，可容千人，堂宇静深，巷陌萦纡，廊庑长广，别为院一百二十，为天下开元寺之第一。东塔咸通间僧文偁造，西塔梁正明间王审知造）。”[⑤]宋代距唐不远，其说寺有120院，应该与事实相差不远。现在观察泉州开元寺，寺中双塔、回廊、大殿等建筑的关系上，还颇能透出唐代大寺院的遗痕（图1-10）。

另一座以院落多而著称的大寺院，是成都大圣慈寺。宋人撰《成都文类》中所收“大圣慈寺画记”：“举天下之言唐画者，莫如成都之多，就成都较之，莫如大圣慈寺

① ［唐］段成式．酉阳杂俎．续集卷六．寺塔记下．
② 钦定四库全书．史部．地理类．游记之属．［宋］张礼．游城南记．
③ 钦定四库全书．史部．地理类．杂记之属．［宋］吴自牧．梦粱录．卷十五．城内外寺院．
④ 钦定四库全书．史部．地理类．杂记之属．［宋］吴自牧．梦粱录．卷十五．城内外寺院．
⑤ 钦定四库全书．史部．地理类．总志之属．［宋］祝穆．方舆胜览．卷十二．泉州．

图1-10　福建泉州开元寺双塔空间格局

之盛。……总九十六院，按阁、殿、塔、厅、堂、房、廊，无虑八千五百二十四间。画诸佛如来一千二百一十五，菩萨一万四百八十八，帝释、梵王六十八，罗汉、祖僧一千七百八十五，天王、明王、大神将二百六十二，佛会经验变相一百五十八堵。夹纻雕塑者，不与焉。像位繁密，金彩华缛，何庄严显饬之如是。”[①]由这一段描述，或也可以一窥唐代寺院之宏大、华美、繁盛与精丽。从寺院空间上看，一座有着8524间房屋的寺院，分为96座院落，其每座院落平均也有约88间房屋。其院落的规模，与长安章敬寺十分接近。至于寺内的建筑类型，则有阁、殿、塔、厅、堂、房、廊，还有那么多的佛、菩萨、罗汉造像与金彩华缛的壁画，不仅空间层叠繁复，寺内的宗教与艺术氛围更是芳馥浓郁。

二、敦煌壁画中表现的唐代佛寺

敦煌唐代石窟壁画中所描绘的大规模的寺院空间与造型，恰能够从一个侧面，证明这些史料文字所记载的唐代佛寺巨大而繁复空间的真实性。正如梁思成先生所指出

① 钦定四库全书．集部．总集类．[宋]扈仲荣．成都文类．卷四十五．记．大圣慈寺画记．

的："敦煌壁画给了我们充分的资料，不但充实了我们得自云冈、天龙山、响堂山等石窟的对于魏、齐、隋建筑的一知半解，且衔接着更古更少的汉晋诸阙和墓室给我们补充资料；下面也正好与我们所知的唐末宋初实物可以互相参证；供给我们一系列建筑式样在演变过程中的实例。"①

在敦煌唐代石窟中的一些"净土变"壁画中，可以看到唐代净土寺院宏大而繁复的空间与精美而气派的殿阁楼台的真实造型。如莫高窟第172窟盛唐壁画中，表现了沿中轴线布置的三进院落的佛殿与楼阁建筑（图1–11）。主殿前的庭院中，又有一殿二楼的空间组合形式。庭院有回廊环绕，回廊转角及前端，都设置有楼阁。主殿前两侧有左右配殿，配殿之南，又有对峙而立的楼阁。楼阁之南当有连廊，继续向南延伸。主殿前层层叠叠的台座、桥梁，与台座周围的八功德水浑然而成一个空间整体。

莫高窟第217窟北壁表现了一组更为繁复、宏大的净土寺院（图1–12），在佛、菩萨及天人所在的华美的莲池与露台之后，有前佛殿与后佛殿的设置，置于平座之上的后佛殿两侧有向前环抱的"凸"字形回廊。前佛殿两侧是两座砖石砌筑的台式建筑，台上有木构的亭榭。两座台榭之前，各有一座木构的台殿。前佛殿前两侧亦对称设置有两座木构台殿，有可能是唐代寺院中的经台与钟台的位置。经台与钟台之外的两侧，各有一座二层的木构楼阁，亦呈对称式布置。这样，透过层层叠叠对称布置的台殿与台榭，以及中轴线上的前、后两座佛殿，簇拥着位于画面中心的佛与菩萨，及场面宏大的莲池、露台与八功德水的景象。

这两幅净土经变画中表现的是怎样一种宏大、繁复而气势恢宏的寺院空间格局！即使是我们所熟知的明清宫殿建筑群中，也难见规划如此缜密，气派如此宏大，空间如此完整的庭院空间。但这些画面，却与史料文字中所描写的唐长安城内的那些充满了佛教题材雕刻与壁画中有着东廊院、西廊院等复杂空间的寺院，颇有异曲同工之妙。而这样复杂而空阔的寺院场景，在唐代敦煌壁画所表现的寺院建筑中，比比皆是。有了这些壁画，再联想唐代史料中那数十座院落的寺院空间，就不难想象唐代寺院与我们所熟知的明清寺院，在平面形式、空间格局与建筑配置上，有着多么巨大的差别了！

① 梁思成．敦煌壁画中所见的中国古代建筑．文物参考资料．第二卷第五期．1951年．梁思成全集．第一卷．第130页．中国建筑工业出版社，2001.

图1-11　甘肃莫高窟第172窟北壁盛唐壁画所表现的净土寺院

图1-12　甘肃莫高窟第217窟北壁净土寺院大殿前双台

三、唐长安靖善坊大兴善寺

为了更具体地了解唐代佛寺的尺度恢宏与空间繁复，不妨对唐长安城内著名的大兴善寺作一点复原性探讨。据唐人的记载："初，隋氏营都，宇文恺以朱雀街南北有六条高坡，为乾卦之象，故以九二置宫殿以当帝王之居，九三立百司以应君子之数，九五贵位，不欲常人居之，故置玄都观及兴善寺以镇之。"[①]说明这座寺院位置的

① ［唐］李吉甫. 元和郡县志. 卷一. 关内道（一）. 京兆府（雍州）.

重要与规模的宏大。

寺位于长安城内皇城之南，朱雀大街之东，自北向南数第五坊——靖善坊内。皇城之南纵列九坊，而设置有兴善寺的靖善坊，与设置有玄都观的崇业坊，恰好对称配置在朱雀大街两侧第五坊位置上。故大兴善寺基，占有一坊之地。如此就可以推出它的大致用地面积。以靖善坊位于大兴城皇城之南，朱雀大道之东，其坊平面为一个东西长、南北宽各350步正方形。以1隋开皇尺（亦即1唐尺）为0.294米计，其坊长宽尺寸约为：0.294米×5×350=514.5米。如果去掉坊墙宽度，寺院基址面积约为500米见方。折合今尺，约有25公顷，约375亩的用地面积，是一座规模不小的寺院。

以其寺院基址规模之大，寺中主要建筑大兴善寺大殿，尺度也会十分巨大。唐人释道宣撰《续高僧传》："时京师兴善有道英神爽者，亦以声梵驰名。道英喉颡伟壮，词气雄远，大众一聚，其数万余，声调棱棱，高超众外。兴善大殿，铺基十亩，棂扇高大，非卒摇鼓。"[1]

由此可知大兴善寺大殿"铺基十亩"，其殿基础面积有10亩之大。以1唐尺=0.294米计，1亩合今518.62平方米，10亩殿基，面积约为5186.2平方米。基于这一面积数据，可以对大殿可能平面作一点推测。例如，假设其殿通面阔为当时最高等级的13间，以平均每间为今尺7.5米计，通面广接近100米（约340唐尺），则其通进深约为通面广的1/2，亦可能有50米余（约170唐尺）左右。

参考一下史料中所载隋洛阳宫正殿——乾阳殿，以及唐高宗时在其基础上建造的唐洛阳宫正殿乾元殿，其平面东西长345尺，南北宽176尺，规模与长安大兴善寺大殿接近，建造时代也十分接近（图1-13）。可以推测兴善寺大殿，是一座与洛阳乾阳殿规模接近，通面阔约345尺，通进深约170尺，面积约为10亩（5000平方米）左右的建筑物（图1-14）。

寺殿规模宏大，殿前庭院也一定十分巨大。然而，我们没有任何相关数据资料。唯一可以参考的，是与大兴善寺对峙而立的朱雀街西的玄都观。据史料透露，这座道观中有一个巨大的庭院。

唐人刘禹锡曾经有过两首游玄都观的诗，其一："《元和十年自朗州召至京戏赠看花君子》云：'紫陌红尘拂面来，无人不道看花回。玄都观里桃千树，尽是刘郎去

---

① ［唐］释道宣. 续高僧传. 卷三十. 隋京师日严道场释慧常传.

图1-13　唐洛阳宫乾元殿外观透视图

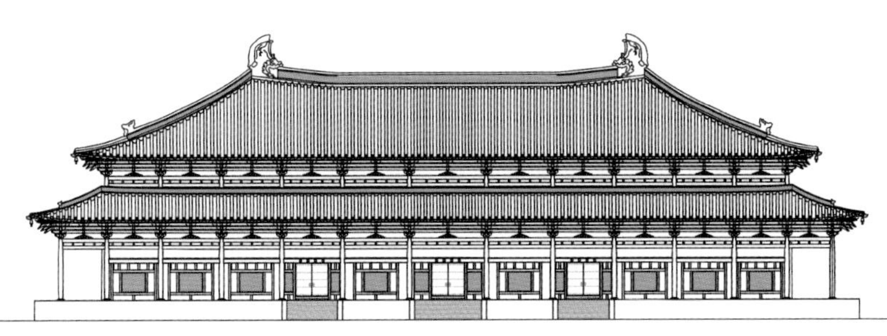

图1-14　唐长安大兴善寺大殿立面推想图

后栽。'"①玄都观中，有上千棵桃树，桃花盛开时，引来长安城中熙熙攘攘的看花人潮。而其二是："《再游玄都观绝句并序》云：'……重游玄都，荡然无复一树，惟兔葵燕麦，动摇春风耳。因再题二十八字，以俟后游，时太和二年三月也。诗云：百亩中庭半是苔，桃花净尽菜花开。种桃道士归何处？前度刘郎今又来。'"②从诗句"百亩中庭半是苔"中可以推知，玄都观中庭有百亩之大。

而玄都观与大兴善寺，都是最高等级的宗教建筑，规模大略相当。如果玄都观中庭有百亩之大，大兴善寺大殿前的庭院，或寺内"中庭"，也不会小于百亩规模。可以假设，这座占地10亩的大兴善寺大殿，布置在面积约100亩的中心庭院中。以中国古代

① ［宋］尤袤．全唐诗话．卷三．刘禹锡．

② ［宋］尤袤．全唐诗话．卷三．刘禹锡．

1亩为240平方步计，100唐亩应为24000平方步。将这一面积开平方，是一个接近方形的空间，长宽各为155步。这里取一个整数，假设以150步为这座中心庭院的边长。

以大殿通面阔长345尺，合69步。放在一个宽150步的大庭院中，其两侧各余40.5步，即200余尺（折合今尺约50余米），这应该是一个适当的空间比例。在经过如上一系列文献搜寻与空间分析后，或可以将我们依据一系列丛杂的史料，大致推测出大兴善寺的空间格局，作一个扼要梳理：

1．中轴线

中轴线上的核心庭院是大兴善寺大殿所在的中庭。其尺度规模为长宽各150步。院落偏后位置为面广345唐尺，进深170唐尺的大兴善寺大殿。院落正前方为中门，中门之前为唐代寺院习见的外门，一般称为"三门"。

大殿之前，左右峙立着钟楼与转轮经藏阁。大殿前双阁之南，峙立双塔。其院西南隅为隋代所建之舍利塔，其院东南隅为不空三藏曾经修葺过的佛塔（或供奉有旃檀像的发塔）。双塔为诗人"势随双刹直，寒出四墙遥"的诗句，提供了景观背景。

寺内主殿位于寺院建筑群几何中心位置，因而也是靖善坊几何中心位置。左右两侧各有门殿，与东西两廊两个居中别院相接。两个别院，各有东西向门殿，可以与靖善坊墙上的东西门相接。

参照敦煌壁画中寺院两廊在转角处的处理方式，中心庭院四周用回廊环绕，回廊至角，结以方亭，形成中庭的转角建筑物。寺院其余主要转角部位，亦设角亭，以彰显出其寺院的等级之高，规制之严。

大兴善寺大殿之后，通过一座门殿，则为寺之后院。院内前为传法堂。院中心位置，是布置有供奉文殊、普贤、观音三大菩萨的大士阁。大士阁后，是寺院后堂。后堂之后及附近，有后池。寺院后廊中央为寺院后门——北天门。

2．东廊之东诸院

东廊之东分为5座院落，从南第一院为素和尚院，这座院落中有素和尚亲手栽植的4株紫桐树，另外还有牡丹花。东廊从南第二院可能是寂上人院。院内有桂树，有泉池。东廊从南第三院，院中有小殿。

东廊从北第二院，可能出三藏院，这里可能曾经是不空三藏驻锡的翻经院，院中有"三藏院阁"，应当即是不空三藏所建造的文殊阁。另有三藏塔、不空三藏池。这座院落后来曾因密宗大师普照的驻锡，而被名之为"大教注顶院"，院内殿堂的装饰十分豪奢。东廊从北第一院，猜测为崔律师院，这座院落中有东池，疑与中轴线北部的北池，在水系上是相通的。

3．西廊之西诸院

西廊之西亦分为5个院落。西廊从南第一院疑为僧道深院，院内有祖师堂。院内还栽有从其他国家引入的树木。西廊之西从南第二院，疑为英律师院。院内应有修禅打坐的禅室。

西廊之西从南第三院，疑为行香院。因为这里距离朱雀大街最近，且与靖善西坊门相邻，也是香客最容易到达的院落，故有可能是为来寺行香的香客们提供行香的空间。西廊之西从北第二院，应是天王阁院。唐代天王阁中多供奉北方毗沙门天王，毗沙门天王造像在唐宋时代的城市、军营、寺院中都有供奉，且一般是布置在位于其空间组群之西北方向位置上。

天王阁院与三藏院对称布置，从而使天王阁与文殊阁形成对称布置的格局，恰与位于中轴线后部的大士阁，构成了拱卫在大殿之后的三座楼阁对称布置格局。西廊之西从北第一院，疑为广宣上人院。院中有水池与竹木，是一处园池滋茂的院落。故可能距离水系较为丰沛的寺院北部区域比较接近。

基于大量史料的爬梳与分析，可以大体还原出这座唐代国家寺院——长安大兴善寺大致建筑格局与庭院空间与尺度（图1-15）。同时还可以依据史料想象性地推测出寺内主殿，以及寺内文殊阁的基本结构与造型。其中文殊阁的造型，是由清华大学建筑学院博士生李若水根据唐代史料研究复原出来的（图1-16）。

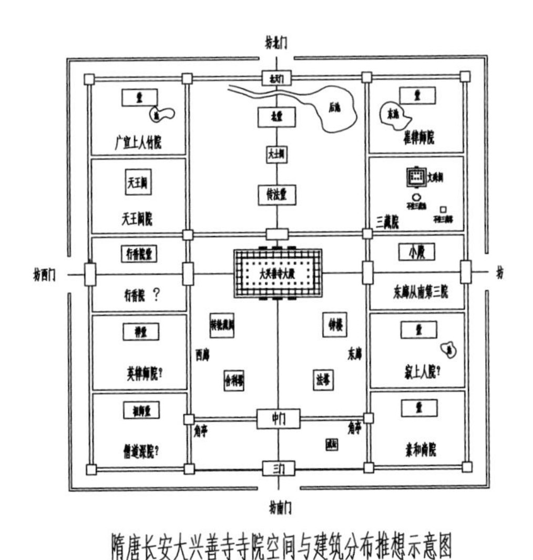

图1-15 长安大兴善寺想象平面图

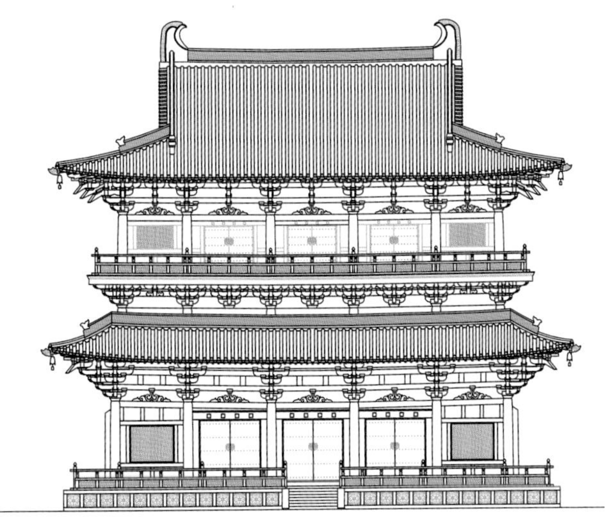

图1-16 唐长安大兴善寺文殊阁正立面推想图

四、史料中的几座唐代木塔与楼阁

依据唐代史料文献，参照唐宋建筑的结构与造型逻辑，笔者还原出了长安城西南隅大庄严寺（西禅定寺）的7层木构佛塔（图1–17），以及日僧圆仁记载的唐代五台山金阁寺3层金阁（图1–18）的基本结构与外观，可以作为了解史料中所见唐代建筑的一个参考。这些依据史料还原出来的唐代寺院建筑，为我们了解唐代佛寺建筑，增加了一点形象的资料。

另外还可以提到的一座唐代建筑物是长安城内皇城之西第二街，街西安定坊内千福寺中的多宝塔："东南隅，千福寺。……鲁公所书即《多宝塔碑》也，塔在寺中，造塔人木匠李伏横，石作张爱儿。塔院有石井阑。"①这里提到了颜鲁公的书法名帖《多宝塔碑》。其碑名全称是《大唐西京千福寺多宝佛塔感应碑》。碑文是由与颜真卿同时代人岑勋所撰。由碑文可知，塔为千福寺僧楚金发愿所建。

碑文中关于这座多宝塔的造型与尺度，没有什么具体描述，字里行间中只得出一个大略印象："尔其为状也，则岳耸莲披，云垂盖偃，下刻崛以踊地，上亭盈而媚

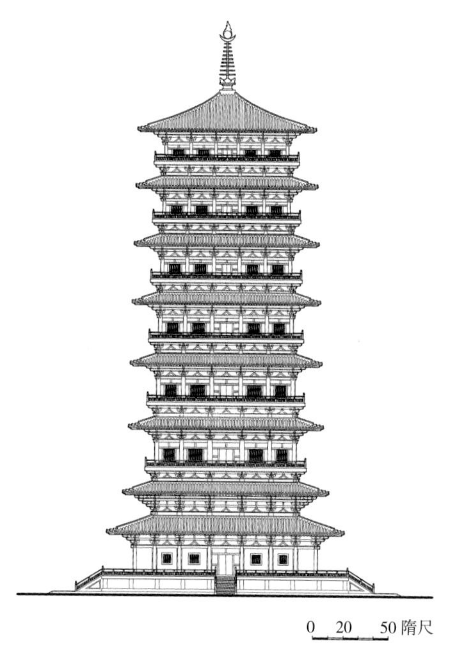

图1–17 隋禅定（大庄严）寺塔立面复原图

图1–18 唐五台山金阁寺金阁立面推想图

① ［清］徐松．唐两京城坊考．卷四．西京．

图1-19　北京故宫藏唐代多宝塔善业泥

图1-20　韩国庆州佛国寺新罗时期所建多宝塔

空，中晻晻其静深，旁赫赫以弘敞。碝碱承陛，琅玕綷槛，玉填居楹，银黄拂户，重檐叠于画栱，反宇环其壁珰。坤灵赑屃以负砌，天祇俨雅而翊户。”[①]透过上下文，隐约可以感觉出，这是一座三层楼阁式建筑，各层有平坐勾阑。基座为石头砌筑，底层坐落在石头台基之上（下刻崛以踊地），且为重檐屋顶（重檐叠于画栱），檐下有斗栱；二层比较深广（中晻晻其静深），顶层为多角形（或圆形）开敞式亭榭（上亭盈而媚空），整座建筑的体量显得方正、巨大而弘敞（旁赫赫以弘敞）。根据这一描述，我们很难厘清这座建筑的真实样貌。

其实，“多宝塔”是唐代佛寺中较为常见的一种建筑物。透过一些资料可以知道，唐代人心目中的多宝塔，多是平面为方形，外观为3层的造型。如唐代流行一种泥塑“多宝塔善业泥”，是在一块10余厘米见方的方砖上，雕刻一座多宝塔。塔外观为方形，有3层。二层与三层，一般雕有一尊佛像，首层则雕有两尊佛坐像，分别是多宝佛与释迦牟尼佛。故宫博物院所藏的一方善业泥，就是这种3层方塔的形式（图1-19），可以为我们了解唐代多宝塔，提供一份基本的形象资料。

幸运的是，在这座长安多宝塔建成几十年之后，在朝鲜半岛的新罗首都庆州佛国寺内，建造了一座石制小型多宝塔（图1-20）。这也是一座3层塔。首层为方形，二层为八角形，三层约近圆形。塔内中央有中心柱，是一座仿木结构形式的楼阁式多宝塔，且建于与唐代交往较为密切的新罗时期，其中应该多少反映了一些唐代所建木构多宝塔，包括这座长安千福寺多宝塔建筑的形象与结构，是可以推知的。

---

① 钦定四库全书. 集部. 总集类. ［宋］李昉. 文苑英华. 卷八百五十七.

第二节　实物遗存中的唐代佛寺与殿阁

尽管我们对隋唐时代，特别是有唐一代的建筑，充满了想象性的憧憬与向往，但是，无论是唐代那些充满传奇色彩的宏大城市与宫殿，还是那些在唐人《两京新记》或宋人《太平广记》的笔下所描述的熙攘、繁闹的唐代两京市肆与里坊，或充满奇幻、灵验与神秘色彩，气势非凡的两京寺观，都早已成为历史的尘埃，甚至没有留下太多可供人们盘桓与思考的蛛丝马迹。

那么，我们所向往、憧憬的唐代建筑的浩然大气与雄劲风格，又是如何体现出来的呢？难道除了沉浸于唐人文字的描绘，或唐代艺术家的丹青笔墨之下外，我们再也无法领略唐代建筑的真实风范了吗？

好在事情没有那么糟糕，历史尽管无情，却也十分幸运地为中华民族保存了几座可以令人景仰观瞻，亦可以为人们提供鉴赏、研究之实存客体的唐代木构殿堂与楼阁的建筑实例。透过这几座建筑，可以使我们一窥唐代建筑的艺术风范。

一、从大雁塔门楣石刻中的佛殿说起

如果说中国古代建筑中最为典型，也最能代表中国古代建筑艺术特征的，是木构殿堂，那么，令人遗憾的是，由于木材的不那么耐久，以及由于中国历史本身的波诡云谲，一些宏大的宫殿、寺院被建造起来了，又被一波又一波历史的浪涛所摧折，被一起又一起历史的烈焰所焚毁。留存至今的木构殿堂建筑实例，最为古老者，也已经是中唐以后的遗例了。

幸运的是，历史还为我们保存了一些文字与图形资料。图形资料中，至为珍贵者，如敦煌隋唐石窟中所保存的壁画资料，可以使人们一窥唐代佛教寺院的繁复、深邃与宏大，也可以一窥唐代木构殿阁的奇伟、瑰丽与雄劲。更值得一提的是，历史还为我们保存了一幅初唐时期的石刻佛殿图，向我们一展初唐木构殿堂，特别是初唐佛教寺院中的木构殿堂的真实风采。这就是著名的西安唐大雁塔门楣石刻佛殿图（图1–21）。最早强调了这幅石刻佛殿图中建筑价值的，正是梁思成先生，他最早发表的一篇论文“我们所知道的唐代佛寺与宫殿”中，附上了这幅石刻佛殿图的线描图，并指出：“这些殿堂的根本结构法是用木房架，立在石或砖的台基上。木架与屋顶之间——檐——是用斗栱的

图1-21　陕西西安大雁塔门楣石刻中的唐代佛殿

结构。斗栱以上有双重的椽子，再上就是房顶。房顶是用青瓦覆盖，并有鸱尾宝珠等装饰。……西安大雁塔门楣石上刻画，尤能标示唐代宫殿的结构法。”①

这幅佛殿图最为珍贵之处，就在于它十分清晰而准确地表现了初唐时期木构佛殿建筑的基本形态，其中透露出了许多即使是现存最早的木构殿堂——五台南禅寺大殿中也未曾见到的初唐时期的木构建筑做法。

（1）佛殿矗立在砖石台基上，台基前两侧各有一跑砖石砌筑的石阶道。这显然是保存了古代中国殿堂前，出于礼仪的需要，使用东、西双阶做法的例证。说明上古周代礼仪中，使用东西双阶的礼仪性建筑做法，一直延续到初唐时代，甚至在初唐佛教寺院中，依然保存了这种做法。然而，现存几座唐代木构建筑实例中，再也未见这种颇具古风的东、西双阶式殿基处理形式。当然，这幅图中所表现的台基，是素平的做法，既没有角兽，也没有角柱、壸门、团窠等的装饰处理，反而更显出初唐建筑的简朴与素雅。

（2）柱头上用双阑额，其间设立旌，两侧阑额不出头，柱根使用覆莲式柱础。使用双阑额，是中唐以前建筑立面上的一个重要特征。其阑额通过两根较为细挺的木额，并加之以两额之间的立旌，形成一个既省料，结构又合理，且造型简洁古朴的外

① 梁思成．我们所知道的唐代佛寺与宫殿．中国营造学社汇刊．第三卷．第一期．1932：89-90.

檐柱额造型特征。柱根处的覆莲式柱础，也是现在已知唐代建筑覆莲柱础的最早例证之一。

（3）柱头上的斗栱极其简单、明快与大方。首先，檐下只有柱头铺作与转角铺作，不设补间铺作，这显然是早期建筑的典型做法。其次，其斗栱，无论是柱头还是转角，都仅仅用了五铺作偷心造的做法，泥道栱也仅用单栱瓜子栱的做法。出跳斗栱不用计心，泥道栱上不出现重栱，都显现出这座建筑物的早期特征。更为典型的是，尽管檐下不用补间铺作，但却用了唐代建筑中最为常见的人字栱，以及斗子蜀柱的补间做法。

（4）这座线刻佛殿图的檐口是平直的，似乎没有起翘的翼角，或仅仅在檐角尽端有不很明显的微微起翘。这与中晚唐，乃至辽宋建筑中明显的檐口起翘曲线，表现出了截然不同的风格特征。

（5）这是一座五脊殿，从图上看，其四根戗脊明显呈曲线的形式，说明其屋顶是有反宇曲线的，但屋顶的举折十分平缓，也表现出了唐代建筑的基本特征。屋顶上正脊，呈现为平直的造型，与宋代建筑通过生起的做法，刻意造成曲婉柔美之曲线造型的做法，在艺术取向与审美意味上，表现得截然不同。

正是这幅初唐时期的西安大雁塔门楣石刻佛殿图，为我们真实地保存了中国古代建筑结构与造型发展历史上的重要一环——从南北朝与隋，进入初唐时期的木构殿堂的基本外檐柱额斗栱结构与建筑外观的珍贵信息。

二、五台南禅寺大殿

如果说大雁塔门楣石刻佛殿，表现的是初唐时期佛教建筑的基本形态，而大雁塔创建于唐永徽三年（652年），那么，实存的中国古代木构佛殿实例，至少要推迟到100多年以后的中唐时期。事实上，唐武宗法厄之前所建的山西五台南禅寺大殿，是现存中国最为古老的木构佛殿建筑，其建造年代为唐建中三年（782年），比大雁塔门楣石刻上的佛殿建筑，晚了大约130年。

当然，这座南禅寺大殿，毕竟是现存最古老的中国古代木构殿堂建筑，距今已有1230年的时间。南禅寺原有格局已不清晰，从所处地形看，原本也是一座规模不大的寺院（图1–22）。

需要说明的一点是，这座大殿到了清代，在外观上已经变得面目全非，出檐的椽子，因为糟朽的原因，被后人锯短了，前檐柱被用砖包砌得严严实实，只露出晚清

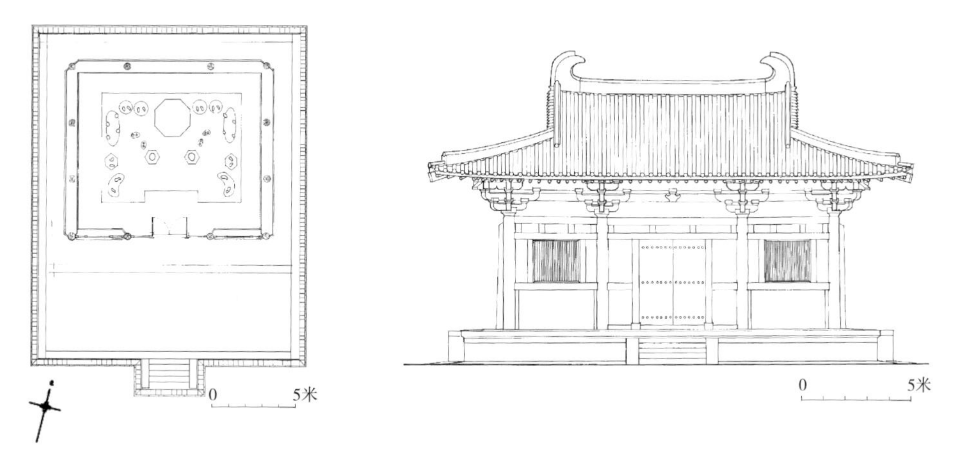

图1-22　山西五台南禅寺大殿平面与立面图

民国时人砌筑的拱券式门洞与窗洞，乍一看来，与一般清末民初寺院中的小殿堂，没有什么两样。

然而重要的是，这座建筑的柱额、梁架、斗栱等大木作要素，乃至屋顶举折的高度与曲线，都还保持了其初创时的样貌，换言之，这座建筑中大木结构的最主要部分，并没有因为历史的久远，而脱离其初创时的原始意匠太远，也就是说，这是一座真正意义上的唐代木构佛殿建筑的原构，现在的外观造型，是老一代中国古建筑保护专家祁英涛先生等前辈学者，在缜密细致的科学研究基础上，依据既有的大木作原构基本元素，参照唐代建筑的外观要素，加以修缮复原的结果，从而使其外观形象摆脱了后世建筑那种猥琐局促的外观感觉，展露出大唐建筑古朴、飘逸、宏阔、雄劲的大气与风范，其珍贵的历史价值与艺术价值，怎么评说也不为过。

大殿面阔、进深各三间。其面广约11.75米，进深六架椽，约10米，平面近方形。大殿基高，台基东西14.83米，南北14.04米，台基高1.10米。殿内无柱，梁架用前后跨檐六椽檐栿。檐下斗栱中不设补间铺作，仅在补间位置设斗子蜀柱承柱头方。柱头斗栱为五铺作出双杪，栱断面高度26厘米。殿平柱高3.84米，大殿梁架总高3.855米，故其结构总高度为7.695米。说明大殿设计者是将柱子高度与梁架高度，做了接近1：1的比例处理的（图1–23）。

柱头设双阑额，中有立旌。殿顶举折十分平缓，起举高度为前后檫风槫之间距离的1/5.15。檐出部分不加飞椽，仅用檐椽。翼角处亦不设子角梁与隐角梁，只设通达内外的大角梁，显得十分古拙。

殿内设佛坛，坛高约0.7米，坛上存有唐代造像17尊。其中主尊为释迦牟尼佛，

图1-23　山西五台南禅寺大殿外观

图1-24　山西五台南禅寺大殿室内佛座

以结跏趺坐式，端坐于有束腰的须弥座式佛座上。佛座两侧为阿难、迦叶二弟子，文殊、普贤二胁侍菩萨。各骑狮与象的文殊、普贤之前，还有牵引菩萨坐狮、坐象的獠蛮、拂菻和二童子。此外，还有二侍立菩萨与二天王像，和坐于莲台之上的二位供养菩萨像（图1–24）。

虽然仅有三开间，但因其疏落硕大的斗栱，双阑额，平缓的屋顶举折曲线，以及深远的出檐，及仅有檐椽而无飞椽的古拙做法，使我们感受到唐代木构殿堂雄浑古朴的气概。站在这座仅有三开间的规模不大的殿堂面前，你却会感受到一股扑面而来的雄劲、豁达、舒展，犹如大鹏展翅欲起的飞腾感。这或者就是我们所向往与憧憬的大唐风范。

三、五台山佛光寺东大殿

南禅寺大殿虽然更为古老一些，但这毕竟只是一座三开间的小殿。联想到唐代两京城内那宏大的宫殿建筑群，以及那往往占有一坊之地的宏大寺院，还有寺内雄劲、气派的殿堂，甚至可以有“铺基十亩”的规模，因此这座南禅寺大殿，在这些宏大寺院的殿阁楼台之间，只能是一座辅助性的小建筑。那么，我们还能亲眼看见真正的大型大唐木构殿堂的风采吗?

伟大的中华民族是幸运的，大唐建筑之光，并没有因为久远时代的区隔，而湮灭于历史的尘埃之中。在1937年日本发动大规模侵华战争的七七事变发生的同时，全然不知危险已经逼近的一群孜孜不倦的建筑史学家，梁思成、林徽因、莫宗江等前辈学者们，却在山西五台山的偏僻山野中，正沉浸在发现唐代大型木构殿堂的喜悦之中。

由梁思成先生等，于中国全面抗战爆发前夕发现的五台山佛光寺大殿，是现存最为古老的大型木构殿堂式建筑。20世纪早期，日本学者断言，中国没有唐代木构遗存，但前辈学者梁思成并未因此中止探索步伐。他撰写《我们所知道的唐代佛寺与宫殿》，以敦煌壁画中表现的唐代建筑形象，对唐代建筑特征做了分析。正是在敦煌壁画中，他注意到了“五台山大佛光寺”图。为了寻找这座唐代寺院，在抗战爆发前夕的1937年7月初，在极其困难的条件下，他们来到山西五台山豆村佛光寺（图1–25）。

这次充满风险的考察，具有决定性意义。通过寺内碑刻与大殿梁栿下的题字，结合建筑形制，梁思成与林徽因证明了佛光寺大殿为唐代所建原构。殿建于唐大中十一年（857年），面阔七间，长34米；进深四间，宽17.66米。平面为唐代木构殿堂规格最高的金箱斗底槽式柱网。殿为单檐四阿顶，梁架前后用乳栿，内柱柱头出三跳偷心栱，承托其上四椽栿。栿上用平梁，平梁上用三角形大叉手，为我们保留了唐代屋顶平梁上用叉手承托脊槫的古老做法（图1–26）。

大殿檐下柱头与转角用七铺作双杪双下昂斗栱，栱断面高度30厘米，相当于宋代一等材规格。当心间与次间、稍间，都有补间铺作；但补间比柱头，在铺作上略加简化，其下无栌斗，用斗子蜀柱呈单杪双下昂，比柱头铺作少一跳华栱；其柱头与转角铺作下两跳华栱，均为偷心斗栱做法。这些反映了斗栱体系从中晚唐较简约古朴的做法，向北宋渐趋完善做法的过渡性过程（图1–27）。

大殿当心间平柱高度与当心间开间的比例略近方形，柱上斗栱高度约为柱子高度的1/2。大殿屋顶举折平缓，起举高度约为前后橑风槫之间距离的1：5.5，显然比宋《营造法式》中规定的以前后橑檐方距离三分之一定其举高的殿堂式结构，屋顶曲线要平缓许多。其檐口出挑距离达到4米余，亦表现了唐代木构殿堂舒展、大气、雄阔、飘逸的艺术气概。

殿前尚保存金代所建七开间悬山式配殿——文殊殿（图1–28）。可以推测，与文殊殿相对应位置，应对称布置有同样配殿——普贤殿。这种配置表现了佛教华严三圣格局，而五台山恰是文殊菩萨的道场，这为我们理解五台山佛光寺原有寺院格局有所助益。

佛光寺东大殿的发现，弥补了中国建筑史上缺乏唐代大型木构殿堂实例的缺憾。这虽然是一座建造于偏僻山野地区的殿堂，但其捐资者是唐长安城中人士，而其所采用的建筑规制，无论是平面的格局，梁架的做法，斗栱的形制，平棊的式样等等，都采用了唐代宫殿或寺院中大型殿堂的规制与模式，从而使我们对中晚唐时期高等级大型木构殿堂，有一个真切的了解。

四、平顺天台庵大殿

无论如何，令人感到万分遗憾的是，在经历了千年风雨之后，雄阔辉煌的大唐建筑，无论是宫殿，还是寺院，绝大多数都已经灰飞烟灭了。偶然能够遗存下来的一点痕迹，除了敦煌壁画之外，主要是一些碑刻文字。无情的历史，曾经辉煌的唐代佛寺，留给今世之人的，只有区区几座木构建筑遗存。

图1-25 山西五台山佛光寺东大殿立面图

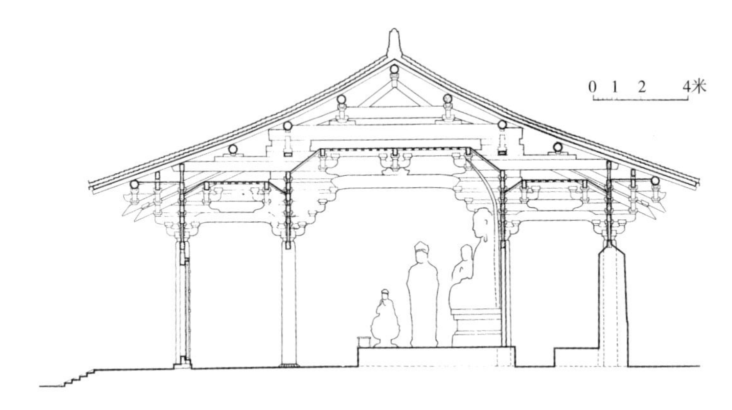

图1-26 山西五台山佛光寺东大殿剖面图

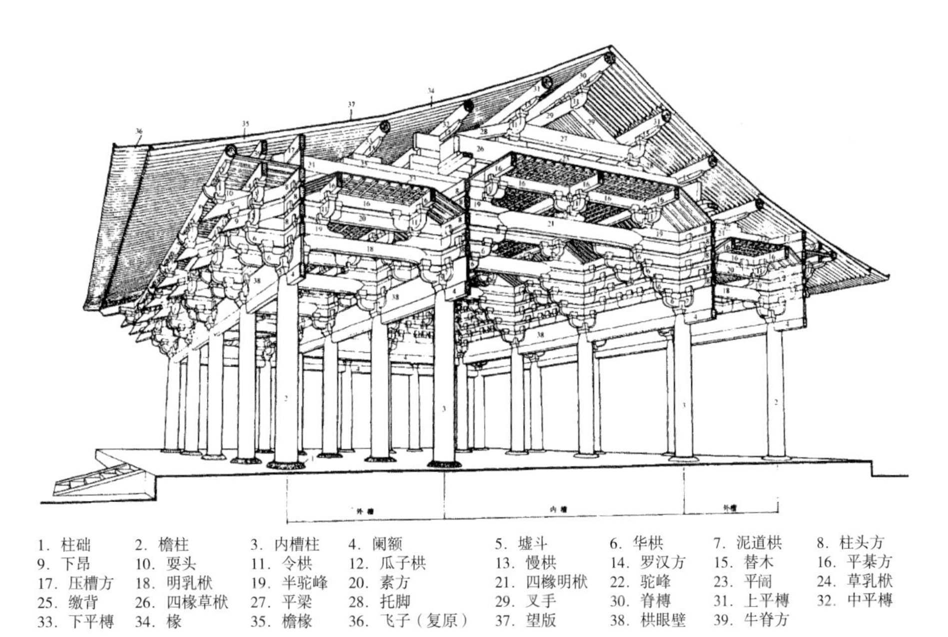

图1-27 山西五台山佛光寺大殿梁架结构透视图

僻居太行山脉浊漳河流域一隅的平顺天台庵，是侥幸保存至今的一座唐代小型佛殿。庵呈坐北向南布置，占地约970平方米，大殿本身的建筑面积仅90余平方米。院内东侧尚存有一通唐碑，但其字迹早已因为年久风化而弥漫不清。

大殿坐落在一个高约1米的石台基上。殿身面广与进深各为三间，实测的数据，面阔约为7.15米，进深约为7.12米，是一座三开间的方形平面小殿。三开间中，当心间的开间较大，3米余，左右次间的开间，各有仅1.5米余的样子。这是一座尺度很小的木构殿堂。

但是，尽管这是一座僻居偏僻村野的小型殿堂，因其创始于晚唐时代（一说为907年），却依然能够透出这座殿堂那雄劲、舒展、飘逸之唐代建筑的艺术品格（图1-29）。天台庵大殿的屋坡举折十分平缓，四檐出檐也比较深远，且因其创建于晚唐，屋顶翼角已经有了明显的起翘，因而显得这座规模不大的小殿，也颇有如翚斯飞、如翼斯展的凛然气势。大殿为单檐九脊式屋顶，素顶布瓦，却在屋顶正脊与四角戗脊上部分采用了琉璃脊饰的做法。但是，这些琉璃脊饰，是否是唐代的原作，还是后世修缮之时添加上去的，却无从得知。

柱子为圆形，柱础为覆盆式样的造型。柱身上部，特别是柱头部位，有卷杀的形式。前檐柱头上施阑额，但额为单额，额上亦不见普拍方的做法，显露出其晚唐建筑的基本特征。其檐下用厚重的砖墙包砌，仅露出中间的门与两侧的窗。门窗是否为唐代旧物，已无从所知。由于四檐出檐较深，翼角显得十分舒张。也许是因为年代久远，翼角可能已经出现塌陷的征兆，故后世人在修缮中，将四角添加了四根擎檐柱。

柱头之上施斗栱，但仅以足材栱形式，采用了等级较低的斗口跳做法，出跳化栱头上施替木，直接承托橑风槫。栱眼壁内用了两道单材高的柱头方，方间不施泥道

图1-28　山西五台山佛光寺金代所建文殊殿

图1-29　山西平顺天台庵大殿

栱，仅间以散斗承托，却在柱头方表面隐刻泥道重栱。大殿前檐当心间，用补间铺作一朵，亦为单材华栱出跳的斗口跳做法。此外，前檐两次间，后檐及两山诸间，都未见补间铺作的做法。却在补间铺作分位柱头方上隐出一斗三升式斗栱形式。

大殿的转角斗栱也很有特色，其转角铺作45° 方向所出斜跳，均采用足材栱形式，而在大殿四个正方位上所出与柱头方出跳相列的华栱，却都采用了单材的做法。

殿内梁架为四架椽屋前后通檐用二柱的做法，只是在四椽栿下有后世添加的立柱，当为后世修葺时的补强措施。当心间前后檐的平槫之下施以襻间，四椽栿上用斗子蜀柱承托平梁，平梁之上用驼峰承蜀柱，其上施令栱；令栱栱头之上再用替木，承托脊槫，蜀柱、令栱两侧用了叉手。平梁两尽端，亦使用托脚的做法。此外，在两山柱头铺作里转，用了一跳华栱承托了一根丁栿，只是这根丁栿仅有单椽栿的长度。因为后世的修缮，殿内已经没有多少早期建筑的痕迹，只是在内檐梁架与斗栱上，尚存部分简单的清式彩绘，山花壁内亦存部分清代壁画的残痕。

五、正定开元寺钟楼

在尚存唐代木构实例中，河北正定开元寺钟楼是唯一的一座楼阁式建筑，也是现存最古老的木构楼阁例证之一。从建筑史角度看，钟鼓楼建筑最早出现在城市或宫廷建筑群。唐代时在佛寺中设置钟楼已成一种传统，如史书中记载，唐代权臣李林甫住宅旁寺院钟声，令他烦恼，寺院不得不将钟楼迁到寺院另一侧，这从一个侧面说明，唐代寺院中只有钟楼，而无对称布置的鼓楼。开元寺平面格局也在一定程度上证明了这一点。

位于河北正定古城大十字街以南路西的开元寺，始创于东魏兴和二年（540年），原名“净观寺”，隋开皇十一年（591年）改名“解慧寺”，唐开元年间改额“开元寺”。寺中尚存一座晚唐时代所建的钟楼，与钟楼对称布置一座方形楼阁式砖塔，塔的造型与唐代砖石塔接近，却为明代重建后的遗物。寺内原有石构三门（山门）一座，也早已倾圮，近年根据石料遗存及记载进行了重修。寺为坐北朝南布置，寺内正殿法船殿仅存遗址。正殿前西侧为砖塔，东侧为钟楼。这种将佛塔与钟楼对峙于主殿之前的配置模式，与现存最古老的日本奈良法隆寺内佛塔与金堂左右并置的模式，似有异曲同工之妙。

从梁架与斗栱形制看，开元寺钟楼应为晚唐（9世纪）作品，但上檐的梁架，可能在后世的修缮中，有一些改动。钟楼平面为方形，面阔进深各三间，周有檐柱12

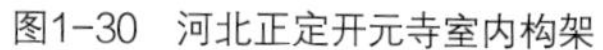

图1-30 河北正定开元寺室内构架

图1-31 河北正定开元寺钟楼

根，内有四根内柱（图1-30）。楼为两层，高约14米（图1-31）。室内上层悬钟，有楼梯可以到达。下层四面设腰檐，檐上直接出平坐，二层为九脊顶，屋顶举折平缓。屋檐出挑深远。下檐仅在柱头与转角处用五铺作斗栱。上檐亦无补间铺作，在柱头与转角处用五铺作出双杪。材断面为25.5厘米×17厘米。钟楼首层还保留了唐代木门，应是现存历史最久的木制门牖。

钟楼首层内柱下用覆莲式柱础，础石直径明显大于内柱直径，说明这四个柱础是初建时原物。原有钟楼的规模与尺度，很可能比现存钟楼还要宏大一些。在首层地面中央，曾有一个地宫，从对地宫发掘中，可以肯定这是一座唐代钟楼。但为什么在钟楼内设地宫，却是未解之谜。

正定开元寺不仅保存了一座唐代钟楼实例，其寺院以钟楼与佛塔对称配置方式，既证明了唐代寺院中确实仅设钟楼，不设鼓楼，也说明日本奈良时代法隆寺以金堂与五重塔对称配置方式，可能在隋唐佛寺中也存在。以钟楼与佛塔对称配置，应该是法隆寺式寺院格局的一种变体。

第三节 隋唐时代的佛塔与僧塔

塔，包括佛塔、舍利塔、僧塔等，是佛教寺院中最为重要的建筑配置之一。在佛教初传中土的时候，人们礼拜的主要对象，就是佛的象征——佛塔，或依梵语，音译为窣堵坡。

史料中所提到的最早的塔寺，是三国时人笮融所建的寺院：“乃大起浮图祠，以铜为人，黄金涂身，衣以锦采，垂铜盘九重，下为重楼阁道，可容三千余人。”[①]近年在湖北襄阳出土的据称是东汉末年的有塔刹造型的陶制楼阁明器，当是这类浮图祠早期形式的一个例证。

如果对散落在某些偏僻地区的早期单层小塔不做特别梳理的话，那么，现存所知尚存最古老的佛塔，应是河南登封嵩岳寺塔（图1–32）。寺初为北魏帝王的离宫，始建于北魏永平二年（509年），后改为佛寺；正光元年（520年）改名“闲居寺”，塔创于正光四年（523年）。这是一座砖筑密檐式塔，平面为十二边形，有15重塔檐，总高约37.045米。首层较高，其下有高约0.85米的塔基；首层塔外径约为10.6米，内径约为5米余，塔体壁厚约2.5米。

当然，北魏时期建造的佛塔很多，最著名者当推北魏洛阳城内的永宁寺塔，永宁寺塔基遗址尚存，基宽约39.2米。这座塔的高度，据北魏人郦道元著《水经注》的描述，自铜盘以下，有49丈之高。以1北魏尺合今尺0.28米计，塔刹以下距离地面的高度为137.2米。加上塔刹的高度，按照今尺，约有140多米高（图1–33）。云冈石窟中的一些塔心柱（图1–34），以及原藏山西朔州崇福寺内的北魏九层石塔（图1–35），为我们提供了这座史上最高木构佛塔的大体外观。

隋唐时代，又是一个塔寺建造的高潮时期，仅隋代文帝仁寿年间，就在全国范围内建造了110座舍利塔。隋炀帝为了纪念他的父母亲隋文帝与献文皇后，先后在长安城西南隅的东、西禅定寺（唐代分别更名为“大庄严寺”与“大总持寺”）分别建造了一座高约330尺（合今尺约97米）的高层木塔。唐代所建的佛塔，多为砖筑塔，且留存的实例也比较多。

一、单层塔

1. 历城神通寺四门塔

保存较好的单层古塔，以山东历城神通寺四门塔最为著名。关于这座塔的创建年代，有一些不同看法，据刘敦桢《中国古代建筑史》，塔创于隋大业七年（611年），但近年认定塔内中央石柱四面的四尊佛像，雕凿于东魏武定二年（544年），故有人

① ［晋］陈寿. 三国志. 卷四十九. 吴书四. 刘繇太史慈士燮传第四.

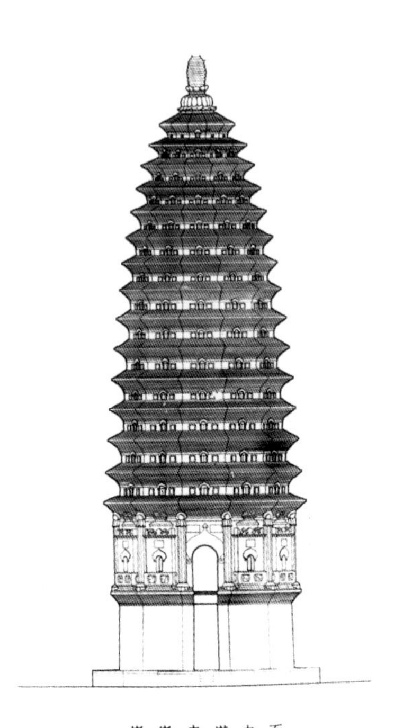

图1-32　河南登封嵩岳寺塔

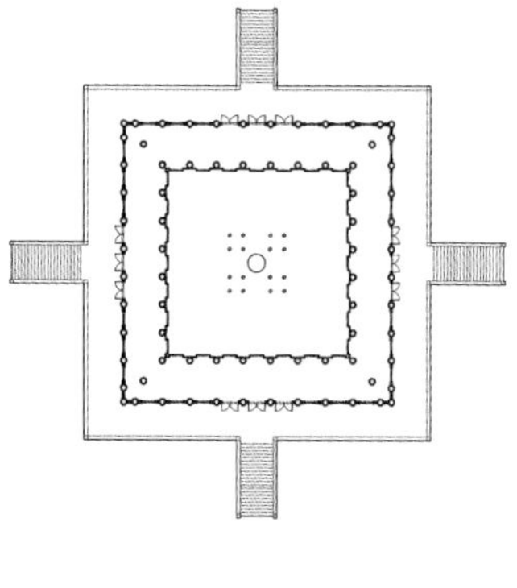
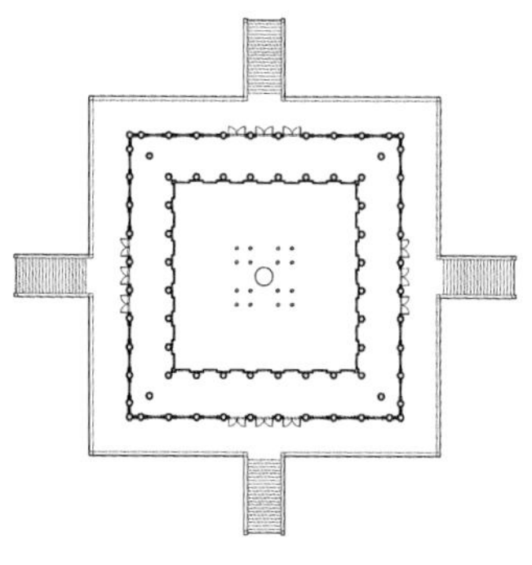

图1-33　北魏洛阳永宁寺塔平面与立面图

图1-34　山西大同云冈石窟中的塔心柱

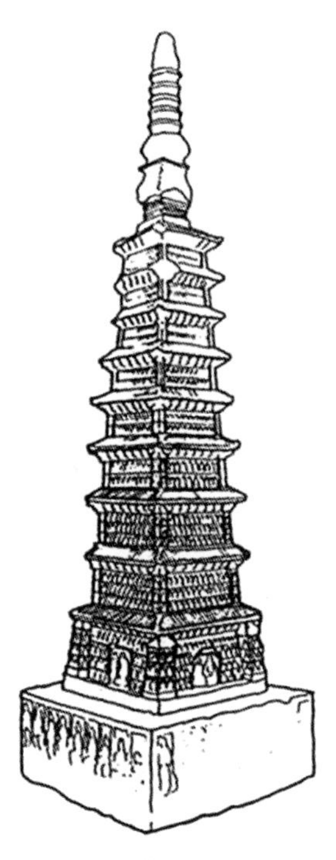

图1-35　原藏山西朔州崇福寺的北魏9层石塔

将其塔的建造时间判定为东魏，或者更早的时期。

四门塔的平面呈正方形，每面的宽度约为7.38米，塔为单层，用青石砌筑而成，上覆叠涩檐，并起四坡顶，顶上中央再覆以有须弥座、蕉叶山花及相轮的塔刹。塔高约15.04米，四面各有一道拱门。塔内有石砌中心柱，柱四面各有石刻佛像一尊。

四门塔造型简单、古拙、刚劲，但那傲然独立于僻野半山之上的凛凛豪迈之风，卓然雄劲之气，仍然可属中国古代单层佛塔中的佼佼者（图1–36）。

2．登封净藏禅师塔

位于河南登封城西北山坡上的净藏禅师塔是一座僧塔，是现存已知最早的一座八角形平面塔，创建于唐天宝五年（746年），这是一座仿木结构砖塔，其外观很像是一座八角形木构亭阁（图1–37）。

塔高约10.34米，下为叠涩砖筑八角形须弥座式样基座。须弥座束腰上每面似曾砌有门洞，但由于年代久远，基座及门洞都已显残破不堪。座高约2.63米。座上为亭阁形式的塔身；塔身亦为八角形，八角形的每一角，都砌有五棱倚柱。五棱柱上有砖砌泥道栱的形象。

塔身南侧辟有一个拱券门，券门之上，砌出阑额的造型，阑额之上的中心位置布置有一斗子蜀柱的补间做法。其余各面或为砖砌方形假门形式，或砖砌破子直棂假窗造型。假门或假窗之上，亦有阑额，额上是巨大的砖刻人字栱。这些都反映了盛唐时期木构殿堂或亭阁的柱额、斗栱做法。

从南侧拱券入口，可以进入塔内。塔室内部的平面亦为八角形，室内顶部为穹隆式做法。塔身主体部分以上，用叠涩砖檐。原初的设计中，当是一个八角形的屋面，

图1–36　山东历城神通寺隋代四门塔

图1–37　河南登封净藏禅师塔

但现在已经破落不堪，难以辨认。其上则用砖砌须弥座和山花蕉叶等组成塔顶的刹座。塔最上部中心立有塔刹，刹以石雕而成火焰宝珠的样式，显得简洁厚重。

3．平顺海会院明惠大师塔

创建于唐乾符四年（877年）全部石质雕凿而成的明惠大师塔，也是一座僧塔。塔位于山西平顺海会院旁。塔下部为方形基座，基座上又有一个须弥座式基座，座上为塔身。塔平面为正方，高约6.5米，边长2.21米，外观为单檐单层四坡带塔刹式塔顶（图1–38）。

塔身须弥座四面用石砌柱方，中间有立旌，形成壸门，团窠内有石狮雕刻，须弥座四角柱顶端有石刻兽头。塔身中空，南壁有门洞，门两侧分别刻有金刚造像。门顶半圆形券面上有浮雕伎乐天，再上则浮雕垂幔纹。塔内中空，为方形小室。室内中央有一仰莲覆盆式基座，室内顶部刻为平棊。

塔身之上覆以石刻四注屋顶。檐下雕刻有椽子、飞子，檐口四角微有起翘，顶上刻有瓦垅、戗脊。上覆三重由须弥座与山花蕉叶构成的塔刹基座。

二、多层楼阁式塔

1．西安兴教寺玄奘塔

唐代砖石楼阁式塔中，比例最为精致，造型最为简洁明快者，可推西安兴教寺塔。它是曾西去天竺取经的唐代高僧玄奘的墓塔。这也是现存所知最早的一座砖砌楼阁式塔（图1–39）。

塔创于唐总章二年（669年），平面为方形，高5层，约21米，塔身之下有低矮的基座。各层塔身逐层向内收分，层高也逐层递减。收分与递减比例，具有明快简洁的节律感。塔首层每侧边长为5.2米。除首层因为后世整修，未见仿木构的痕迹外，其上每层塔身都有砖砌八角倚柱，每层每面用四柱三开间形式，柱子上部隐出阑额、斗栱。斗栱之上用斜角砌成的“牙子”，上覆叠涩出檐。檐口之上形成各层四坡式塔顶。第五层之上用四注坡顶，上置方形塔刹，刹座为四瓣仰莲，上承覆钵、莲瓣、宝瓶、宝珠等。

在玄奘塔的左右两侧，还对峙有玄奘的两位高足的灵塔，分别是窥基塔与圆测塔。塔高3层，高约6.76米，塔底边长为2.4米。上用宝瓶式塔刹，造型特征与玄奘塔大略相近。

图1-38　山西平顺唐代明惠大师塔

图1-39　陕西西安兴教寺唐代玄奘塔

2．西安慈恩寺大雁塔

慈恩寺大雁塔几乎成为古都西安城的标志，塔原位于唐长安晋昌坊大慈恩寺内，称慈恩寺塔。塔初为从天竺取经归来的唐代高僧玄奘于唐高宗永徽三年（652年）为保存随身带回的经卷佛像而修建的，初为5层，后又加建至7层。

大雁塔初为仿西域窣堵坡形制造型的实心塔，外包砌砖面，每层都藏有舍利。后经历代改建、重修，渐渐形成内部可以登临的具有中土外观特征的砖仿木构楼阁式塔，是现存建造时间最早、规模最大的四方楼阁式砖塔实例（图1-40）。

塔为砖筑仿木形式四方楼阁造型，由塔基、塔身、塔刹三部分组成。塔高七层，约64.5米。塔基略近方形，高4.2米，南北长约48.7米，东西长约45.7米，首层塔身边长25.5米，以上逐层高度递减。塔身各层也渐次收分，首层与第二层，以砖砌倚柱的形式，显示为九间；第三、四层为七间，其上第五、六、七层则为五间。表现出十分明快简洁的递减节律。塔身各层的四面均有券门与塔心室相通。塔各层出砖砌叠涩檐，塔顶为四注坡，上呈塔刹，塔刹高4.87米。

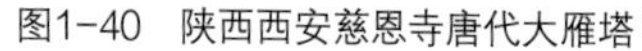

图1-40　陕西西安慈恩寺唐代大雁塔

图1-41　陕西西安唐代香积寺塔

3．西安香积寺塔

唐代砖筑楼阁式塔中，造型上最为奇异者，当属位于西安南郊的香积寺塔了。塔初创于唐开耀元年（681年）。另有一说，认为塔建于唐中宗神龙二年（706年）。与经过多次修缮的大雁塔不同，香积寺塔基本上保持了其初创时的结构与造型。

塔平面为方形，塔身原为13层，后因年久失修，塔顶遭到破坏，现存高度为10层，残高约为33米。塔首层高度比较其上各层，明显偏高，故塔身整体外观轮廓，与唐代密檐塔略相近似。但由于二层以上各层塔，每面都有隐刻仿木结构柱子、阑额等做法，显然是一座楼阁式塔无疑（图1–41）。

首层塔身的边长为9.5米，各层塔身边长逐层递减，每层四面各施四根方形倚柱，形成三开间的外观。各层当心间设有券形龛，两侧次间则用砖砌槏柱，中以砖砌直棂窗。柱头上施阑额一道，柱头及补间皆用栌斗一个，其上为间有二道棱角牙子的叠涩出檐。

重要的是，香积寺塔塔身阑额、倚柱、槏柱上有唐代彩绘痕迹，如阑额中心部位留有一段段的空白，与宋《营造法式》中提到的七朱八白的早期彩画可能有某种关联。此外，香积寺塔还与佛教净土宗“震旦五祖”之一的善导法师有着某种关联，从而使这座寺院被看作是中土佛教净土宗的祖庭之一。

图1-42　河南登封唐代法王寺塔

三、多层密檐式塔

1. 河南登封法王寺塔

位于登封市北嵩山玉柱峰下的法王寺，是一座隋唐时期的古寺，寺内所存法王寺塔，一说是建造于隋代的舍利塔，另有一说是创建于8世纪中叶的盛唐时期。但塔为隋唐时期所创的密檐式砖塔，则是毫无疑问的。

塔平面为方形，首层塔身十分高峻爽直，塔身四面为砖筑素墙，面宽约为7米，上为15层砖砌叠涩密檐，塔高约为34.18米。在塔首层的正面，有个圆拱券门洞，可以进入塔心室内。内为方形塔心室。塔内实为空心，自首层室内向上仰望，可以直视塔内顶部，塔内四周还遗存有砖洞痕迹。二层以上，各层四面各有一个小型圆券。作为一座典型的密檐式唐塔，其塔身整体轮廓线略如古代梭柱一般，呈上下向内收分，中央微微向外膨胀而出的效果，立面形成的弧形曲线，显得十分遒劲优雅（图1-42）。

依山而建的法王寺，前后有七进院落，40余间殿堂屋舍，都是清代建筑遗存。寺院周围除了这座唐代密檐舍利塔外，还有3座唐代单层塔，元代与清代塔各一座，历代僧人墓塔6座。

2．西安荐福寺小雁塔

相对于唐高宗永徽三年（652年）所创的慈恩寺大雁塔，西安还有一座小雁塔。塔位于长安皇城南朱雀街左的安仁坊，与其北面开化坊内的荐福寺隔街相望，但其塔归长安荐福寺所属，故仍称荐福寺塔。其塔创于唐中宗景龙年间（707—710年），由当时荐福寺住持僧道岸律师所创，因其外观与先于其前所建的大雁塔略有相似，故被唐人称为小雁塔。荐福寺塔是唐代砖筑密檐塔中的典型实例之一（图1–43）。

塔身原有15重檐，由于地震等原因的损毁，现存塔身有檐13重，现存高度约为43.4米。与典型的密檐式唐塔一样，荐福寺塔首层十分高峻，首层边长为11.38米。二层以上为叠涩出檐。塔身整体呈渐向内收分的趋势，形成一个圜和圆润的塔身曲线。

荐福寺塔内为中空，塔壁上未设置仿木形式的柱子与阑额做法，但中空的塔身内部，设有木制的楼层，通过木制楼梯盘旋而上，可以到达塔内的顶层。塔身外部为砖筑叠涩檐，间以棱角牙子。塔身每层的南北两侧各辟一个拱券门，从而使得塔内各层都有采光。

3．云南大理崇圣寺千寻塔

云南大理崇圣寺千寻塔是一座创建于南诏国第七代国王劝丰祐时（824年至859年在位）的高层砖塔，大约相当于晚唐时的会昌法厄前后。这座塔被称为“法界通灵明道乘塔”，这或也解释了，何以古南诏人要将这座塔建造得如此高峻挺拔，因为，在塔的建造者看来，这座塔担负着“法界通灵”的宗教功能。

与常见的唐代密檐塔一样，千寻塔也是方形平面，塔心中空，外观有16重塔檐，首层塔高度约12.04米，显得十分高峻。二层以上则为层层叠涩出檐，层高仅为66—110厘米左右。首层塔身边长约9.85米，约为塔身高度的1/6。塔身整体轮廓线，也同样是上下部分向内收，显得较为细挺。中间偏上部分略向外张，大体上接近梭形，塔身轮廓整体曲线十分曲婉柔和，具有张力（图1–44）。

塔位于崇圣寺前部，坐落在两层台基之上，略呈背西面东形势，上层基高1.85米。基座平面亦为方形，边长约为21米见方。下层台基为毛石砌筑，随地势前高后低。台基高约3米，台基以上至塔刹之下的高度为59.4米，塔身总高约62.4米，若加上塔刹的高度，则塔体通高有69.13米，是国内唐代密檐塔中最为高峻的。

图1-43　陕西西安唐代荐福寺小雁塔

图1-44　云南大理崇圣寺三塔（中为唐时期千寻塔）

结语

隋唐时代，既是中国古代社会前期发展的一个鼎盛时代，也是中国汉传佛教及其建筑发展的一个高峰时代。隋唐时期的佛教寺院，在寺院规模与寺殿尺度上，几乎达到了历史之最。动辄占地数百亩，由数十座院落，甚至百余座院落组成的大寺院，不仅出现在隋唐两京，也出现在诸如成都、泉州这样的地方重镇中。寺院中的主要殿堂，如长安大兴善寺大殿的规模与尺度，几乎堪与同时代帝王宫殿的主殿相比肩。

隋唐时期，特别是唐代佛寺中木构殿堂，渐渐摆脱了魏晋南北朝时期木构殿堂的古拙、僵直的造型，檐口与翼角开始起翘，屋顶反宇的形式渐趋明显，屋顶鸱尾的造型也渐趋定型。檐下斗栱，开始出现较为复杂而端庄的形式，柱头铺作与转角铺作的斗栱开始趋于成熟，补间铺作，则表现为简约、飒爽的人字栱造型。直至中晚唐之后，才出现斗子蜀柱，或简化的补间斗栱做法。而唐代屋顶下巨型的人字形大叉手，既表现了唐人在结构上的大胆与自信，也表现了唐人在艺术上的简约与率真。

隋唐时代大量建造的方形平面塔，特别是保存尚好的隋唐砖石结构塔，无论是楼阁式塔，还是密檐式塔，都充分表现了隋唐时人对于砖石结构的理解与创造。其外观之简洁明快，叠涩出檐之飒爽有效，特别是楼阁式塔的收分与层高递减造型节律之简单明了，都颇具唐人雄阔简约的艺术趣尚。

第二章　承前启后五代风

引子　五代艺术一瞥——刚毅庄重

尽管先后经历了唐武宗与五代周世宗两次法厄造成的劫难，以及唐末战争的摧残，但是，受到重创的五代佛教艺术，在王朝覆灭与战争劫火的灰烬中，竟然得以保存与延续了下来，且多少保持了晚唐艺术的风韵。

2016年11月，笔者有幸近距离亲眼欣赏过台北故宫博物院展出的馆藏五代画家荆浩所绘的《匡庐图》（图2–1），久久凝立在这场面宏大的巨幅山水画前，整个人都会产生一种徜徉于浩渺山水与恢宏艺术之间的凛然浩气。你不禁会想，在这幅气势磅礴的山水画面中，蕴藏的究竟是怎样一种直纾胸中块垒，傲然挺立，坚韧不拔的艺术张力？其中透露出的，恰恰是刚刚经历了一场大劫难的民族与文化，对于残酷现实的坦然面对，以及对于即将到来之新时代的向往与自信。这其中其实还蕴涵了一种希冀挣脱既往已有辉煌之束缚，意欲在废墟上创造一个全新时代之强烈愿望的艺术憧憬。

我们再透过山西平遥镇国寺内的五代彩塑佛、菩萨与力士造像来观察（图2–2），其中可以深切地感觉到，五代时人在大劫难之后的坚韧与自信。尽管这些造像可能有后世修葺的痕迹，但那佛造像的神秘与慈悲，佛弟子造像的端庄与坦然，天王力士的威武与自信，以及胁侍菩萨那半裸微倾的优雅身形，诸造像那简单明快的衣褶，都表现出那种积淀已久的艺术功力，在不经意间自然而坦率地表露。

图2-1　五代荆浩绘《匡庐图》

图2-2　山西平遥镇国寺大殿菩萨与金刚造像（五代）

包括佛造像在内的五代艺术，仍然保持了中晚唐文化大气恢宏下的纯熟与老道，没有备受挫折后的气馁，也没有久遭蹂躏后的沮丧，俨然一种虽历经磨难，却愈摧愈坚的伟大文化，在面对人世间种种悲剧之时，都会坦然而轻松面对的感觉。这正表现出经历了数百年之久的汉魏、两晋、南北朝与隋唐佛教文化中所内蕴的活力与生命力之遗韵所在。

五代时的佛教弘传、寺院建造与佛寺中的建筑造型，也表现出同样的气势恢宏与大度不凡。尽管保存的数量不多，但五代木构佛殿与佛塔，却凸显出一种上承隋唐，下启两宋、辽金、西夏建筑的潇洒与自如。木构技术渐趋成熟，建筑造型略显柔和，外部装饰初见细腻。换言之，五代佛教建筑中，似乎已经孕育着呼之欲出的辽夏与宋金佛寺中殿堂与塔阁的雏形。

第一节　五代十国时期的历史简说

中国历史经历了两个十分有趣的循环，先是秦灭六国，书同文，车同轨，天下一统，带来了一个全新的时代。然而轰轰烈烈的秦代统一，带来的却是二世而亡的历史悲剧。代秦而起的是渐趋繁盛的两汉，但东汉末年的桓灵板荡，又将繁荣数百年的汉帝国推向灭亡，国家进入了三国鼎立的战乱局面。之后虽然出现了西晋的表面统一，但动乱的根基并没有排除，随之而来的五胡十六国动乱，以及南北朝割据局面，前后延续了三百年之久。然而，这一动荡的时代，却是中国佛教传播与寺院建造的勃兴期。无论是南朝寺塔，还是北朝石窟，都在中国佛教建筑史上留下了辉煌的一页。

隋代的统一，同样是一个伟大的时代，隋代开科举，立户籍，创两都，凿运河，颇开一代新风。隋代的佛教与寺院建筑，也出现了勃勃生机。然而，不幸的是，具有开拓性的隋代，与秦代遭遇了同样的命运。看似改天换地的有隋一代，却也仅仅存在了短短的37年，代隋而起的大唐，成就了一代鼎盛。有唐一代的文明鼎沸，无论何时，都是中国人津津乐道的事情。然而，经历了将近300年的大唐盛世，最终也难逃轰然覆灭的下场。一场莫名其妙的灭佛运动，加上其后不太久就爆发了的农民起义，不仅将大唐，也将唐代创造的东西两京，以及无数辉煌壮美的佛教寺殿毁于一旦。

接下来又进入了一个分裂与动荡的时期，公元907年，军阀朱温代唐而立，建立了后梁，之后又有后唐、后晋、后汉、后周，前后共五个短命的王朝。与中原地区如走马灯般的朝代更迭几乎同时，在中原以外的地区，还相继出现了前蜀、后蜀、吴、闽、楚、北汉、南唐、吴越、南汉、南平（荆南）等10个割据政权。同时，除了这些汉族政权之外，在北方地区新崛起的由契丹人建立的辽，也已经开始觊觎中原地区广袤的沃土。有着将近400年统一帝国辉煌历史的隋唐两代王朝，再一次被这些短命的王朝、地方割据政权和少数民族政权，撕扯得支离破碎，苟延残喘，并最终覆灭，统一帝国重新陷入纷争与割据的乱离境地。这就是中国历史上的五代十国时期。

在晚唐武宗会昌灭法过程中遭受沉重打击的中国佛教，又进一步遭到五代战乱的摧残，寺院荒芜，塔殿凋敝。中国汉传佛教自4世纪初至9世纪末数百年间积蓄起来的煌煌胜景，到了这时已经风光不再。自南北朝至隋唐两代，渐趋繁荣鼎盛的佛教及其建筑的发展趋势，在五代时期也戛然而止。曾经是寺塔林立的隋唐两京，特别是西京长安，这时也已经变得几成废墟，徒增黍离之悲。五代十国的佛教及寺院建筑，就是在这佛教法厄与世事战乱的交互作用下，在满目苍凉的荒僻废墟上，步履艰难地缓慢恢复着。

对于中国佛教寺院及其建筑而言，在五代时期还遭受过另外一次重创，那就是发生在五代后周时期的一场法难，亦即佛教史上所谓"三武一宗之厄"的"一宗之厄"。继后周太祖郭威登上帝位的世宗柴荣，本是一位颇有安邦治国抱负的人，却十分不留意于佛事。甫一登基，就开始对本已因唐末战乱而变得凋零不堪的佛教及其寺院，进行沙汰与限制。

周世宗限佛，究其原因，很可能是出于经济上的考虑。在后周之前，后唐明宗天成元年（926年）曾有诏曰："应今日已前修盖得寺院，无令毁废；自此已后，不得辄有建造，如要愿在僧门，并须官坛受戒，不得衷私剃度。"[①]后唐明宗的举措，仅仅是对新建寺院的做法加以限制，同时也限制私自剃度。五代后周太祖之时，也有过一些抑佛之举。广顺三年（953年）："（闰月）己酉，开封府奏，都城内录到无名额僧尼寺院五十八所，诏废之。"[②]仅仅一次就在后周首都开封府，废除了58座寺院。这应该是后来周世宗大规模废佛、抑佛的一个前兆。到了后周世宗时期，废寺、抑佛的做法就更为严苛了许多。

后周世宗显德二年（955年）："甲戌，大毁佛寺，禁民亲无侍养而为僧尼及私自度者。"[③]也正是在这一年："废天下佛寺三千三百三十六。是时中国乏钱，乃诏悉毁天下铜佛像以铸钱。"[④]由此或可一窥周世宗废佛、抑佛的主要原因，正是由于多年战乱对于经济造成的摧残与破坏，经济的凋敝，甚至造成铸币所用铜的极度缺乏，不得不在历史上遗留下来的铜铸佛像上打主意。

但无论如何，这样一个十分严苛的诏令，以及相应的雷厉风行式的实施，使得在本已被战争摧残得苟延残喘的中原地区佛教及寺院建筑之上，又被加上了一记重拳。以《唐会要》所载："会昌五年，敕祠部捡括天下寺及僧尼人数，凡寺四千六百，兰若四万，僧尼二十六万五百人。"[⑤]说明会昌灭法时，全国有寺4600座。遭会昌一厄，已受重创。唐代大中年间，可能有了一定规模的恢复。但是，在经历了唐末、

---

① ［宋］薛居正．旧五代史．卷三十七（唐书）．明宗纪三．

② ［宋］薛居正．旧五代史．卷一百一十二（周书）．太祖纪三．

③ ［宋］欧阳修．新五代史．卷十二．周本纪第十二．

④ ［宋］欧阳修．新五代史．卷十二．周本纪第十二．

⑤ ［宋］王溥．唐会要．卷四十九．僧籍．

五代的连年战争，到了五代末显德二年："所存寺院凡二千六百九十四所，废寺院凡三万三百三十六，……。"[①]全国仅存寺院2694座，比起唐末会昌时又减少了约2000座，所减寺院数量，接近会昌时所存寺院数量的45%之多。

尽管后周世宗对于佛教及其寺院的检括与摧残，远不及唐武宗灭法时那么惨烈，但是，在经历了数十年战争与政治动荡的蹂躏之后，处在极度凋敝状态下的中原佛教，再经后周世宗的进一步沙汰，仅被废寺院、兰若就有30336座。说明唐末五代数十年战乱，以及唐武宗与后周世宗的两次法厄，对于其后历史上中国佛教及其建筑之发展所造成的破坏性影响，达到了怎样严重的程度。

五代时期的北方地区，佛教寺院建造与存留的情况，在一般史料上记录得较少。但是，依据当代学者冯金忠的研究，唐末五代时期燕赵之地的一些城市，如魏州、恒州、幽州，仍然保持了较为活跃的佛教传播与寺院建造活动。冯金忠提到，有一件编号为S.529的敦煌文书，其题名为《诸山圣迹记》，是一位五代后唐时期僧人，游历诸州名山胜迹与寺院的"行记"，其中提到定州："大寺五所，禅院八所，小（禅）院四十所，僧尼三千余人"；镇州（恒州）："大寺一十三所，大禅院三十六所，小（禅）院五十七所，僧尼七千余人。禅律盛行，僧徒肃穆，园林池沼，特异诸方，法寺清宫，不殊帝辇王家。"[②]由这一描述，或可以帮助我们略窥五代北方地区一些城市佛教寺院的建造或存留情况。

至少，自唐末五代之后，中国社会的文化走向在悄然间已经开始发生了一些细微的变化。自东汉末至唐末近800年间，佛教在中土地区沛然勃兴，渐趋繁荣，臻于鼎盛的发展势头，到了这时却似乎开始显现出某种明显的衰退之态。佛教在统治者与士庶百姓心目中的地位，渐渐地也开始变得相对比较淡然了。自五代之后的历史上，似乎再也难见如南朝梁武帝，或隋代文帝，以及唐代武则天那般执着于佛教信仰与传播，动辄便自称为"转轮王"的执着于佞佛之事的帝王。同时，之后的历史上，也再难见敢于在朝堂之上傲然挺立，能够与当政者对峙而言的佛教高僧了。寺院的建造虽然时断时续，似乎从来没有中断，但如隋唐两京城中，寺塔林立，梵音袅袅，千幢万幡的繁盛场景也难以再现了；人们也更难以见到在某座城市中，动辄能够占有一整个里坊之地的大寺院的做法了。继五代而起的宋代，则将中国文化的发展主流，渐渐引

① ［宋］薛居正．旧五代史．卷一百一十五（周书）．世宗纪二．

② 郑炳林．敦煌地理文书汇辑校注．第269页．甘肃教育出版社．1989年．转引自冯金忠．燕赵佛教．第98页．中国社会科学出版社．2009.

导到了以融合儒、释、道文化为主旨的所谓宋明“理学”的方向上去，中国历史上的佛教社会时代已经结束，代之而起的似乎更像是一个儒教社会的时代。

第二节　五代十国时期佛寺简说

遭到佛教史上晚唐、五代两次法厄与唐末五代时期连年战争摧残的五代佛教，在惨烈的世事纷争与无休止的社会动荡中，于缝隙中求生存，终于悄然实现了其巧妙但却十分重要的华丽转型。唐代佛教十三宗的轰轰烈烈场面已经不再，厌倦了世事纷争的僧徒们，将更多的精力放在了具有自我修持意味的禅宗上。

自中唐以后，禅宗就渐渐兴起，至晚唐五代，禅宗的势力已经遍及天下。修持的方式与寺院的形式，与隋唐时期也大不相同。规避社会动乱，潜心自我修持的禅僧们，遁入深山，渐渐形成一种禅宗丛林制度。他们渐渐割断了与世俗统治阶层及达官贵人的来往，蛰居深山，每日或沉迷于法会，或打坐于禅堂，过起了一种类似西方中世纪修道院式的隐居生活。

换言之，唐末五代时期是中国佛教自前期向后期发展演变的一个重要转折时期。这一转折的重要特征之一，是佛教寺院中的禅寺与律寺的分张。转折的关节点，则是中晚唐时禅寺从律寺中独立出来。佛教传入中土以来，一直遵循着印度、西域佛教的戒律规则。禅僧并没有专门的寺院，主要寄居在律寺之中，别设禅院而已。所以，怀海改革的主要意图是简化禅僧的修行仪轨，“不循律制，别立禅居。”[①]由于修禅与修律在形式上有很大的不同，禅师百丈怀海为他心目中的禅寺设定了几个基本建筑特征：

一是法堂。百丈怀海主张“不立佛殿，唯树法堂。”[②]这在寺院建筑史上是一大变革。禅僧以修禅传法为要，故法堂是不可或缺的。因为“法超言象”，作为传法之所的法堂，应该比礼佛念佛的佛殿更为重要，所以，才有“唯树法堂”之说。

二是禅堂。因禅僧以坐禅为重要修行方式，坐禅之时，不再顾及高下尊卑，只要

① ［宋］赞宁．宋高僧传．卷十．习禅篇第三之三．唐新吴百丈山怀海传．

② ［宋］赞宁．宋高僧传．卷十．习禅篇第三之三．唐新吴百丈山怀海传．

潜心修持即可，故有“又令不论高下，尽入僧堂。堂中设长连床，施椸架挂搭道具。卧必斜枕床唇，谓之带刀睡，为其坐禅既久，略偃亚而已。”[①]这里的僧堂，其实就是禅寺中的禅堂。禅堂空间很大，唯有如此，才可以使僧人不论高下，尽入其中。堂内有长连床，及挂搭道具的椸架。修禅之人，夜以继日，坐禅过久，感觉疲惫时，则可以斜枕床唇，稍加偃息。

三是方丈。方丈之室，其意谓空间不是很大的小室。但是，怀海在这里，却将僧寺长老所居的方丈之室，赋予了宗教性的含义：“同维摩之一室也。”[②]维摩诘一室，虽然很小，空间狭促，却又广大无边，包罗万象。这显然是一种宗教性的理解，其中包含了极富佛教意味的“芥子纳须弥”[③]的空间理念。自怀海始，寺中长老所居之所，多称为“方丈”之室。不唯其空间狭促，更内涵有“芥子纳须弥”的宏大宗教空间意味。

自晚唐五代始，这三种建筑：法堂、禅堂、方丈，成为后世禅寺中必不可少的三种类型建筑，其影响也渐渐波及律寺与教寺之中。

透过这一点也可以看出，晚唐五代以来的禅宗们，不再将礼佛诵经，或义理辨析作为最重要的宗教生活模式，而是每日或从事劳作，或彼此机辩，或禅定冥想。正因为如此，寺院内的建筑配置甚至开始出现一些变化，供奉佛造像的殿堂，似乎变得不那么重要，而供僧众师徒彼此棒喝机辩的法堂，或兼有休息与冥想功能的其中设置有用于禅坐与冥想的长连床的禅堂（到两宋时代渐渐演变成为僧堂），在寺院建筑中的地位，渐渐变得更为突出与重要。

除了禅寺与律寺的分张设置之外，五代时期的佛寺还出现了一些其前寺院中未曾出现的做法，如楼阁建筑在寺院中渐渐开始占有了一席之地。这种情况在中、晚唐时期已经开始，到了五代时期，在具有一定规模的寺院中，楼阁建筑几乎变得不可或缺，如《宋高僧传》中记载后唐东京相国寺僧事迹时，提到了晚唐时期的一次火灾：“当大顺二年（891年），灾相国寺，重楼三门，七宝佛殿，排云宝阁，文殊殿，里廊计四百余间，都为煨烬。”[④]由此可知，晚唐时的相国寺，除了将寺门设置为重楼（重楼三门）外，寺内还有一座楼阁（排云宝阁），并以回廊环绕（里廊）。晚唐时期的这种寺院配置模式，为后世佛寺，在寺院中部设置慈氏阁、华严阁、大悲阁，在寺院

① ［宋］赞宁．宋高僧传．卷十．习禅篇第三之三．唐新吴百丈山怀海传．
② ［宋］赞宁．宋高僧传．卷十．习禅篇第三之三．唐新吴百丈山怀海传．
③ ［宋］赞宁．宋高僧传．卷十七．护法篇第五．唐庐山归宗寺智常传．
④ ［宋］赞宁．宋高僧传．卷十六．明律篇第四之三．后唐东京相国寺贞峻传．

后部设置经藏阁、毗卢阁等楼阁建筑，奠定了一定基础。

在寺院中设置浴院，似乎也是从五代时期开始的。早在初唐时僧人道宣所撰两部佛教图经——即《中天竺舍卫国祇洹寺图经》与《关中创立戒坛图经》中，已经提到了在僧寺中设置浴院的问题，但见于史料记载较早的寺院洗浴场所，似乎是在五代时期。五代后唐南方僧人智晖，于梁乾化四年（914年）来到洛阳，“自江表来于帝京，顾诸梵宫，无所不备，唯温室洗雪尘垢事有阙焉。”[①]于是他在洛阳中滩开设了浴院。这或也暗示了，在五代之前的南方寺院中，很可能已经有了浴室之设，只是苦于资料有限，无法证明这一点。

在北方寺院中设浴院，似是将南方洗浴习俗带到北方的一种尝试。释智晖所营造的浴院，很可能是紧邻洛河，其规模有数亩之大。内设专门的浴具及供僧人休憩之用的僧坊。浴院定期开放。每年开放70余次。每次有2000–3000僧人来此洗浴。并且设计制作了汲水的设施，使洗浴变得更加清洁卫生。[②]

将一座寺院，完整地设置为“浴院”，定期为京城的男女僧众，提供一个洗浴的场所，这在佛教建筑史上，是一个开创性的事件。同时，这座具有洗浴功能的“浴院”，仍然是一座寺院，寺内西庑中供奉有十六罗汉，从寺中设置有“观自在堂”来看，寺内可能还有观音或大悲菩萨的造像。

五代十国时期，还是中国汉传佛教寺院中罗汉信仰与十六（或十八）罗汉及五百罗汉造像开始出现并逐渐普及的一个时代。关于罗汉信仰与十六（或十八）罗汉与五百罗汉崇拜观念，是随佛经传译进入中土地区的。唐代僧人玄奘所译《大阿罗汉难提蜜多罗所说法住记》中第一次正式提到了十六阿罗汉：“佛薄伽梵般涅槃时。以无上法付嘱十六大阿罗汉并眷属等。”“时此十六大阿罗汉。与诸眷属于此洲地俱来集会。以神通力用诸七宝造窣堵波严丽高广。”[③]十八罗汉，则是在五代以后的信仰中，在十六罗汉基础上，又加上了两位尊者。

晚唐时已有罗汉信仰的痕迹，《宋高僧传》载晚唐苏州开元寺僧人元浩，殒于唐元和十二年（817年），次年起塔于苏州西北虎丘东山南原。数年之后，“刺史崔恭撰

① ［宋］赞宁. 宋高僧传. 卷二十八. 兴福篇第九之三. 后唐洛阳中滩浴院智晖传.

② 参见［宋］赞宁. 宋高僧传. 卷二十八. 兴福篇第九之三. 后唐洛阳中滩浴院智晖传：“每以和朔后五日，一开洗涤，曾无盻然。一岁则七十有余会矣。一浴则远近都集三二千僧矣。……加复运思奇巧，造轮汲水，神速无比。复构应真浴室，西庑中十六形象并观自在堂弥年完备。”

③ ［唐］玄奘译. 大阿罗汉难提蜜多罗所说法住记. 大正新修大藏经 第四十九册 No. 2030.

《塔碑》，立于虎丘山罗汉石坛之左。”[①]这是文献所载出现较早的与罗汉有关的建筑物——罗汉石坛。

《十国春秋》中提到了南唐时的一位名叫陶守立的画家，“工画佛道鬼神山川人物。后主金山水阁有十六罗汉像，故守立所绘也。”[②]宋代人宋濂《万寿禅寺重构佛殿记》描述的苏州万寿禅寺佛殿中：“昔有唐僧贯休所画十六罗汉像，颇著灵异。”[③]据当代研究者称，今日杭州南高峰西侧翁家山南的烟霞洞内，尚存五代吴越时期开凿的十六罗汉造像（图2-3，图2-4，图2-5），及北宋时期开凿的观音、势至造像等。[④]说明在五代时期南方寺院中，十六罗汉画像与造像已经比较多见。

五百罗汉信仰的传入，及其在中土佛寺中逐渐立足，与十六罗汉信仰与造像大约是同时展开的。西晋僧人竺法护译有《佛五百弟子自说本起经》，提到了佛的五百弟子。南朝梁惠皎撰《高僧传》，多次提到“罗汉”，并且最早提到了“五百罗汉”概念。南朝梁时人宝唱撰《比丘尼传》中提到，南朝宋明帝泰始三年（467年）：“明帝……他日又请阿耨达池五百罗汉，复请罽宾国五百罗汉。”[⑤]说明五百罗汉的信仰在南北朝时已经出现。

唐释玄奘《大唐西域记》记述了在迦湿弥罗国：“龙王重请五百罗汉，常受我供，乃至法尽。”而在摩揭陀国：“时有五百罗汉僧，五百凡夫僧，王所敬仰供养无差。”[⑥]又有“五百罗汉潜灵于此，诸有感遇，或得觌见。”[⑦]说明唐代人已经开始相信，五百罗汉是常住于阎浮提世界，并且参与拯救众生的事业的。

宋人《五代名画补遗》提到了唐代雕塑家杨惠之所塑的五百罗汉造像（图2-6）：“……又于河南府广爱寺三门上五百罗汉及山亭院、楞伽山，皆惠之塑也。”[⑧]这似乎暗示着，早在唐代寺院中，已经有了五百罗汉造像，只是，晚唐杨惠之所塑五百罗汉像，是被布置在寺院的三门之上的。这是历史文献中最早出现五百罗汉造像的一个记载。

根据这一记载，似乎说明了两个问题：一是，汉地佛寺中的五百罗汉造像，比

---

① ［宋］赞宁. 宋高僧传. 卷六. 义解篇第二之三. 唐苏州开元寺元浩传.

② 钦定四库全书. 史部. 载记类.［清］吴任臣. 十国春秋. 卷三十一. 南唐十七. 列传.

③ 钦定四库全书. 集部. 总集类.［明］钱谷. 吴都文粹续集. 卷三十. 寺院.［宋］宋濂. 万寿禅寺重构佛殿记.

④ 参见“杭州烟霞洞五代罗汉造像研究”. 中国艺术研究院. 范艳. 硕士论文. 2010.

⑤ ［南朝梁］宝唱. 比丘尼传. 卷四. 禅林寺净秀尼传一.

⑥ ［唐］玄奘. 大唐西域记. 卷三. 八国. 迦湿弥罗国.

⑦ ［唐］玄奘. 大唐西域记. 卷九. 一国. 摩揭陀国下.

⑧ 钦定四库全书. 子部. 艺术类. 书画之属.［宋］刘道醇. 五代名画补遗. 塑作门第六. 神品三人. 杨惠之.

图2-3 浙江杭州南高峰翁家山烟霞洞五代石刻十六罗汉造像之一

图2-4 浙江杭州南高峰翁家山烟霞洞五代石刻十六罗汉造像之二

图2-5 浙江杭州南高峰翁家山烟霞洞五代石刻十六罗汉造像之三

图2-6 传为唐代杨惠之创作的江苏甪直保圣寺罗汉雕像

十六罗汉造像出现得要稍微早一些，大约是在晚唐时期；二是，最初的五百罗汉造像，好像没有设置专门的罗汉堂，因而只好将这些罗汉造像屈尊于寺院前部“三门”楼的二层之上。

五代十国时期，还发生了中国历史上汉传佛教中心的一次历史性大迁移。10世纪上半叶，五代乱离，原来的佛教重镇长安、洛阳、邺城等，以及政权更迭不已的中原其余地区，佛寺数量锐减，佛教人才流失严重。同时，这一时期各代中原王朝的国祚都十分短暂，连政权维系都难以持久，更遑论有余力关注佛寺建造，因此，中原地区佛教，整体上呈现一种渐趋衰落的态势。到了后周时期，周世宗又再一次检僧汰寺，使本已因为战争而萧条破落的中原佛教，又再一次遭到重创。

然而，历史上往往会出现“东方不亮西方亮”的有趣局面，五代中原地区佛教及其寺院的衰微与败落，恰恰反衬出了大约在同一时期偏居江南一隅的那些地方割据政权的统治者们，在佛教发展与寺院建设上所取得的不菲成就。其中成效最为明显者，包括了以建康为中心的南唐，以钱塘（杭州）为中心的吴越，以及据有八闽之地的王氏政权，这些地方政权在本地区的佛教传播与寺院建设上，都投入了相当巨大的财力与物力。

其中最为典型者，如吴越王钱俶：“自奉颇薄，常服大帛之衣，崇信释氏，前后造寺无算，入宋后有以爱子为僧，为人宽洪大度，常大会宾客。”[①]与中原朝代兴替的情形不一样，自唐亡至宋兴，钱氏政权一以贯之，不仅保留了既有的寺院，还有一些新的建造活动。仅钱塘（杭州）一地，至后周显德二年（955年）：“五月，周诏寺院非敕额者，悉废之，检杭州寺院，存者凡四百八十。”[②]也就是说，在五代末年时，仅杭州一地，就存有寺院480座。联想到唐人杜牧在诗歌中所感叹的：“南朝四百八十寺，多少楼台烟雨中”[③]，可知五代时杭州城内外的寺院数量，堪与历史上著名的佛教重镇南朝建康城比肩而立。这显然是一个比当时长安、洛阳，甚至汴梁所存数量更要多出许多的寺院数字。

再来看一看福建地区的情况。五代十国时期，据有八闽之地的王审知王氏政权，也采取了重视佛教与兴造佛寺的政策。据宋代福州地方志《淳熙三山志》中所载：“唐自高祖至于文宗，二百二十二年，寺止三十九，至宣宗乃四十一（时郡人林谓作记，

---

① 钦定四库全书．史部．载记类．［清］吴任臣．十国春秋．卷八十二．吴越六．忠懿王世家下．

② 钦定四库全书．史部．载记类．［清］吴任臣．十国春秋．卷八十一．吴越五．忠懿王世家上．

③ 钦定四库全书．集部．总集类．［明］高棅．唐诗品汇．卷五十三．七言绝句八．杜牧．江南春．

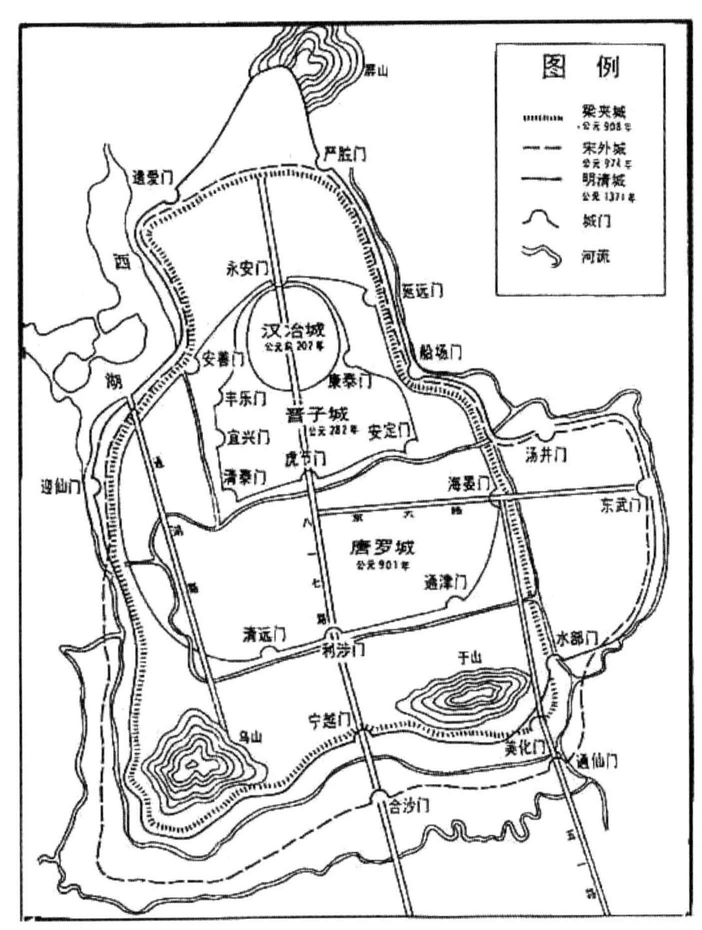

图2-7　福建福州城的历史变迁图

存寺七十八，废寺三十六）。懿宗一百二，僖宗五十六，昭宗十八，殚穷土木，宪写宫省，极天下之侈矣。而王氏入闽，更加营缮，又增寺二百六十七，耗费过之。自属吴越，首尾才三十二年，建寺亦二百二十一。”[①]

《淳熙三山志》中描绘了福州地区佛寺建造的一条时间曲线（图2-7）。在晚唐之前，这一地区寺院建造的速度十分缓慢。至唐宣宗大中（847—859年）时，福州地区仅有寺78所。到了晚唐懿宗、僖宗、昭宗三代（860—904年），约40年间，寺院增加到176所。而在唐灭亡之后的五代时期，在王氏据闽的短短38年（907—945年）间，

① 钦定四库全书．史部．地理类．都会郡县之属．［宋］梁克家．淳熙三山志．卷三十三．寺观类一．僧寺．

就增建了267座寺院。之后，又经历了吴越灭闽（946年），至纳土归宋（978年）这一历史过程，前后仅仅32年时间，福州一地，又增建了221座寺院。

也就是说，自唐灭亡的907年，迄至吴越王纳土归宋的978年，在仅仅70余年的时间中，仅福州地区新建寺院的总数就达到了488座，远远超过了隋唐两代福州地区建寺数量的总和。这新建的488座寺院，或又可以与南朝的建康城，或五代的钱塘（杭州）城相提并论了。难怪北宋时人谢泌，在有关福州城的诗歌描述中，十分感慨地写道："城里三山千簇寺，夜间七塔万枝灯。"[①]在一座城市中，就呈现了如此繁盛的佛教寺院场景，这在一定程度上，也反映了五代十国时期，江南浙闽地区佛教发展与寺院建造的大略面貌。

从严格意义上讲，五代十国时期，无论是佛教的发展，还是佛教建筑的建造，都处在了一个承上启下的地位之中。唐末五代的战乱，使得汉传佛教遭到重创，自五代始，佛教渐渐摆脱了上层统治者的驾驭与操控，逐渐成为普通民众日常精神生活的一个重要组成部分。寺院的建造，也不再是帝王们最为关切之事，反而成为普通百姓们日常关注的事情。换言之，五代以后的中国，不再是一个传统意义上的佛教社会，社会在悄然间，开始发生变化。到了两宋时代，中国渐渐进入以理学为中心的儒教社会，这一趋势一直延续到清末。中国社会这一重大转折的关节点，正是发生在五代十国时期。

至于佛教寺院及其建筑，自五代时期始，再也难见隋唐时期那种动辄有数十个院落，数千间寺殿廊庑的大型寺院；寺院的规模渐趋适中，寺院内的建筑配置，也渐趋简单化、规制化与定型化。这种自五代时期开始的寺院空间与建筑配置趋于简单化、规制化与定型化的趋势，一直延续到清末民初时代。

然而，令人感到遗憾的是，五代时期的佛教建筑，特别是木构建筑，留存至今者，实在是为数不多。但与隋唐两代数百年时间建造了无以数计的寺院塔阁，留存至今者却如凤毛麟角的事实相比较，仅仅才有50年历史的五代十国时期，其佛教寺塔，特别是木构殿堂的留存数量，至少不亚于隋唐两代。因此可以说，尽管五代时期的历史十分短暂，但其在中国古代建筑史，特别是佛教建筑史上，仍然有着不可小觑的价值与意义。

---

① 钦定四库全书．子部．类书类．[宋]潘自牧．记纂渊海．卷十．郡县部．两浙东路．福州．

第三节 五代十国时期的佛殿遗存

中国古代木构建筑遗存，传承时代较为久远者，非佛教建筑莫属。这一方面是因为佛教建筑较少受到社会政权更迭的影响；另一方面，也因为随着禅宗的兴起，汉传佛教寺院的建造，往往会选择地偏势远的丛林山野之地，因而较少受到人为因素的破坏。众所周知，保存至今最为古老的木构建筑实例，是唐建中三年（782年）所建的山西五台东冶镇南禅寺大殿；其次，就是建于唐大中十一年（857年）的山西五台豆村佛光寺大殿。此外，尚有山西平顺天台庵大殿、山西芮城广仁王庙（五龙庙）大殿。

在时代的久远与历史价值的弥足珍贵上，与这几座人们视为国之至宝的唐代木构建筑实例最为接近的，就是五代时期的两座木构殿堂：山西平遥镇国寺大殿与福建福州华林寺大殿。这两座分别建造于五代北汉末期与五代吴越国末期的木构佛教殿堂，其实际的建造年代，其实已经进入了北宋初年。但因其创建地，在当时尚未纳入北宋的统治范围内，我们仍然可以将之归在五代时期建筑遗存的范畴之内。

1．平遥镇国寺大殿

镇国寺位于山西省平遥县城以北约10余公里的郝洞村，寺内建筑多为清代遗构。寺西有后世建造的山门。寺院主体为坐北朝南布置，分前后两进院落。前为天王殿，殿两侧有钟楼与鼓楼。进入第一进院落，是寺院正殿万佛殿（图2-8）。殿两侧有两座小门。殿后为第二进院落，院两侧分别设有各为五开间的观音殿与地藏殿，寺院后部为五开间的三佛殿。

从寺院中的碑刻及殿内梁栿下的题记可知，镇国寺大殿始创于五代末北汉天会七年（963年），在清代嘉庆二十一年（1816年）曾经有过一次修缮，但其主体结构依然是五代时的原构。大殿平面略近方形，上用单檐九脊顶。

殿为三开间，檐柱柱头之上用七铺作双杪双下昂斗栱。第四跳跳头上施令栱承替木，上承橑风槫。每间之内斗栱用单补间，补间铺作比柱头铺作减两跳，其下用蜀柱，其上施五铺作出双杪，第二跳跳头上用令栱承罗汉方。因此，其补间铺作的最外跳，并没有伸到橑风槫之下，从而构成了一种十分巧妙的斗栱配置形式。使大殿檐下，在疏朗中，透出古拙（图2-9）。

镇国寺大殿是一座三开间小殿，其檐柱高度约为3.42米，铺作总高度为1.85米，

图2-8　山西平遥镇国寺万佛殿

图2-9　山西平遥镇国寺万佛殿外檐斗栱

图2-10　山西平遥镇国寺万佛殿内的六椽栿

图2-11　山西平遥镇国寺万佛殿内的五代造像

橑风槫上皮标高距离地面的高度约为5.27米。其斗栱用材高度为22厘米，厚度为16厘米，大约接近于宋《营造法式》中所规定的四等材，但因其使用了七铺作双杪双昂的斗栱形式，因而显得斗栱十分硕大。

大殿仅用周檐12根柱子，殿内无柱。当心间前后檐柱铺作上用六椽栿，栿长10.28米，栿截面高度大约为41厘米，厚度为28厘米（图2-10）。其上承四椽栿，四椽栿上用平梁。平梁上用蜀柱与叉手承托脊槫。平梁及四椽栿两端均用托脚。

殿内正中为一个方形青砖佛座，佛座的长度与宽度约为6.09米，高约0.55米。座上中央偏后复设须弥座，其上为释迦牟尼佛，其前两侧为佛弟子阿难、迦叶；另有菩萨、金刚，及供养人等14尊造像（图2-11）。其中除了观音及善财童子及龙女造像为明代重塑之外，其余仍为五代时的原塑。

2．福州华林寺大殿

由于气候潮湿、白蚁侵蚀，以及各种自然与人为的原因，中国南方地区的木构建筑物难以保存长久，故南方地区现存宋代以前木构建筑的实例几乎屈指可数。但是，

图2-12　福建福州华林寺大殿原构外观透视草图

就在这如凤毛麟角般的古代南方木构建筑遗存中，我们可以发现一座建造于五代末年的木构佛寺殿堂建筑——福州华林寺大殿（图2-12）。

福州华林寺，原名为“福州越山吉祥禅院”。宋人所撰《淳熙三山志》上有记云：“怀安越山吉祥禅院，乾元寺之东北，无诸旧城处也。晋太康三年既迁新城，其地遂虚。隋唐间以越王故，禁樵采。钱氏十八年，其臣鲍修让为郡守，遂诛秽夷崄为佛庙，乾德二年也。”[①]说明这座寺院始创于吴越王钱俶十八年，时已进入北宋乾德二年（964年）。尽管从时间上看，这时已是北宋时期，但当时的福州，仍然在五代吴越国的管辖范围，其建造者亦是吴越国的守臣，故这座寺院仍可归在五代末年的建筑。华林寺之名为明正统九年（1444年）御赐寺额，为了方便起见，在叙述中我们仍然沿用明代的寺院名称。

华林寺位于福州屏山南麓，寺中仅存大殿（图2-13）。殿身原构主体平面略近方形。殿外原有清代所加檐廊，故其外观形式一度曾为重檐五间的造型（图2-14）。殿外原来亦有连廊，与殿前山门相接。但是，在20世纪中叶，因其两侧连廊及殿外所加清代檐廊因为阻滞了某机关的汽车通道，而遭人为破坏。后于80年

① 钦定四库全书. 史部. 地理类. 都会郡县之属. ［宋］梁克家. 淳熙三山志. 卷三十三. 寺观类一. 僧寺.

图2-13　修复后的福州华林寺五代所建三开间大殿

图2-14　清代时的福州华林寺大殿

代，迁建于新址，并恢复了其五代时期的原貌。从而使这座五代时期的木构殿堂，得以保存与保护。

大殿为坐北朝南布置，面阔三间，进深四间，八架椽前后乳栿对四椽栿用四柱，单檐九脊顶。正面用四柱，通面阔15.87米，当心间6.51米，两次间4.68米。两山各用五柱，通进深14.68米，前后两间各深3.84米，中间两间各深3.50米（图2-15）。

身内用四柱，前后内柱的中距为7.00米。大殿平面布置有18根柱子。四根内柱高7.20米；前后檐平柱与两山次角柱，及中柱均高4.78米；四根角柱高4.86米；各柱高度均包括柱础的高度20厘米。柱子至角有8厘米的生起，但柱身无明显侧脚。檐柱柱头间用阑额相接，后檐与两山阑额广42厘米，厚17厘米，前檐阑额为“月梁造”，阑额至角出头约20厘米，垂直斫截，额上无普拍方，前檐补间铺作的栌斗直接坐于阑额之上（图2-16）。

大殿两山与后檐各间不设补间铺作，前檐当心间用补间铺作两朵，两次间各用补间铺作一朵。外檐柱头与补间铺作为七铺作出四跳，第一、三跳偷心，第二跳跳头施重栱承罗汉方，第四跳跳头施令栱，承橑檐方。与令栱相交的耍头位置亦出昂，故其外观为双杪三下昂。

大殿铺作内所用斗栱，断面高度在30厘米至34厘米之间不等，特殊的可达37厘米，根据实测数据的分析，大殿所用标准材栔，单材高度为30厘米，与北方唐辽建筑中，七间的佛光寺大殿和九间的华严寺大殿材高相等。标准足材的高度为45厘米，实测足材高度达到了47厘米，是现存古代木构建筑遗构中用材最大的例证。

前后两内柱柱头上栌斗口，各向内出单材偷心华栱三跳，承四椽栿，栿上两端用栱一层，承中平槫，栿背上用驼峰承重栱，上承平梁，平梁两端承上平槫。平梁梁背之上置散斗三个，斗口内用驼峰承脊槫。这种做法，显得十分简洁明快，是国内现存木构建筑中的孤例（图2-17，图2-18）。

殿身后檐用乳栿，栿尾插入内柱柱身，下用两跳丁头栱承托，栿首伸入外檐铺作。前檐亦用乳栿，栿两端与内外柱上承前廊平棊方的斗栱相交，栿尾也插入内柱，栿中部卷杀作月梁。殿身两内柱上用四椽栿及平梁。从梁栿、斗栱与可能设有前廊平棊的痕迹推测，大殿前一间为敞廊，殿门设置在前内柱缝上。故其殿内空间为面广及进深各三间的形式。

华林寺大殿还有一个奇特之处，是其大木构架及外立面的主要设计比例。其正立面，当心间间广，恰好是其当心间檐柱高度的$\sqrt{2}$倍，而其两次间间距，与檐柱柱高

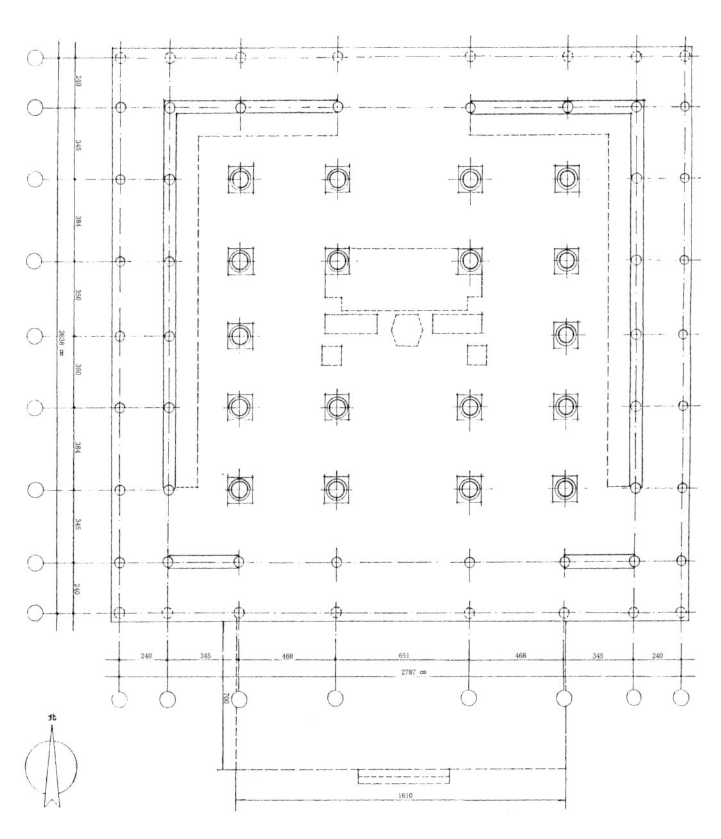

图2-15　包括清代所加副阶的福州华林寺大殿原状测绘平面图

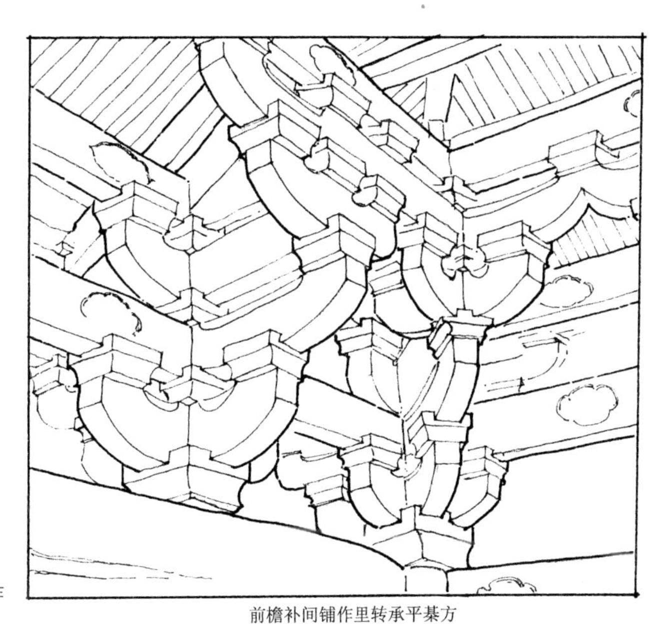

前檐补间铺作里转承平棊方

图2-16　福建福州华林寺大殿前檐补间铺作落在阑额上，里转承前廊平棊方

图2-17　福建福州华林寺大殿室内乳栿与云形驼峰

图2-18　福建福州华林寺大殿殿内透视图

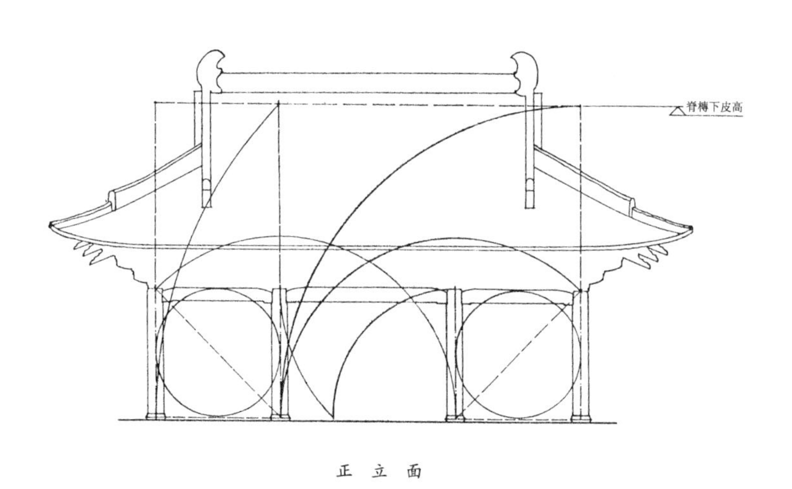

比例说明：　柱高 / 次间广 = 1

心间广 / 次间广 = $\sqrt{2}$

心间广 / 柱高 = $\sqrt{2}$

通面广 /（心间广 + 次间广）= $\sqrt{2}$

（心间广 + 次间广）= 脊槫下皮高（由柱础顶面计）

图2-19　福建福州华林寺大殿立面比例分析图

相等，从而使其正立面，形成了两个对称布置的正方形夹着一个高宽比为1∶$\sqrt{2}$的矩形。这显然是一个刻意设计的立面比例（图2–19）。

从大木构架看，其前后内柱的距离，与其内柱的高度，恰好相等，说明两根内柱以其高度与距离，正好构成了一个正方形。而其内柱柱缝之上所支撑的中平槫上皮的高度，恰好是内柱高度的$\sqrt{2}$倍，也就是说，是这个由两根内柱及其前后距离构成的正方形外接圆的直径长度。换言之，这座殿堂的中平槫上皮标高与内柱高度，是一个由圆方关系构成的建筑比例。再来注意这座建筑的脊槫标高，这一高度，又恰好与其殿内地面中心点和前后橑檐方上皮的距离相等，从而使整座殿堂的剖面，恰好被控制在了以殿内中心点为圆心，以脊槫上皮高度为半径的半圆形式之下。这其中无疑蕴含了古代中国人“天圆地方”的象征性寓意（图2–20）。

这座大殿的奇特之处，是其平梁与乳栿的造型均采用了造型圆润、粗短的“月梁造”做法，部分斗栱亦用了直接从柱身上悬出的插栱做法。而这种饱满圆润的月梁做法，及插栱形式，不仅见之于时代稍晚于华林寺大殿的福建莆田元妙观三清殿（图2–21，图2–22），同时，亦见之于现存韩国高丽时期的古代建筑浮石寺（12世纪）无量寿殿（图2–23，图2–24，图2–25）和韩国百济时期修德寺大雄宝殿（图2–26）及日本镰仓时期的天竺（大佛）样建筑（图2–27）之上。几者之中，以中国的福州华林寺大殿，建造时间最为久远，因此，可以推知，韩国与日本天竺（大佛）样建筑，是从中国宋代的福建地区传入的。其现存最早的实例，就是五代末所建的这座福州华林寺大殿（图2–28，图2–29）。

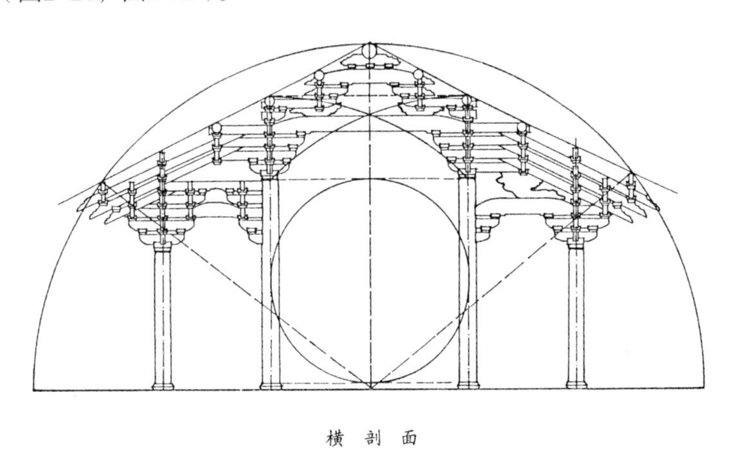

比例说明：　内柱高 / 内柱间距 = 1
中平槫上皮高 / 内柱高 = $\sqrt{2}$
脊槫上皮标高 = 地面中点至前后橑檐方上皮距离

图2–20　福建福州华林寺大殿横剖面比例分析图

图2-21　福建莆田元妙观三清殿室内梁栿

图2-22　福建莆田元妙观三清殿乳栿、插栱与偷心斗栱

图2-23　韩国高丽时期浮石寺无量寿殿外观

图2-24　韩国高丽时期浮石寺无量寿殿室内梁架

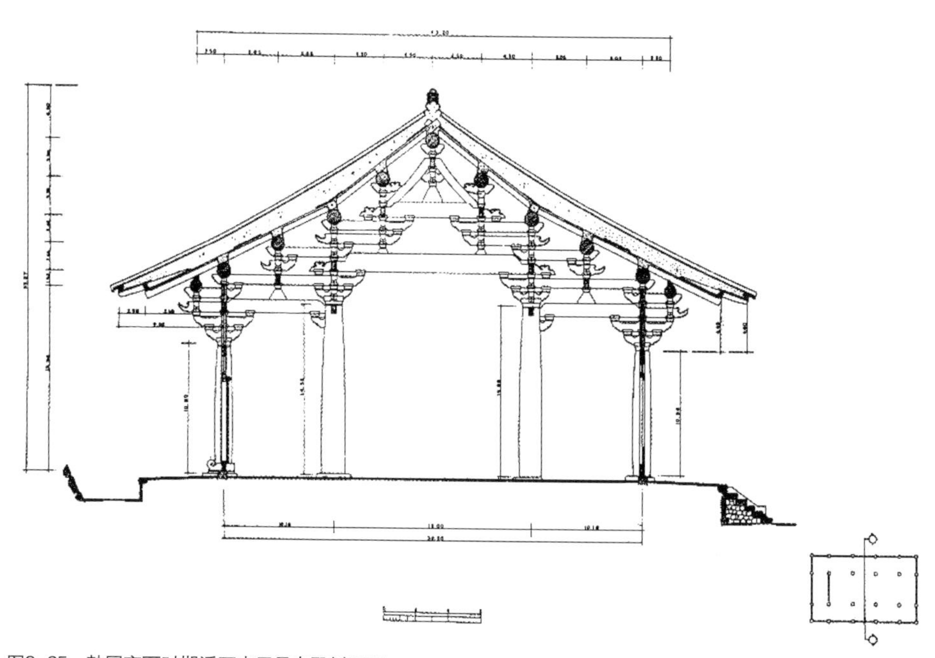

图2-25　韩国高丽时期浮石寺无量寿殿剖面图

图2-26　韩国百济时期的修德寺大殿室内梁栿

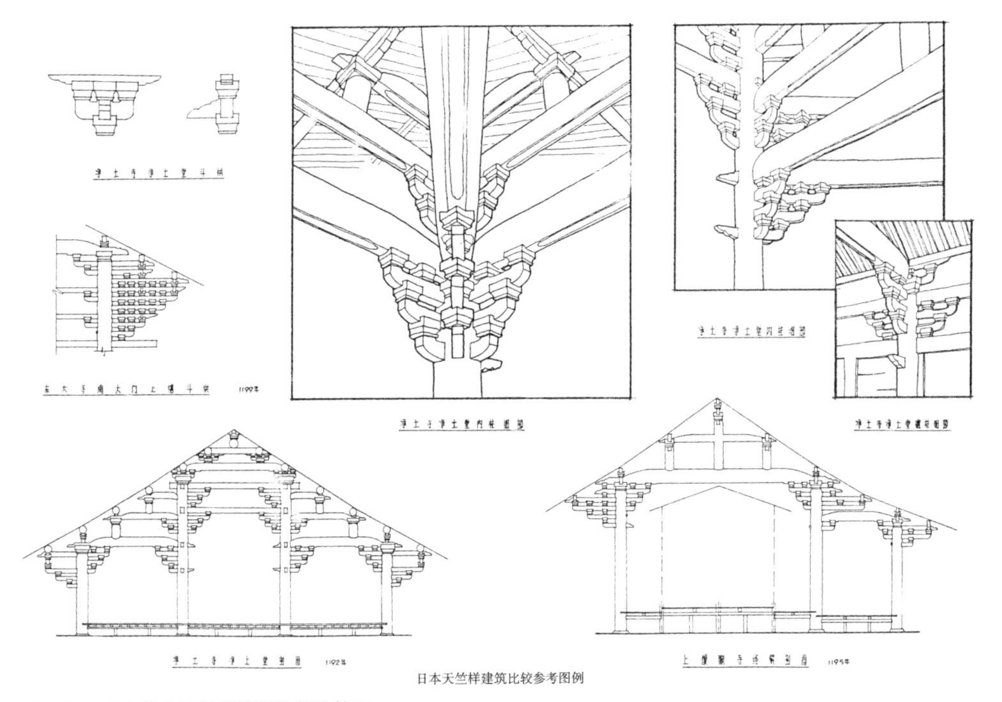

图2-27　日本镰仓天竺样建筑细部比较图

图2-28　福建福州华林寺大殿外檐斗栱与月梁式阑额

图2-29　福建福州华林寺大殿

第四节　五代十国时期的佛塔遗存

现在遗存的五代时期佛塔中，以南唐与吴越国所建造者为多，其中以建康栖霞寺舍利塔、苏州虎丘云岩寺塔及杭州钱塘江畔的闸口白塔最为人们所熟知。

1．建康栖霞寺舍利塔

建康栖霞寺位于建康摄山（栖霞山）之麓，由释法度始创于南朝宋。据《高僧传》，释法度，"宋末游于京师，高士齐郡明僧绍，抗迹人外，隐居琅琊之翙山。挹度清真，待以师友之敬。及亡，舍所居山为栖霞精舍，清度居之。"[①]其山原名摄山，或因有此精舍而改为栖霞山。《南史》亦载，齐建元元年（479年）明僧绍"既而遁还摄山，建栖霞寺而居之。"[②]这里所说的栖霞寺，应是在栖霞精舍的基础上扩建而成的。

寺在历史上几易其名，唐时称"功德寺"，南唐时改名"妙因寺"，宋代又先后用过"普云寺"、"栖霞寺"、"严因崇报禅院"、"景德栖霞寺"等寺名。又因栖霞山亦名虎穴山而被称为"虎穴寺"。明洪武五年（1372年）时正式改回"栖霞寺"。唐代时这座寺院达到其历史上的鼎盛状态，并一度与山东长清灵岩寺、湖北当阳玉泉寺、浙江天台国清寺，并称为汉地佛寺中的中国四绝。[③]

隋代时的栖霞寺已经成为一座重要寺院，《全隋文》所收隋文帝于仁寿元年六月乙丑所颁《立舍利塔诏》中有："'分道送舍利'下云，先往蒋州栖霞寺，洎三十州次五十三州等寺起塔。"[④]隋仁寿年间在全国范围内建塔，蒋州（建康）栖霞寺排在其首，说明这座寺院的重要。而现存的这座栖霞寺舍利塔，其前身很可能就是在隋仁寿年间所创的。

尽管寺院历史悠久，但寺内现存最古老的建筑物，却是五代南唐时所建的舍利塔（图2–30）。这应该是在隋代初创舍利塔的基础上重建而成的。塔为白石砌筑而成，

---

① ［南朝梁］慧皎．高僧传．卷八．义解五．释法度十九．

② ［唐］李延寿．南史．卷五十．列传第四十．明僧绍传．

③ 关于佛寺四绝见于明人袁中道．袁中道集．卷三十七．游居杮录十二．"灵岩山，远望之，峰如刻缕绣缬，作奇花异草之状，入眼秀媚甚。其下梵宫禅宇，森罗不可殚述。有铁袈裟从地涌出，信精禱也。上有甘露泉，淙淙下注。绕曲水亭而下，遂伏，至殿左为双鹤泉。唐、宋碑刻最多。寺传为佛图澄卓锡之地，其弟子法达创之。然予闻玉泉、栖霞、国清及此寺，皆天台智者所建，号为四绝。今志皆不载，而寺僧亦无有知者。俟再考。"其说应始自明代之前。

④ ［清］严可均辑．全隋文．卷二．杨坚．立舍利塔诏．

图2-30　江苏南京五代栖霞寺舍利塔

图2-31　江苏南京栖霞寺舍利塔细部雕刻

平面八角，高为五层。塔总高约15米。各层塔檐为仿木构屋檐形式。塔首层较高，其下为仰莲，仰莲下用须弥座。须弥座下复有基座与勾阑。勾阑用万字阑板。塔基须弥座上还有内容十分丰富的浮雕石刻（图2-31）。塔身二至五层层高较小，立面略似密檐塔造型（图2-32，图2-33）。塔基座八面凿有释迦牟尼“八相成道图”；首层塔身八角各有倚柱，每面分别刻有文殊、普贤及四大天王浮雕造像。二层以上各塔檐间，亦设佛龛，每面刻有一佛，及飞天、伎乐天与供养天人等造像。塔顶原用金属塔刹，后世改为莲花造型。整座塔有如一个完整的石雕艺术品。

2. 杭州闸口白塔

北宋范仲淹在一首名为《过余杭白塔寺》的诗中提到了一座寺院，诗中有：“登临江上寺，迁客特依依。远水欲无际，孤舟曾未归。”可知寺在杭州的钱塘江边。既称白塔寺，寺中应有白塔。今日仍然屹立在钱塘江边的杭州闸口白塔，应该就是范仲淹提到的这座寺院的遗迹。

杭州闸口白塔并未见于五代时期的文献，但范仲淹（989—1052年）是10世纪末或11世纪初时人，由其诗句可知，其始创年代或是宋初，或是宋代以前。从塔的形制观察，与五代吴越王所建灵隐寺双石塔，及南京栖霞寺舍利塔有相近之处，故梁思成先生推断其为五代时期所建的佛塔。

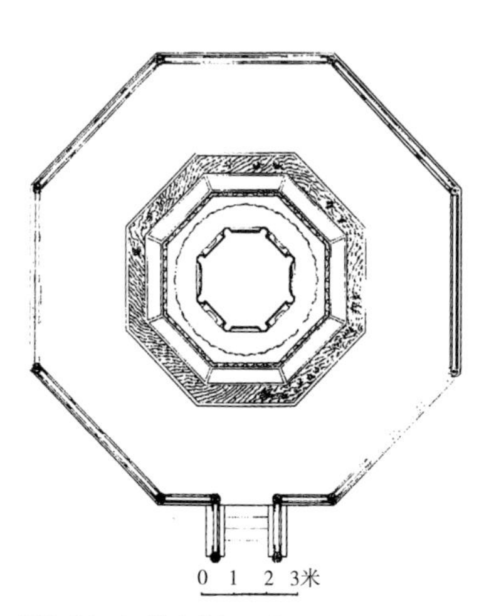

图2-32 江苏南京栖霞寺舍利塔平面图

图2-33 江苏南京栖霞寺舍利塔立面图

图2-34 浙江杭州闸口白塔立面图

图2-35 浙江杭州闸口白塔外观

图2-36　浙江杭州闸口白塔檐下斗栱之一

图2-37　浙江杭州闸口白塔檐下斗栱之二

《梁思成全集》第三卷文“浙江杭县闸口白塔及灵隐寺双白塔”十分详细地描述了塔的形制，并在现场测绘的基础上绘制了塔的平面、剖面与立面图（图2–34）。对塔身的出檐、平坐、斗栱等，做了十分详细的记录与复原研究，真实地再现了一座十分秀美的中古时代江南楼阁式塔的完整造型。

塔平面为八角形，外观为9层，高约14.2米（图2–35）。首层之下有一个八角形平面叠涩而成的须弥座，须弥座的高度约为1.02米。须弥座之束腰部分，阴刻有《陀罗尼经》。故其塔本质上，仍可归在唐代时流行的陀罗尼经幢的范畴之下。须弥座下另有一个八角形的台基，基高约1.3米，台基每面边长约2米。台基上有土衬石一层，周围雕凿有起突宝山。须弥座上，及各层塔平坐四周均环绕有栏杆。塔身为木楼阁形式，八面分为八间，各角有如梭柱状的角柱。阑额上似有唐末宋初时七朱八白彩绘式样的小方格形式。

檐下斗栱，除柱头铺作外，一至六层，每面设补间铺作两朵。六至九层，每面有补间铺作一朵。首层柱头与补间铺作均为五铺作单杪单昂，昂上承令栱，托橑檐方（图2–36，图2–37）。柱头斗栱因同时兼有转角铺作性质，故其角昂上复用由昂，呈单杪双昂形式。首层檐下扶壁栱为泥道瓜栱承泥道慢栱的重栱形式。但第四层以上的扶壁栱，已经采用了单栱素方的做法，其昂头上亦不用令栱，形式上显得比较古朴。就其一至三层的斗栱形式看，似有宋代建筑特征，但据梁思成判断：“白塔本来是一种类似经幢的石刻，其补间铺作之紧密，也属自然，似不能按真正建筑铺作之疏密而遽定其年代。”①

关于塔的年代，史料上实难找到相应的证据。从形制上分析，其各部分做法，似

① 梁思成. 浙江杭县闸口白塔及灵隐寺双石塔. 梁思成全集. 第三卷. 第296页. 中国建筑工业出版社. 2001.

晚于唐而早于宋。从塔身上所凿的造像，梁思成认为："由下层诸像的作风看来，具有唐代的流畅灵活，但失去了那超逸的神情，而较沦于世俗；与宋代佛像比较相似之点最多，也显然指示出塔之年代。"[①]

因为闸口白塔与杭州灵隐寺双石塔有许多相似的做法，而灵隐寺重兴于吴越钱俶十三年，时为宋太祖建隆元年（960年），根据史料可知，灵隐寺双石塔是这次寺院重兴时所建。而"闸口白塔，除去极少部分外，作风规制与双塔几完全相同，如出一范。……与双塔相较，白塔之属于同时是没有疑问的；乃至同出同一匠师之手，亦大有可能。"[②]也就是说，梁思成先生判断这座塔，应该是创建于五代末或宋初时期。其时间大约在宋建隆元年（960年）前后，其时的杭州，仍属吴越王统治的地区，故仍可以认为，这是一座五代末期所建的石塔。

3．杭州灵隐寺双石塔

据《十国春秋》卷81载，吴越王钱俶十四年，亦宋建隆元年（960年）："是岁，王重创灵隐寺，立石塔四。"这一年钱俶重建了遭到会昌灭法重创的杭州灵隐寺，同时，建造了四座石塔。现存于灵隐寺大雄宝殿前露台两侧的东西二石塔，应该是这四座石塔中尚存的两座（图2-38）。

与时代比较接近的钱塘江闸口白塔一样，这两座塔的平面也是八角形仿木结构的造型，有九重塔檐（图2-39，图2-40）。各层均设平坐。塔檐及平坐下用仿木石刻斗栱。塔首层之下为一个叠涩的须弥座。座下亦有土衬及塔基，只是比闸口白塔的塔基要矮一些。塔每面为一间形式，其中四个面，凿为门的形式，其余四个面，则刻有佛、菩萨及供养人造像。

塔身各层八角各有一转角倚柱，倚柱上用转角斗栱。转角铺作中已有列栱之设，即在三个方向上出斗栱，塔身每面为单补间做法，在各层每间正中仅用一铺补间斗栱。因未用昂，故转角亦不见由昂之设。斗栱为五铺作出双杪偷心，第二跳头用令栱，承橑檐方。平坐下用四铺作出单杪，其上承令栱，栱上承平坐方。檐下及平坐下扶壁栱均用泥道单栱，并不见重栱之设。

位于大殿前东西两侧的双塔，彼此距离约为42米，对峙而立。塔总高约12米，首层每面边长约为0.97米，均略小于闸口白塔，但在整体形式，及细部雕凿手法上，与

---

① 梁思成．梁思成全集．浙江杭县闸口白塔及灵隐寺双石塔．第三卷．第300页．中国建筑工业出版社．2001.

② 梁思成．梁思成全集．浙江杭县闸口白塔及灵隐寺双石塔．第三卷．第302页．中国建筑工业出版社．2001.

图2-38　浙江杭州灵隐寺大殿前的双石塔之一

图2-39　浙江杭州灵隐寺大殿前的双石塔之二

图2-40　浙江杭州灵隐寺大殿前的双石塔之三

闸口白塔又如出一辙。故而梁思成推测这大约创建于同一时期。塔身须弥座上仍刻佛顶首陀罗尼经，故这两座塔仍可归在石刻经幢的范畴之下。

4．苏州虎丘云岩寺塔

五代时所建佛塔实例遗存中最为重要者，当属苏州虎丘云岩寺塔。塔为砖构楼阁式塔，塔主体为砖砌筑，塔檐下用砖刻仿木斗栱，出檐用砖砌叠涩，檐上曾覆木椽及瓦，如同木檐做法。现木檐均已不存。塔平面为八角，塔身7级，现状总高约为47.5米（图2-41）。

建筑史学家刘敦桢先生在1954年出版的《文物参考资料》第七期中，发表有《苏州云岩寺塔》一文，较为详细地描述了云岩寺塔的历史与现状。其地早在唐代就有寺，原在虎丘山下的剑池附近，唐初因避唐太祖李虎之讳，改称“武邱报恩寺”。唐武宗会昌灭法时，寺院遭毁，后将寺址迁至虎丘山巅。据刘敦桢考证，其“云岩寺”之寺名，是北宋至道间（995—997年）才改的。

刘敦桢从塔的形制，及塔上所刻“己未”年号推测，其塔应该是创建于五代吴越国钱俶十三年，时为后周显德六年，正是己未年。此前的己未年为唐昭宗光化二年（899年），但其塔实与唐塔造型截然不同，当为五代至宋间的八角楼阁式塔形制，故刘敦桢推测塔建于显德六年（959年）。

塔平面八角，分内外两重，中设八角回廊。其内为八角塔心，其内有方室，并用十字通道，与塔内回廊相接（图2-42）。塔每面均设开敞的洞口，塔身每面洞口处为砖筑壶门式样。塔八角各设砖砌倚柱。塔檐及平坐下用斗栱，其形式与杭州灵隐寺双塔十分接近。转角倚柱上用转角铺作，除角斗栱外，另有列栱做法。柱间砖筑仿木阑额之上，用双补间。第一至第五层斗栱形式为五铺作出双杪偷心，上承仿木令栱及橑檐方（图2-43）。第六层以上，则为四铺作单杪形式。第一至第六层，檐下及平坐下，均用双补间的做法，至第六层平坐下，则改为单补间。第六层檐已损毁，第七层亦为后世重修，不见斗栱痕迹，但有六层平坐斗栱推知，第六与第七层斗栱，均为四铺作出单杪，各间用单补间的做法。

云岩寺塔位于山巅，可能由于山体略有滑动，使塔基受扰，故其塔自明代（14-17世纪）开始，就已经出现向西北倾斜的迹象。至20世纪50年代，塔顶中心与底层中心的偏离距离已达2.3米，斜度约为2°48’，其形势略似意大利著名的比萨斜塔（图2-44）。1956年，经专家用铁箍灌浆办法，加以修整加固，使塔的倾斜趋势得以控制。

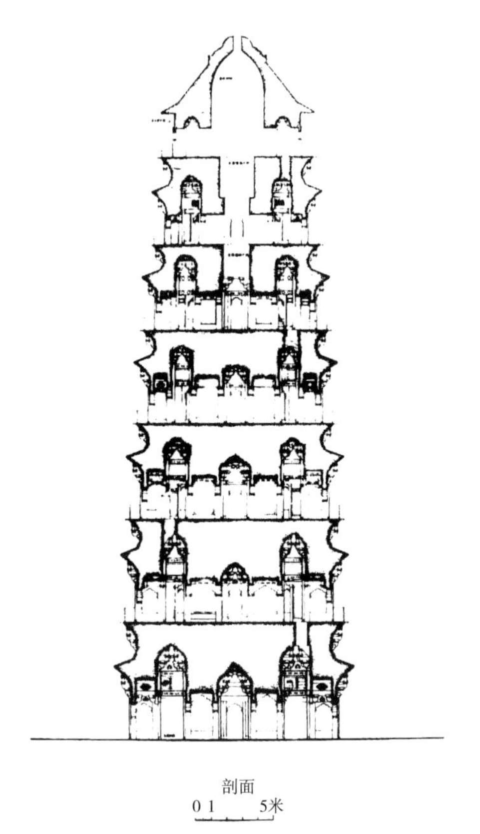

图2-41 江苏苏州虎丘云岩寺塔剖面图

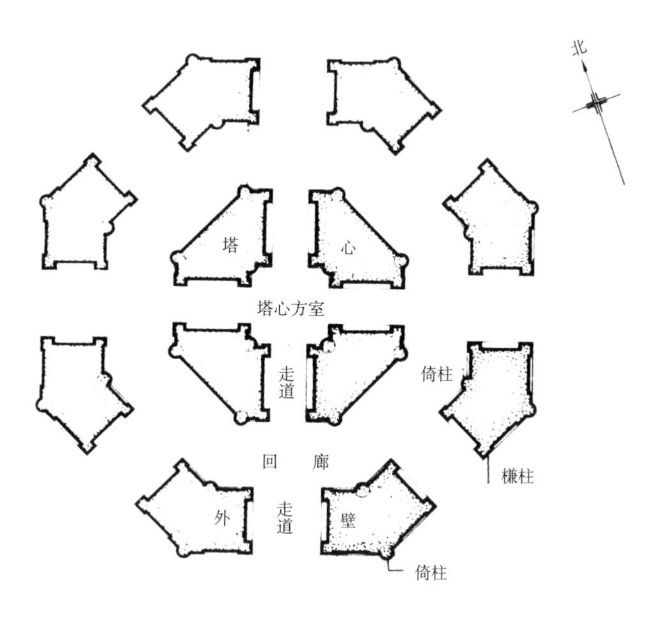

图2-42 江苏苏州虎丘云岩寺塔平面图

图2-43 江苏苏州虎丘云岩寺塔斗栱

图2-44 江苏苏州虎丘云岩寺塔外观

5．河南武陟妙乐寺塔

“妙乐”一语出自十六国后秦时西域高僧鸠摩罗什所译《妙法莲华经》。故古怀州妙乐寺应创建于这部经典流行以后。从史料上可知，北魏灵太后时，北魏所辖各州州城中，曾被要求各建五级浮图：“时太后锐于兴缮，在京师则起永宁、太上公等佛寺，工费不少，外州各造五级佛图。”古怀州属河内，距离北魏的政治中心洛阳很近，且又是十六国时期高僧佛图澄、道安曾经活动过的地区，古来佛教文化根基就很雄厚。故寺至迟不会晚于北魏时“外州各造五级佛图”的神龟元年（518年）。

寺中原有塔，初唐时人已将其塔认为是阿育王所建之古塔。初唐僧人道宣撰《广弘明集》：“略列大唐育王古塔来历并佛像经法神瑞迹：……怀州东武陟县西七里妙乐寺塔，方基十五步，并以石编之。石长五尺，阔三寸，已下极细密。古老传云：其塔基从泉上涌出。云云。”以其基为15步（75尺）见方，其塔高度不会低于100尺。显然，这里曾有一座高达100多尺的5层楼阁式石塔（图2-45，图2-46）。

因是楼阁式塔，故较难持久。寺内存后周显德二年所立《妙乐寺重修真身舍利塔碑并序》，其中有：“自周广顺三年癸丑岁兴工，至显德元年甲寅岁毕工。不□二载，□成□塔。□身高一百尺，相轮高二十三尺，纵广相称，层层离地，岌岌耸空。”[①]其碑是说，塔重建于后周显德元年（954年）。但其书中另引《塔尖铭刻》：“显德二年岁次乙卯二月庚子朔二十一庚申建”[②]。说明塔刹上有后周重建之铭文。从两个方面，可以证实，现存武陟妙乐寺塔重建于五代后周显德二年（955年）。

从外观看这是一座砖筑塔。平面为方形。造型为13层密檐式塔（图2-47）。显然，这座塔保存了唐代佛塔之遗韵。因为，我们所熟知的五代时塔，如南京栖霞寺舍利塔、杭州钱塘江畔的闸口白塔、杭州灵隐寺双石塔、苏州虎丘云岩寺塔，都是八角形平面的楼阁式塔。而这座妙乐寺塔的方形平面，13层密檐造型，显然更接近如嵩山法王寺塔等唐代密檐塔的形式。但从细部上看，似又比唐塔更多了几分精致。如其首层叠涩檐上，用了一圈山花蕉叶雕饰。其塔顶四角，各用了一尊铁狮子，用来固定拉结塔刹的铁链（图2-48）。其塔身曲线，也比一些常见的唐代密檐塔更为柔美曲缓。此外，各层塔身四面凿有龛状假门，龛内供有佛像。塔身四角另有陶制力士八尊。塔刹在整体造型与制造工艺上也十分精美。这些都凸显出其上承唐风，下启宋韵的历史性地位。

---

① 孟丹、王光先主编．妙乐寺真身舍利塔．第25页．华夏出版社．2013.

② 孟丹、王光先主编．妙乐寺真身舍利塔．第22页．华夏出版社．2013.

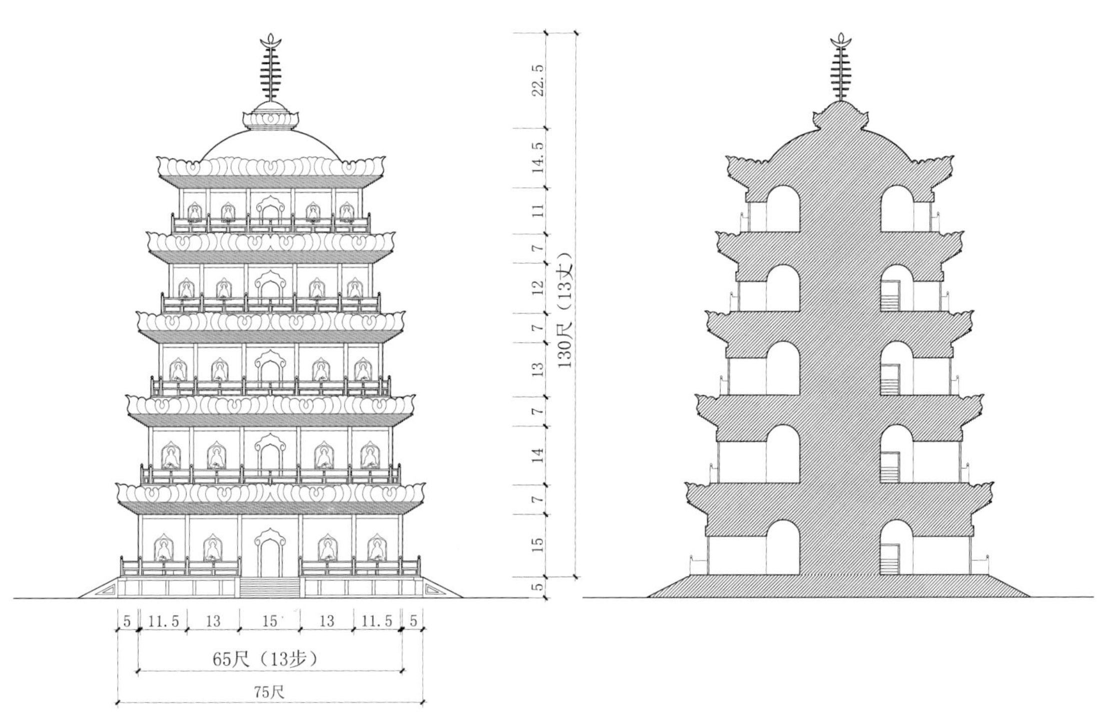

图2-45　河南武陟妙乐寺塔复原方案之一——立剖面图

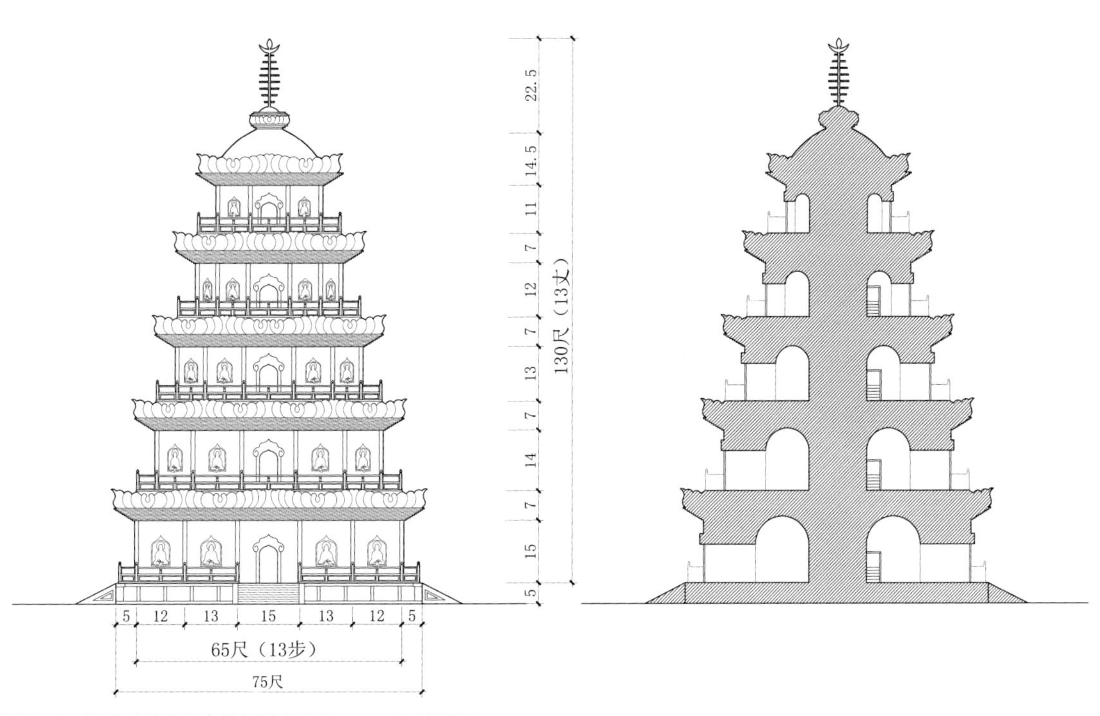

图2-46　河南武陟妙乐寺塔复原方案之二——立剖面图

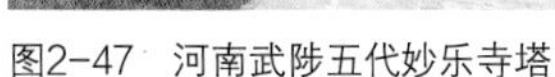

图2-47 河南武陟五代妙乐寺塔

图2-48 河南武陟五代妙乐寺塔塔刹

据当地学者孟丹等人的研究，现存妙乐寺塔“塔身为13层叠涩式密檐砖砌建筑，平面正方形，中空，呈桶状。通高34.19米，底部每边长均为10米。”[①]然而，这里并没有给出各层高度与宽度的详测尺寸。只说：“全塔由塔身和塔刹两部分组成，最底层较高，上部各层高度和平面体积逐层递减，外轮廓呈优美的抛物线形”[②]云云。据此，我们似无法对全塔比例造型作进一步的深入分析。

此外，焦作市文物局等编《妙乐寺塔碑刻发掘成果报告》也说，“现妙乐寺仅存一塔，高34.19米。”[③] 这一点与孟丹等的说法相同。但两者所说，都应该是妙乐寺塔被淹，地面抬高后的现存高度，而非塔的真实高度。

前文中的后周妙乐寺塔重建碑刻中，给出了几个尺寸。一是塔身的高度为100尺；二是塔刹的高度为23尺。我们或可以依据这两个尺寸，结合实测尺寸作一点分析。

先来看塔刹尺寸，以其实测高度，除以记录高度：

6.74米 ÷ 23 =0.29304米

① 孟丹、王光先主编. 妙乐寺真身舍利塔. 第3页. 华夏出版社.

② 孟丹、王光先主编. 妙乐寺真身舍利塔. 第3页. 华夏出版社.

③ 焦作市文物局等编. 妙乐寺塔碑刻发掘成果报告（未刊稿）. 第34页.

可知，这座后周重建妙乐寺塔用尺为：1尺＝0.293米。而这恰与我们所熟知的唐代常用尺，1尺 ＝0.294米十分相合。五代后周时，很可能还使用唐尺。而每一把尺，可能有些许误差，这把建塔尺应为一把唐尺，其折合今尺约为：1尺＝0.293米。

以此为依据，我们可以试推一下塔身高度。

实测妙乐寺塔地面以上高度为34.19米。减去塔刹的高度6.74米，则塔身高度为27.45米。以1尺＝0.293米折合，27.45 ÷ 0.293＝93.68尺。而后周建塔碑中，明确提到了塔身高100尺，以造塔尺折算之，则0.293 × 100＝29.3米

如此可知，塔下被现存地面至少掩埋了1.85米。如果塔身之下还有塔基，则整座塔被埋的深度，可能还要略深一些。

另外，其首层塔每面实测宽度为10米。折合北周建塔尺为：10 ÷ 0.293＝34.13尺。

这显然不合乎造塔时的实际尺寸。因为其塔首层用尺应该为一个整数。我们不妨猜测其塔首层每面设计宽度为35尺。若果如此，现在测得的尺寸是因为被掩埋了1.85米之后的塔体宽度。而塔身是有收分的，则可以推测，其首层塔身根部的每面宽度为35尺，折合今尺，当为：35 × 0.293＝10.255米。当然，这需要将塔身全部发掘出来之后，再作进一步的验证。

如果我们推测的后周重建妙乐寺塔用尺为1尺＝0.293米成立，且依据其塔身高100尺（29.3米），推算出其首层塔根部各面长宽35尺（10.255米），并结合塔刹高23尺（6.74米）的尺寸数据，大约可以看出这座塔的大致比例。

其塔总高123尺，首层塔根部长宽35尺，则塔总高是塔身首层长宽的3.5倍左右。塔身高100尺，又是塔身首层长宽的2.857倍。塔刹高23尺，塔总高是塔刹高的5.35倍。塔身高是塔刹高度的约4.35倍。塔首层边长，是全塔总高的0.285，是塔身高度的0.35。显然，这些都是刻意设计的结果。

这里唯一不能确定的是，塔身下是否有塔基，塔基高度是算在了塔身高度100尺之内，还是没有算在其内。但这一点，需要将来的考古发掘来加以补充与印证。

结语

尽管在时间上，五代时期仅仅延续了50余年时间，不过是漫长历史上的一个瞬间，佛教建筑及其艺术遗存也屈指可数，但作为一个历史时代，这一时期，又可以看作是中国历史由前期向后期的转折时代，无论是社会形态，还是艺术脉络，包括佛教及其艺术的脉络，从前期向后期的转折时代。这是一个承前启后的时代。

五代的建筑与艺术，虽然已经淡化了隋唐建筑与艺术那雄大、阔达与豪放的艺术气质，但却多少保存了一些唐代建筑与艺术的遗韵。其木构殿阁仍然古拙，屋顶举折依然平缓，出檐依然深远，斗栱依然硕大。五代寺院中的佛造像，神态依然端庄威严，面相依然神秘莫测，线条依然简洁清爽。

然而，五代时期的建筑与艺术，也开始出现了一些昭示后来两宋佛教建筑的新意向。承托屋顶的梁栿，开始变得柔和而富于曲线感，昭示了宋代木构殿堂中月梁造型的雏形。梁架上的驼峰变得曲婉优雅；檐下的斗栱，也从唐代那简约、明快的人字栱，或用斗子蜀柱支撑的简化的补间铺作，变成了与柱头铺作几乎相同的较为繁复的斗栱形式。唐代木构殿堂常见的双层阑额加立旌的做法，在五代时期似乎已经消失，辽宋时期常见的单阑额做法，在晚唐五代时期，已经变得十分常见。

此外，唐代盛行的方形平面塔，渐次减少，甚或消失，代之而起的是后世常见的八角形平面塔。唐代砖石结构塔的那种简洁与粗犷的意味已然不见，代之而起的是充满雕琢意味的石造仿木楼阁式塔。而五代佛寺中，随着更具凡间人物色彩样态万千的五百罗汉造像的出现与普及，曾经威严至上神秘莫测的佛菩萨造像，也开始变得慈祥、亲和与易于接近了。这一切，其实都在昭示着一个崭新时代的即将来临。

第三章 敦朴古拙辽夏风

引子 辽夏艺术一瞥——朴质自如

自10世纪初开始的五代以降，中华大地上的土地与文化开始划分成为几个彼此存在一定差异的大的区块。中原、江南、湘楚，以及巴蜀地区，属于传统中原文化的范畴。华北北部、辽河流域，以及塞北高原，即所谓代北之地，一股充满活力的契丹文化正在兴起。西南吐蕃文化还在进一步孕育之中。而位于今宁夏、甘肃一带渐次兴起的西夏文化，不仅使得这一时代的政治与军事纷争变得错综复杂，也为这一时代的文化多样性，增添了浓重一笔。

相比较之，10世纪初在北方崛起的契丹民族，在逐渐融入中原汉地农业文化的同时，更多吸收了古人所称的山东人之质朴、关中人之雄劲。曾经在唐代东西两京城内留下大量艺术珍品的艺术家与匠师们，在唐末战乱的四散奔逃中，应该有相当一部分，进入了契丹人，甚或后来西夏人的统治区域，从而也将唐代北方文化中的质朴与雄劲，一并融入到了辽或西夏的艺术与建筑之中。

故而可知，大约处于同一时代的辽宋建筑与艺术，已经开始表现出一些审美意趣的不同。辽代的建筑与艺术，似乎更为简单、质朴，重视结构的实在性，不追求那些刻意的曲婉造型与繁缛装饰，对细部的追求也恰到好处。从而与时代大约接近的宋代艺术与建筑表现出某种截然异趣。

辽代佛教艺术，在质朴中透出一种不拘一格的自由、奔放与纯熟。来看一看山西大同下华严寺薄伽教藏殿内的佛与菩萨造像吧（图

图3-1　山西大同下华严寺薄伽教藏殿佛造像（辽）

3-1）。佛造像中，仍然保留了唐代佛造像的雍容与华贵，面相庄严自信，透出一种神秘与威严。而其造型多样的菩萨与天王、力士造像，姿态之自如，面相与手印之富于变化，是后世寺院造像中不大容易见到的。尤其是那几尊体态略呈"S"状的菩萨造型（图3-2），其面相，其身姿，其服饰，其衣褶，线条自然而流畅，有如行云流水。若不是从积淀了数百年的隋唐艺术中继承发扬而来，那么想象一下，一个初入中土地区，刚刚从游牧文化，转变为农业文化的民族，何以能够有如此纯熟的艺术与技巧？

再来看看蓟县独乐寺，就举山门为例吧，这虽然是一座仅有三开间的门殿，却用了庑殿式屋顶（图3-3），其台基、屋身、瓦顶的比例几乎都是经过仔细推敲的，却又显得大美无形，质朴得几乎没有什么特别的设计能够显现出来。在简单与质朴的外观比例中，多少还有一点唐人的潇洒与飘逸，却也带了一点宋代建筑的柔和与细腻。

西夏的木构建筑，我们无法找到可以体验的例证，但西夏的砖筑佛塔，却表现出，既有唐代佛塔的质朴与高峻，又有西夏民族特有的奇巧与变化。从这一角度，我们将辽与西夏佛教寺院，归在大致接近的艺术范畴之内，或也是一种有意义的尝试。

图3-2　山西大同下华严寺薄伽教藏殿胁侍菩萨造像（辽）

图3-3　天津蓟县独乐寺山门外观（辽）

第一节　辽与西夏佛教建筑简说

随着大唐帝国的衰亡，生活在中国北方的鲜卑族中的这一支，在塞外草原上渐渐滋衍发展壮大，并以其语言中意为镔铁的“契丹”一词作为民族称号，以彰显自己民族锲而不舍的钢铁意志。公元916年，契丹人耶律阿保机开始创建自己的国家，并于947年正式将国号改为“辽”。嗣后，辽与中原王朝进入彼此对峙时期。

全盛时期的辽国，疆域范围十分宽阔，东北可达今黑龙江的入海口，北至今蒙古国中部的楞格河与石勒喀河一带，西至今新疆的阿尔泰山，南与北宋交界，边界可以抵达今日的河北省霸州市与山西省雁门关一线。自北宋建立，至金灭辽、宋，辽与宋两个王朝，南北共存，彼此对峙了166年之久。

原本处于游牧状态的契丹族（图3-4～图3-6），在其转入农耕文明，刚刚建立城邑之初，就开始了佛寺的建造活动。辽代将其都城分为五京，分别是上京临潢府（今内蒙古赤峰市林东镇）、东京辽阳府（今辽宁辽阳市）、南京析津府（今北京）、中京大定府（今内蒙古宁城）、西京大同府（今山西大同市）（图3-7，图3-8）。

在宗教与文化上，辽代统治者采取了儒、释、道并重的政策，但相比较之，辽人似乎更着意于佛事。尤其是辽代历史上的圣宗（983—1031年）、兴宗（1031—1055年）、道宗（1055—1100年）三朝皇帝，在其统治的前后110多年间，崇佛佞佛尤甚。

因辽人佞佛，佛寺的建造也比较多，仅上京临潢城（图3-9）内，就先后建造有开教寺、弘福寺、开龙寺、天雄寺、具圣尼寺、义节寺、崇孝寺、节义寺、安国寺、福先寺等10座寺院。[①]此外，在上京临潢附近的木叶山，还建有兴王寺。其东京辽阳城（图3-10，图3-11），仅外城（汉城）街西就有金德寺、大悲寺、驸马寺、赵头陀寺等多座寺院。[②]

西夏的立国比辽要晚一百多年，但其存在的时间，甚至比代辽而起的金代还要晚一些。然而，与宋、金人相比较，西夏人与辽人一样，在文化上更多保留了北方少数民族质朴、粗犷的气质，且更多承袭了唐人雄阔、古拙与浑厚的艺术品位。

与两宋及辽、金并峙而立的西夏王朝，是由羌族中的一支——党项人建立的。早

---

① 参见［元］脱脱等．辽史．卷三十七．志第七．地理志一．上京道．

② 参见［元］脱脱等．辽史．卷三十八．志第八．地理志二．东京道．

图3-4　吉林集安洞沟舞踊墓壁画中表现的辽人射猎图

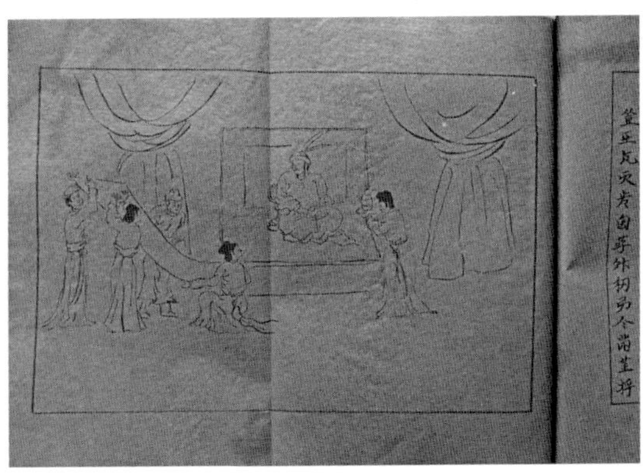

图3-5　辽代古籍中的线刻契丹人生活图

图3-6 《卓歇图》(局部)中表现的契丹人生活场景

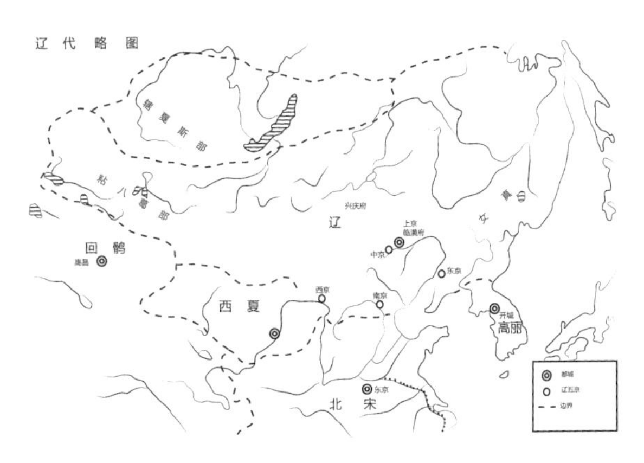

图3-7　辽代地理略图

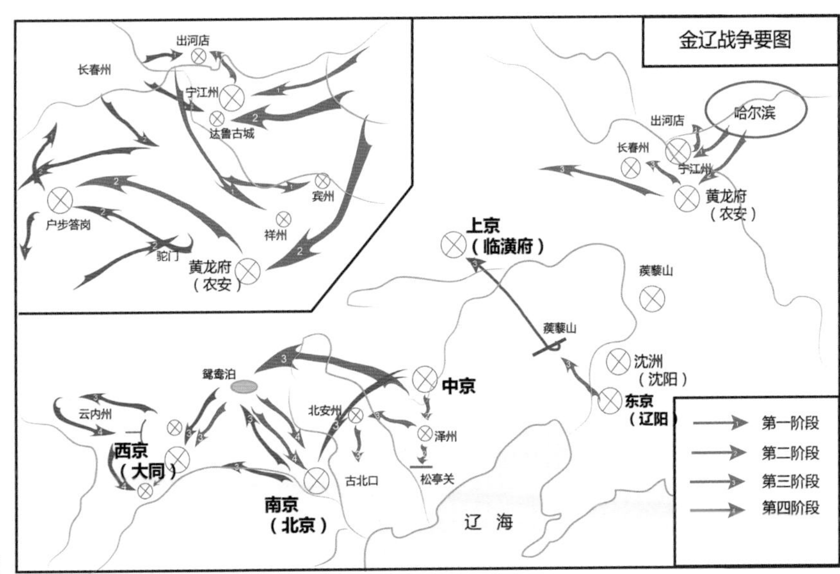

图3-8　辽代五京地理分布图

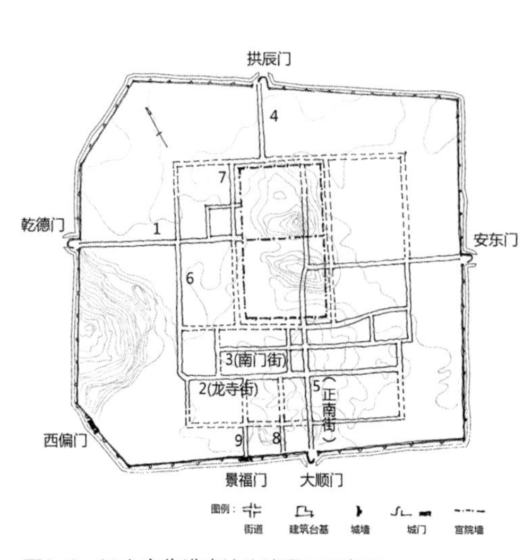

图3-9　辽上京临潢府城北城平面示意图

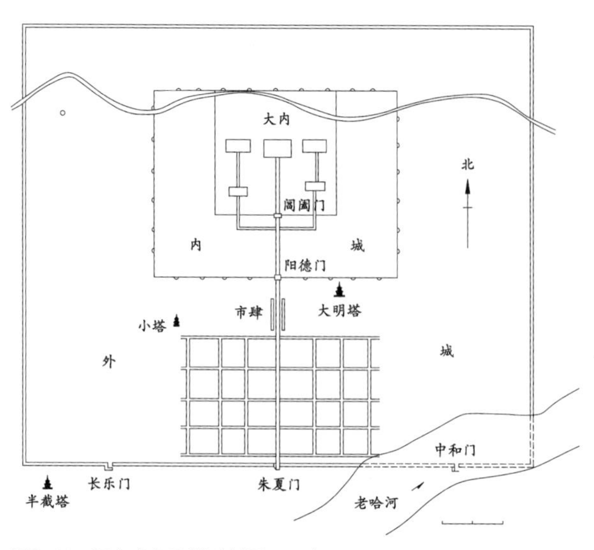

图3-10　辽东京辽阳城遗址平面示意图

图3-11　辽东京辽阳城遗址上的白塔

图3-12　宁夏银川承天寺塔（西夏）

在唐代，生活在青藏高原的党项人与吐谷浑人曾经联合在一起，共同对抗日益强盛的吐蕃人。后因吐谷浑被吐蕃所灭，党项人内附于大唐王朝，先后被安置在松州（四川松潘）、庆州（甘肃庆阳）。安史之乱后，迁至南北朝时匈奴人赫连勃勃所据之大夏国的旧地——银州（陕西榆林），及夏州（内蒙古鄂尔多斯东南）。

北宋初年（约1038年），党项人李元昊正式称帝立国，称邦尼定国，又称白高大夏国。史称西夏王朝。自1038年立国，至1227年被蒙古铁骑扫灭，先后存在了190年的时间。这一时期先后形成了北宋、辽、西夏，及南宋、金、西夏三足鼎立的局面。

从历史的角度来观察，西夏人统治的河西、陇右，及陕北地区，自古就是包括汉族在内的多民族栖息繁衍之地。河西走廊，更是佛教由西域向中原地区传播的重要通道。因此，自北凉、北魏以来，经过隋唐时期，这一地区的佛教已经流行了数百年之久。西夏建国之前的唐末、五代时期，这一地区的统治者，如吐蕃、回鹘，以及张义潮、曹氏等政权，也都是佛教的大力提倡者。这对于西夏时期的佛教发展，奠定了一个基础。

重视佛教的西夏一朝，在其统治地区建立了许多寺塔、佛殿。西夏早期佛教活动，较多集中在兴庆州（今宁夏银川）一带，如高台寺、承天寺（图3-12）；后来在受吐蕃佛教影响较多的西部甘州、凉州一带，也开始建造一些规模较大的寺院，如凉州的护国寺及感应塔，甘州的崇庆寺、宏仁寺等。

除了在其统治的中心地区，今日的宁夏地区建有诸多大型寺院之外，西夏统治者对于位于河西走廊西部的敦煌莫高窟，以及距离莫高窟不很远的榆林窟（图3-13）的开凿与建设，也作出了相当重要的贡献。

除了西夏人开凿的洞窟之外，在莫高窟与榆林窟中，还留下了历代西夏统治者佛事活动的遗迹。如榆林窟第19窟、榆林窟第25窟、莫高窟第85窟、莫高窟第365窟，都存有西夏仁、孝时期的题记。此后的西夏桓宗李纯祐朝（1193—1206年在位）时期，在莫高窟也留下了痕迹，如莫高窟第205窟和第229窟，分别都有西夏天庆四年（1197年）与天庆九年（1202年）的汉文题记。

此外，在西夏后期，还受到了藏传佛教的影响，在其佛经传译、寺庙建造、僧侣培养等方面，都带有藏传佛教的印记。而莫高窟与榆林窟中的西夏洞窟，其早期洞窟中承继浸润有五代、宋初的风格，而后期洞窟中，则渐渐渲染上了藏传佛教的密宗色彩。如榆林窟晚期的第2窟、第3窟和第29窟，表现得最为突出。

图3-13 经过后世修复的榆林窟内景图

第二节 保存辽代遗构较多的佛寺实例

辽金时期寺院建造虽然很多，但由于是木结构，难以保存久远，所以，多数仅存一座或两座建筑。只有不多的几处，还多少保留了一些早期寺院的痕迹，可以使我们一窥辽金时期寺院格局的大略特征。

1．蓟县独乐寺

现存最早的辽代寺院是蓟县独乐寺。寺在辽之前已存，辽统和二年（984年）重建，文献中描述观音阁是："以统和二年冬十月，再建上下两级，东西五间，南北八架，大阁一所。重塑十一面观世音菩萨像。"①

寺院原来的布局已不清楚，现存寺院山门前马路对面有影壁，现存建筑有辽代所

① 陈述辑．全辽文．卷五．重修独乐寺观音阁碑（统和十年刘成）．

建的山门、观音阁，阁后有一座韦驮亭，其后是一组四合院式建筑，山门也是辽代初建时的原构，山门与观音阁之间，有清代所建的东西配殿。

阁东北另有一座小院，称“座落”，是清帝谒陵时的行宫。从山门与观音阁的距离观察，保持了辽代初建时的关系，其后未发现大型建筑遗址。至于寺院周围原来是否有连廊，及其他附属建筑，现在无从考察。所以这是一座以观音阁为中心的寺院布局（图3–14）。

2．大同华严寺

华严寺初创时间也可能是唐代。其主要特点是主要殿堂依东西向布置，反映了辽代的风俗。《辽史》中有：“辽俗东向而尚左，御帐东向。遥辇九帐南向，皇族三父帐北向。东西为经，南北为纬，故谓御营为横帐云。”[①]现存上寺大殿，是辽清宁八年（1062年）为奉安辽代诸帝石像、铜像而建的；下寺薄伽教藏殿，建于辽重熙七年（1038年）。说明大同华严寺与辽代帝王的家庙有些相当，故体现了东西向布局的特征（图3–15）。

据方志记载，“辽清宁八年建寺，奉安诸帝铜、石像，旧有南北阁，东西廊，像在北阁下。”[②]因大殿为座西朝东布置，寺中的南北阁，相当于大殿前对峙的双阁。这一记载说明，辽代上华严寺，原本是一座“一殿双阁”式布局的寺院。这里的东西廊，可能是指廊子沿东西走向布置，仍应是在殿前两侧，将殿与阁等联络在一起的附属建筑。

薄伽教藏殿是一座藏经殿，从位置看，可能原来属于另外一座寺院，在重建华严寺时，将这座殿堂及其附属的海会殿等，都合并在了华严寺中，大约在明代时，被分为了上、下二寺。据金大定二年（1162年）《重修薄伽教藏记》碑：金灭辽时，寺院内的“殿阁楼观，俄而灰之。唯斋堂、厨库、宝塔、经藏、洎守司徒大师影堂存焉。”[③]说明此前有楼阁、佛塔、经藏等建筑。至天眷三年（1140年）又加修葺，“乃仍其旧址，而时建九间五间之殿，又构慈氏、观音降魔之阁，及会经、钟楼、三门、垛殿。不设期日，巍乎有成。其左右洞房，四面廊庑尚阙如也。”[④]这一次修缮中，增加了慈氏阁、观音阁，故仍保留了一殿双阁式格局。但其寺原有的左右洞房及四面廊

① ［元］脱脱等．辽史．卷四十五．志第十五．百官志一．

② 大同县志．转引自郭黛姮．中国古代建筑史．第三卷．第312页．中国建筑工业出版社．2003.

③ 重修薄伽教藏记．转引自郭黛姮．中国古代建筑史．第三卷．第311页．中国建筑工业出版社．2003.

④ 重修薄伽教藏记．转引自郭黛姮．中国古代建筑史．第三卷．第311页．中国建筑工业出版社．2003.

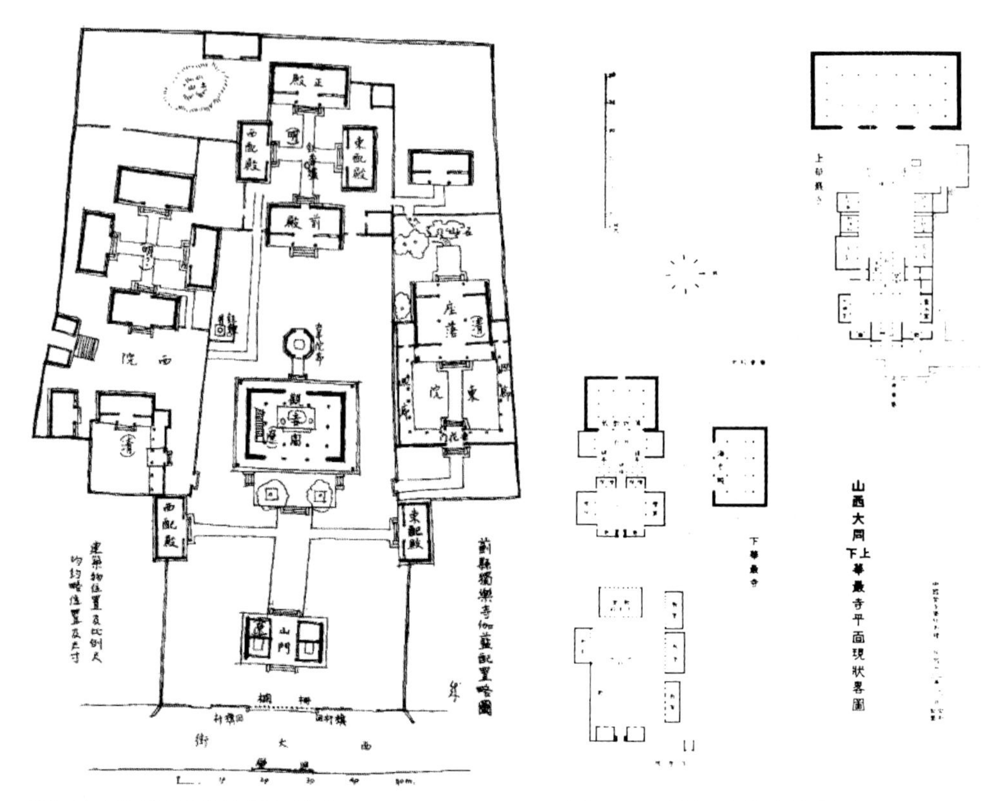

图3-14　蓟县独乐寺现状平面示意图　　图3-15　大同上、下华严寺测绘平面图

庑，在重修中，没有完全实现。现存情况是，在上寺大殿两侧，多是后世重建的小型建筑。在薄伽教藏殿前，左有海会殿（已于二战时毁圮），疑与之对应位置，似应有殿，故下寺有可能曾为“一正二配”式格局。

元代碑刻中，华严寺内还有大殿、方丈、厨库、堂寮等建筑，并曾修造了钟、鼓楼。现在这种上、下寺格局，先是辽“重熙七年（1038年）建薄伽教藏于殿东南”，接着，“明洪武三年（1370年）改殿为大有仓。二十四年（1391年）即教藏置僧纲司，复立寺”[①]之后所形成的。

3．义县奉国寺

辽宁义县奉国寺，建于辽开泰九年（1020年）。现存建筑中，仅有大殿是初建时的原构。但寺内所存《大奉国寺庄田记》记载了寺院原有的格局，可以使我们比较清

① 大同县志．卷五．

楚地了解一座辽代寺院的布局情况。

从史料中可知，这是一座配置十分规整的寺院。寺院分为三个区域，寺院主体部分为礼佛区，其中除了礼祀性的大殿与弘法性的讲堂外，还包括方丈院，及服务性的厨房院。寺院之西为后勤浴房区，与之相对应的寺院之东，似为僧房区。寺院之南有一处被称作“长安殿”的地方，其功能不详。

寺院主体部分，沿中轴线，依序布置有五开间三门、观音阁、九开间七佛殿（大雄宝殿）、九开间法堂、三开间方丈室、五开间正厨房。主殿前两侧，东西对峙设有三承阁、弥陀阁，与位于七佛殿前的观音阁，形成了三阁鼎立的布局形式。三承阁与弥陀阁之南，设有四座贤圣堂，共120间，其中供奉有佛教诸贤圣。三门以内为观音阁，观音阁前两侧，似即七间的东斋堂，与东斋堂相对应的西侧，疑即伽蓝堂，也似应有七间。位于寺院后部的方丈室为三间，其后是五间的正厨房。厨房前有东厨房四间，小厨房二间。推测东厨房与寺东的10间僧房相接，形成一座僧院。

奉国寺是一座空间配置十分完整的寺院（图3–16，图3–17）。其观音阁位于三门以内中轴线上的中心位置，与同是辽代所建之蓟县独乐寺，在山门内布置观音阁的做法相契合。在大雄宝殿前布置双阁，又有唐代寺院“一殿双阁”式格局的遗韵。而其寺主殿七佛殿在前，殿后紧接同是九开间的法堂，又表现为“前殿后堂”式格局。

4．应县佛宫寺

应县佛宫寺在古应州城西北隅。关于寺的始创年代，主要有两种说法，一说本自《古今图书集成·神异典》，认为寺始创于五代后晋天福年间（936—943年），初名“宝宫寺”；辽清宁二年（1056年）重建，金明昌四年（1193年）重修；明初洪武年间，又将王法寺并入寺中。另一说本自田蕙《重修佛宫寺释迦塔记》，碑文言寺史无考，据寺内所遗石片，认为寺于辽清宁二年，由田和尚奉敕募捐始建。①

位于寺内中轴线上的高达60多米的佛宫寺释迦塔，构成了全寺的中心。据田蕙《重修佛宫寺释迦塔记》，塔后曾有一座九开间的大雄宝殿。20世纪30年代，中国营造学社对寺院进行调查时，发现寺后有面广60.41米、进深41.61米、高3.3米的台基，疑即大雄宝殿的遗址。说明这是一座保留了“前塔后殿”式古制格局的辽代寺院。

现存寺院中的山门、钟鼓楼，及塔后台基上的大殿、配殿，均为清代的遗构（图3–18）。寺内其他辽金时代的遗迹，已难寻找。

---

① 参见郭黛姮．中国古代建筑史．第三卷．第373页．中国建筑工业出版社．2003.

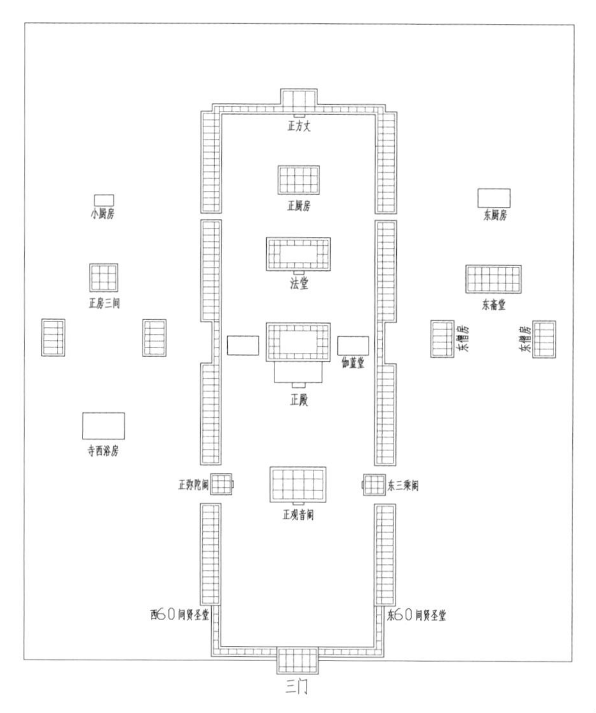

图3-16　史料中记载的义州大奉国寺平面示意图

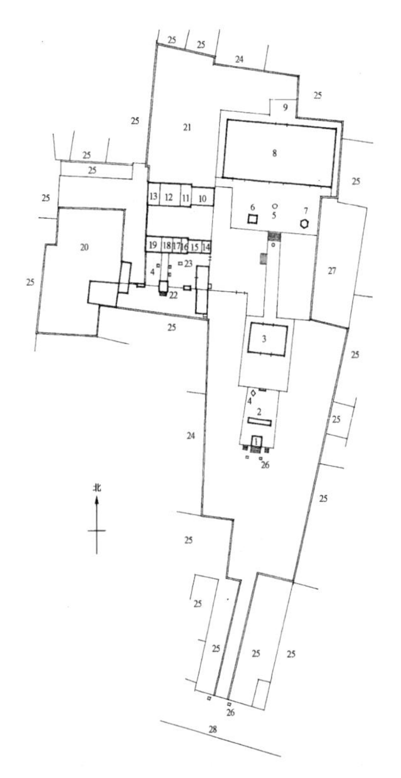

图3-17　辽宁义县奉国寺现状平面图

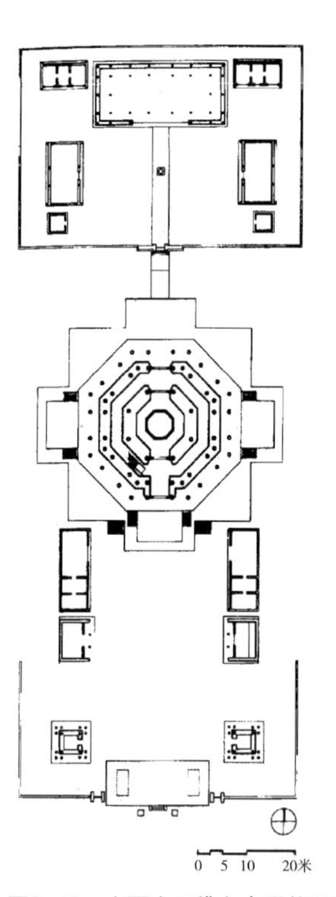

图3-18　山西应县佛宫寺现状平面图

第三节　辽代佛寺中的木构殿堂

辽、金时代木制遗构中，有一批三开间殿堂，特别值得注意。其分布范围更广，年代跨度也更大。

1．蓟县独乐寺山门

独乐寺山门，创建于辽统和二年（984年）。面广三间，进深二间。分心斗底槽做法。通面阔16.56米，通进深8.67米。殿基高45厘米。当心间柱高4.33米，为当心间面阔的0.71。但其面阔宽度，恰与橑风槫上皮距离殿基表面的高度相等。另外，其次间及两山前后间的开间宽度与平柱高度亦相同。显然，其中有巧妙的比例关系（图3-19，图3-20）。

构架为四架椽屋前后乳栿用三柱的做法。但是以通檐二柱为基础。中柱上虽然有斗栱，但并没有将通梁截断。平梁上用叉手、蜀柱，平梁两端一托脚，都是辽代遗构的典型做法。外檐斗栱为五铺作出双杪，偷心造。里转五铺作出双杪。前后檐及两山逐间用单补间。补间铺作为斗子蜀柱上承两跳华栱，里转四跳华栱，承下平槫。

山门屋顶为单檐四阿。台基四角用角兽（图3-21，图3-22）。斗栱用材高24厘米，厚16.5厘米。

2．涞源阁院寺大殿

涞源阁院寺尚存文殊殿、天王殿、藏经楼、钟楼等，仅文殊殿形制古朴，余皆为较晚遗物（图3-23）。依据其殿前所存辽应历十六年（966年）的残幢，及辽天庆四年（1114年）的铁钟判断，辽代应有大规模建造活动，殿应该是这一时期的遗存。

大殿面阔三间，进深三间。通面广16.00米，通进深15.67米。平面略近方形（图3-24）。大殿坐落在高约0.6米的台基上，台基边缘距离殿柱中心线的距离为2.0米。殿前另有深9米的月台。

殿身檐柱高5.3米。殿内后一间柱缝有两根内柱，前间柱缝是后世所加的柱子。故大殿为厅堂式结构，梁架为六架椽屋乳栿对四椽栿用三柱的形式。外观立面为单檐九脊殿形式（图3-25～图3-27）。

外檐斗栱用五铺作出双杪，计心造。第一跳华栱头上用异形栱。补间铺作是用驼峰、蜀柱承栌斗，上承两跳华栱并计心。

斗栱用材为，高26厘米，厚17厘米，相当于《营造法式》中的二等材。

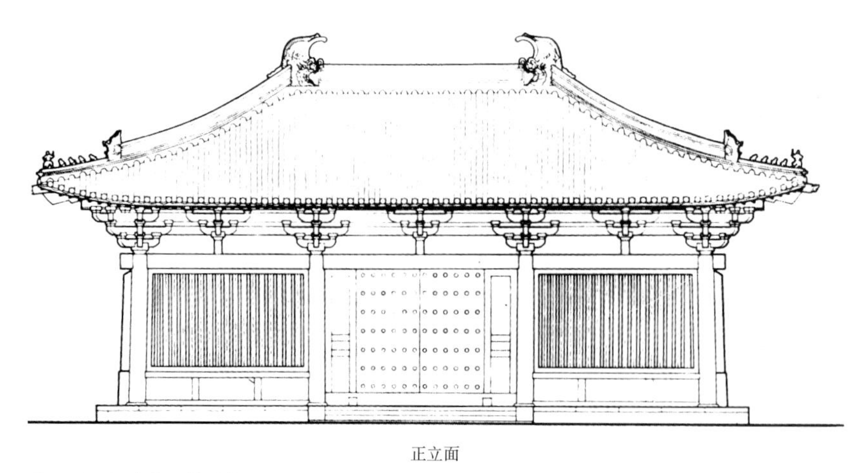

图3-19　天津蓟县独乐寺山门立面图

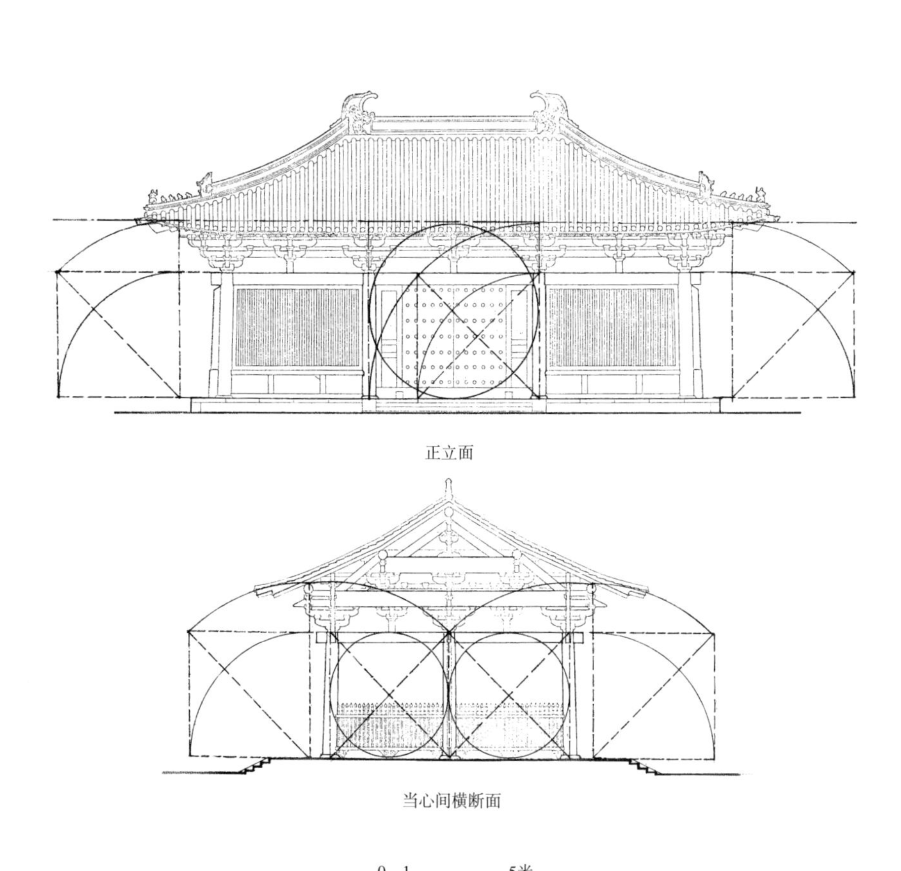

图3-20　天津蓟县独乐寺山门剖面与立图比例中的$\sqrt{2}$因素

图3-21　天津蓟县独乐寺山门外观

图3-22　天津蓟县独乐寺山门台基角兽

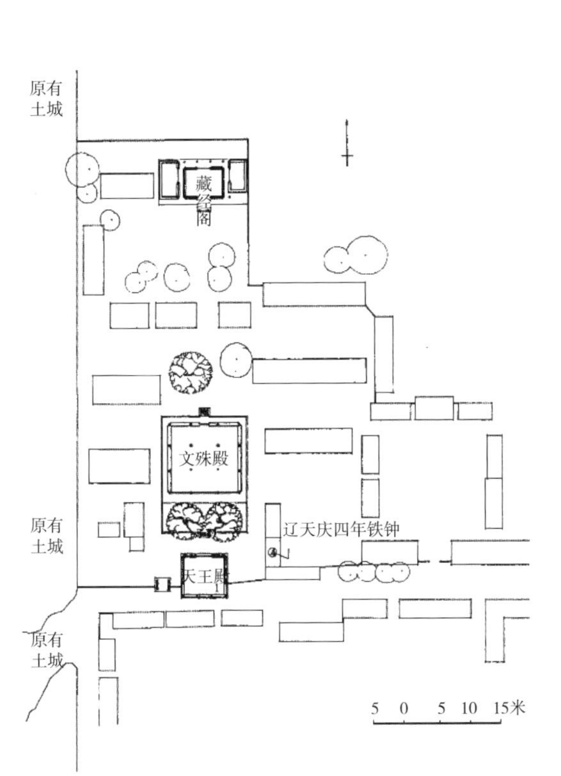

图3-23　河北保定涞源阁院寺总平面图

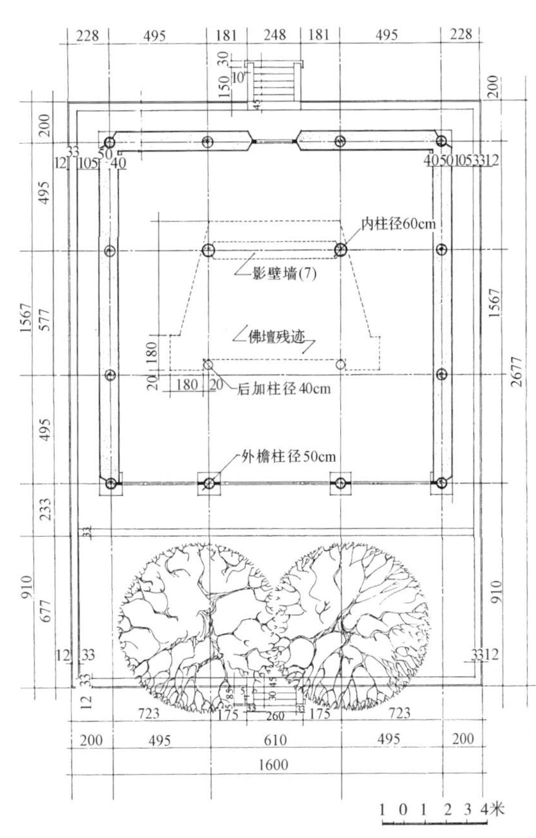

图3-24　河北保定涞源阁院寺文殊殿平面图

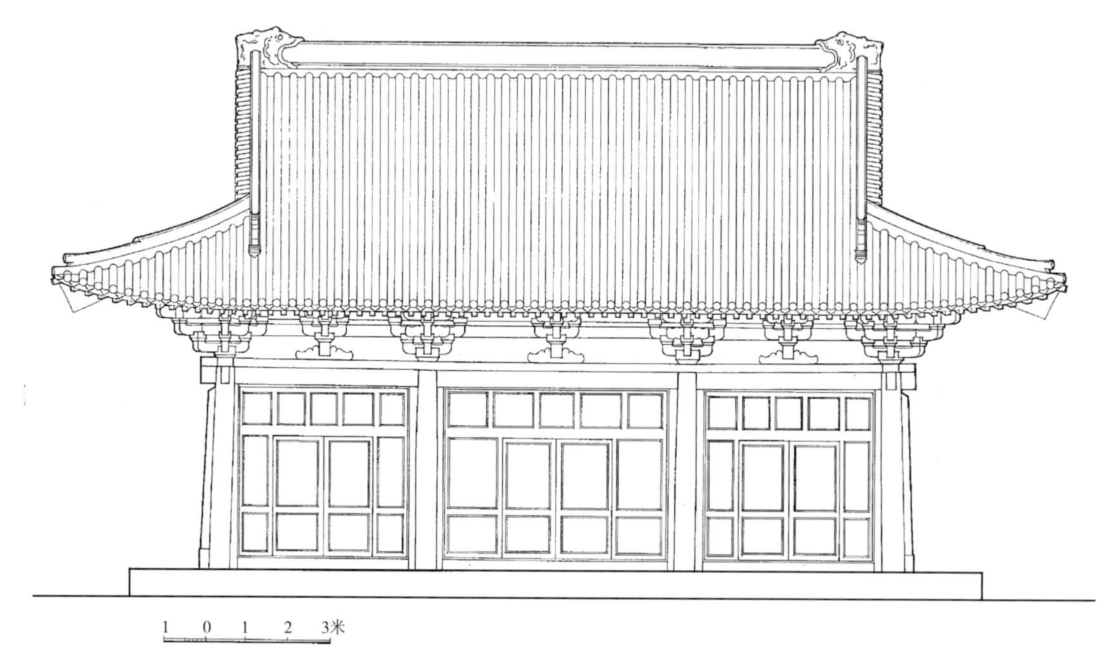

图3-25　河北保定涞源阁院寺正立面图

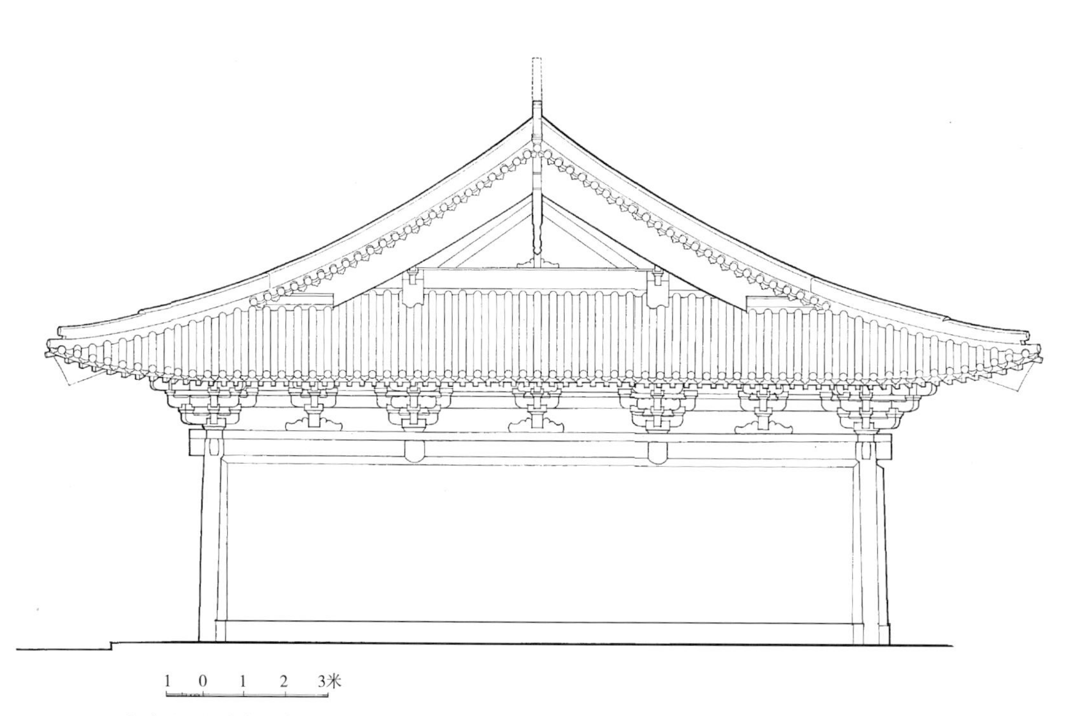

图3-26　河北保定涞源阁院寺文殊殿侧立面图

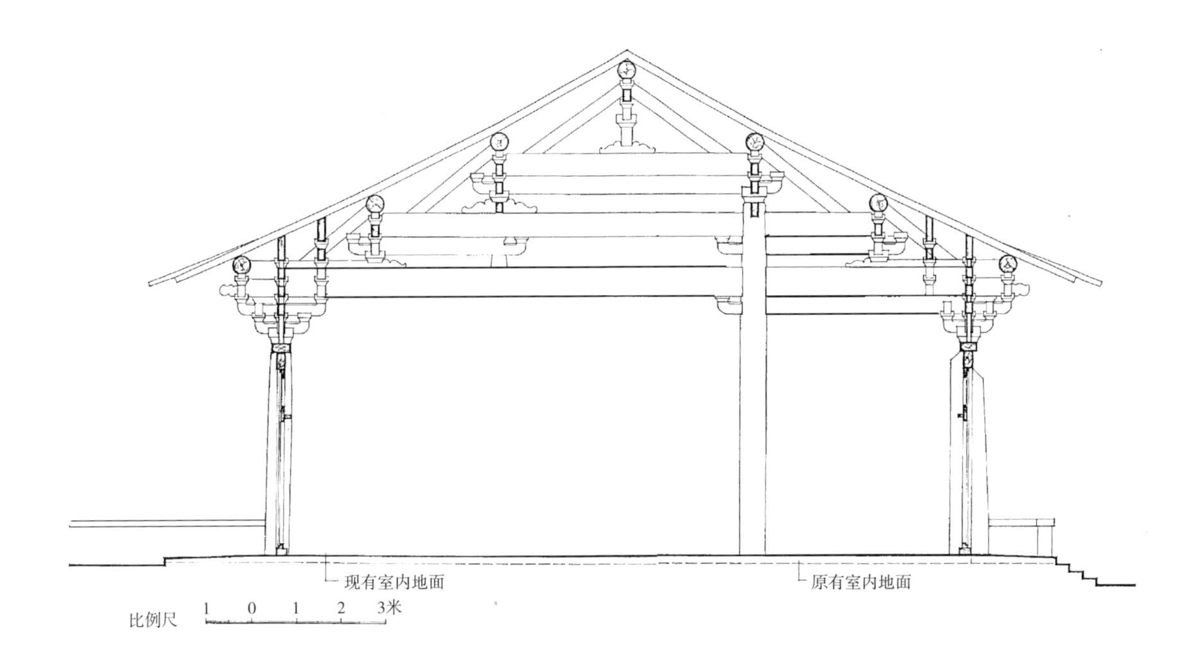

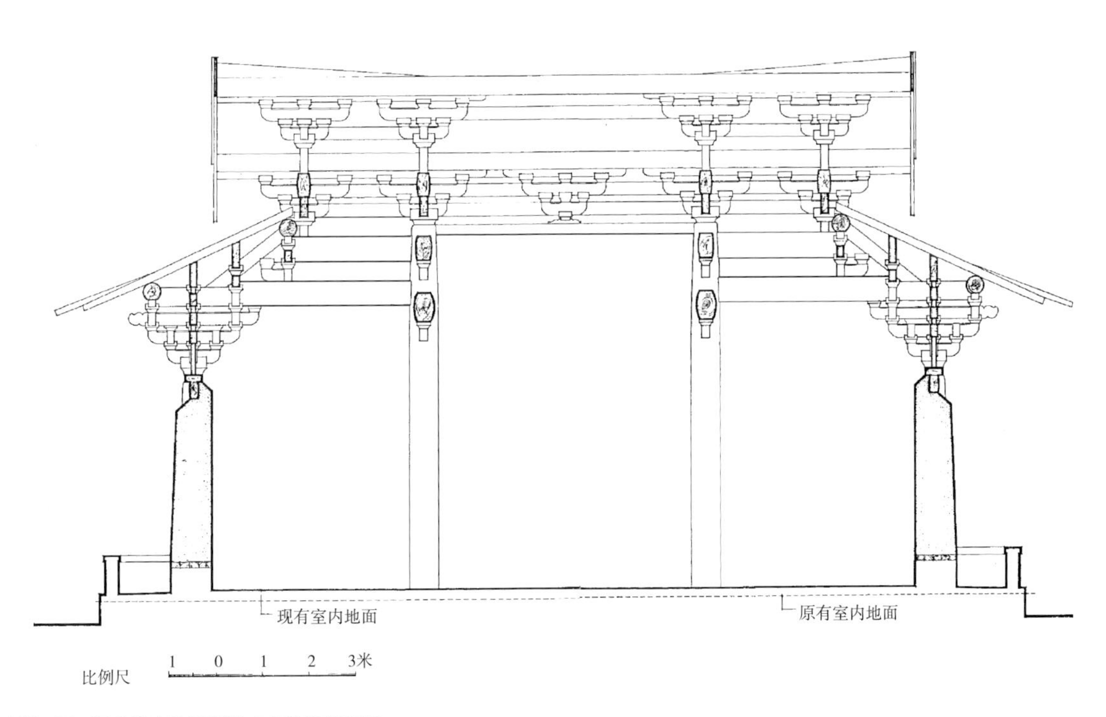

图3-27 河北保定涞源阁院寺文殊殿剖面图

3．大同下华严寺薄伽教藏殿

这是一座经藏大殿，殿内有造型精美的壁藏（图3–28）。保留了极其精美的辽代小木作，并有精美的辽代雕像。殿面广五间，进深四间，八架椽。平面柱网环状布置。通面阔25.65米，通进深18.47米。除正面中间三间为槅扇外，其余均为厚墙，以安壁藏。后墙中间有窗，壁藏在这里处理成飞桥式天宫楼阁形式。

殿为单檐九脊顶（图3–29）。殿内有天花、藻井（图3–30，图3–31），梁架分草栿与明栿。大殿当心间两侧柱上，用八架椽屋乳栿对四椽栿做法。但为提高中央礼佛空间高度，四椽明栿比前后乳栿高。其上应该是四椽草栿与平梁。

薄伽教藏殿斗栱材高23—24厘米，厚17厘米，外檐柱头用五铺作出双杪重栱计心（图3–32）。里转五铺作双杪偷心。补间铺作为在普拍方上立斗子蜀柱，上承一组四铺作斗栱。

4．大同善化寺大雄宝殿

金大定十六年（1176年）《西京大普恩寺重修大殿碑》记载："大金西都普恩寺，自古号为大兰若。辽后屡造烽烬，楼阁飞为埃坋，堂殿聚为瓦砾。前日栋宇所仅存者，十不三四。"从规制上看，大殿就是旧寺辽构中仅存十之三四中的一部分（图3–33，图3–34）。

大殿面阔七间，通面广41米，进深五间，十架椽，通进深25米。平面柱网与义县奉国寺大殿接近，山面两尽间，为五间六柱。中间五间，为十架椽屋前四椽栿后乳栿用四柱的做法。但内柱柱顶以上，又用了六椽栿。大殿内柱与檐柱不同高，略似殿堂与厅堂组合的方式。主梁六椽栿与前檐四椽栿有一段相重叠。平梁以上，脊槫以下用叉手及斗子蜀柱（图3–35，图3–36）。

开间宽度，从当心间向两尽间逐间递减。大殿平柱高9.28米，角柱比平柱生起了42厘米。其柱高及生起的尺寸，都比九开间的华严寺大殿与奉国寺大殿要大。

斗栱材高26厘米，厚17厘米。比《营造法式》二等材稍小一点。外檐用五铺作出双杪，重栱计心。里转五铺作偷心。除前后檐两尽间外，正、背两面与两山逐间用单补间（图3–37，图3–38）。前后檐两尽间用双补间。前后檐当心间补间用了斜栱。

大殿用单檐四阿顶，殿内用了精致的藻井（图3–39）。殿内供奉五方佛。两山为诸菩萨及贤圣造像（图3–40）。

5．义县奉国寺大殿

尚存早期木结构建筑遗存中，规模最大者，是两座辽代大殿，均为九开间。

辽宁义县奉国寺，建于辽开泰九年（1020年）。现在仅存大殿，又称七佛殿。殿面广九间，通面阔48.2米；进深五间，通进深25.13米。台基高3米，台基长宽为东西55.8米，南北25.91米。前有月台，月台东西长37米，南北宽15米（图3–41 ~ 图3–44）。

图3-28　山西大同下华严寺薄伽教藏殿内经橱上的天宫楼阁

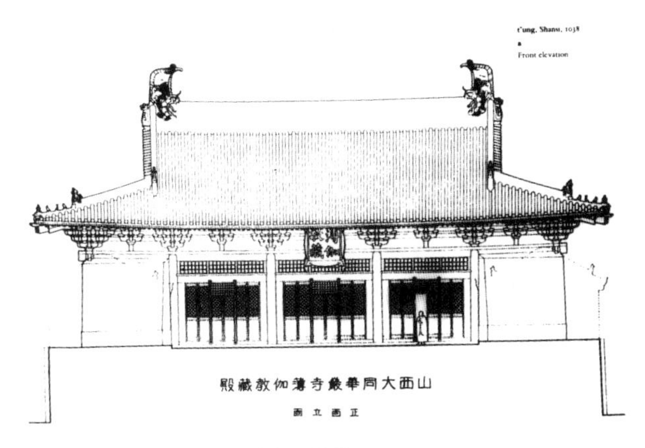

图3-29　山西大同下华严寺薄伽教藏殿立面图

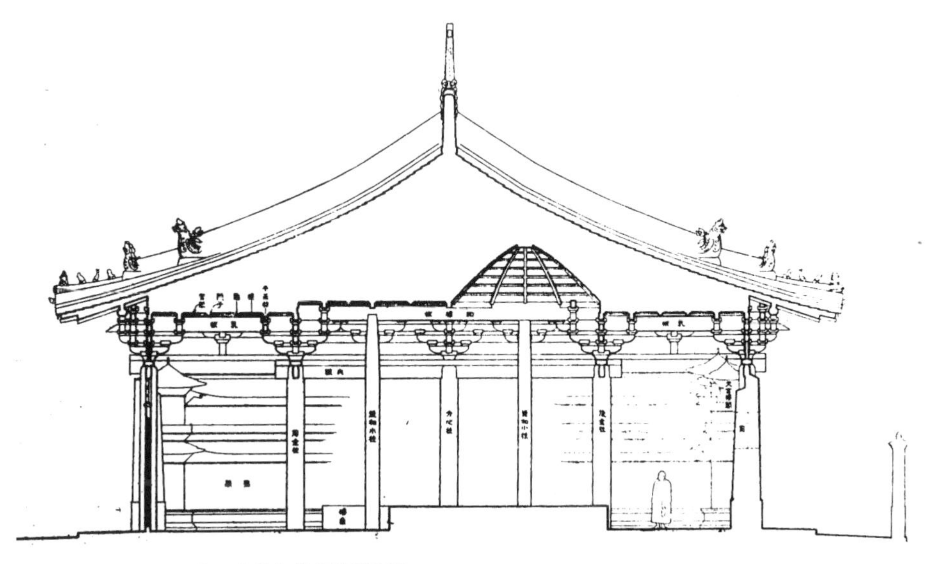

图3-30　山西大同下华严寺薄伽教藏殿剖面图

图3-31　山西大同下华严寺薄伽教藏殿室内藻井

图3-32　山西大同下华严寺薄伽教藏殿檐下斗栱

图3-33 山西大同善化寺大殿外观

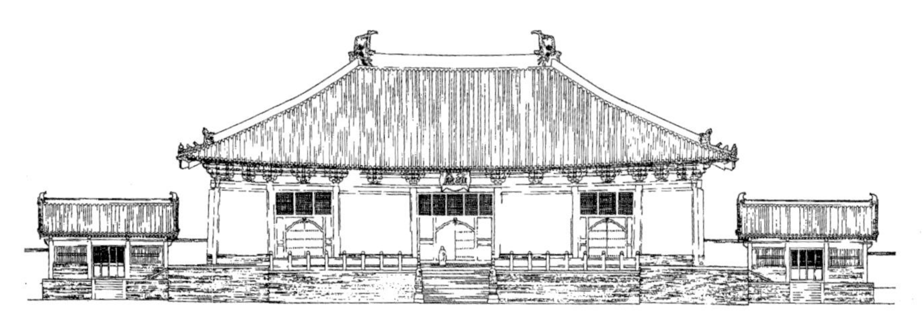

图3-34 山西大同善化寺大雄宝殿立面图

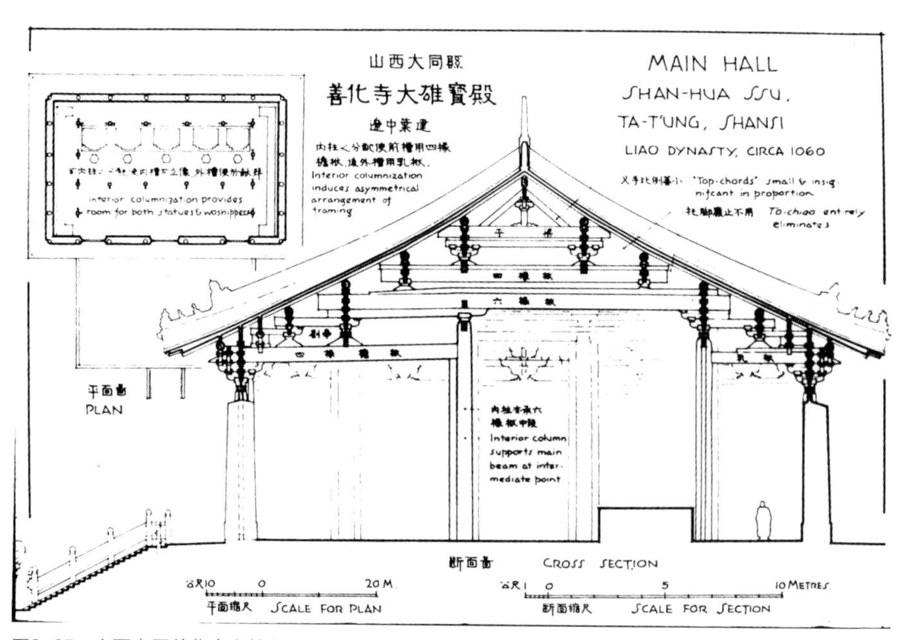

图3-35 山西大同善化寺大雄宝殿剖面图

图3-36　山西大同善化寺大雄宝殿梁架局部

图3-37　山西大同善化寺大雄宝殿外檐斗栱

图3-38　山西大同善化寺大雄宝殿转角斗栱

图3-39　山西大同善化寺大雄宝殿内藻井

图3-40　山西大同善化寺大殿室内

图3-41　辽宁义县奉国寺大雄宝殿外观之一

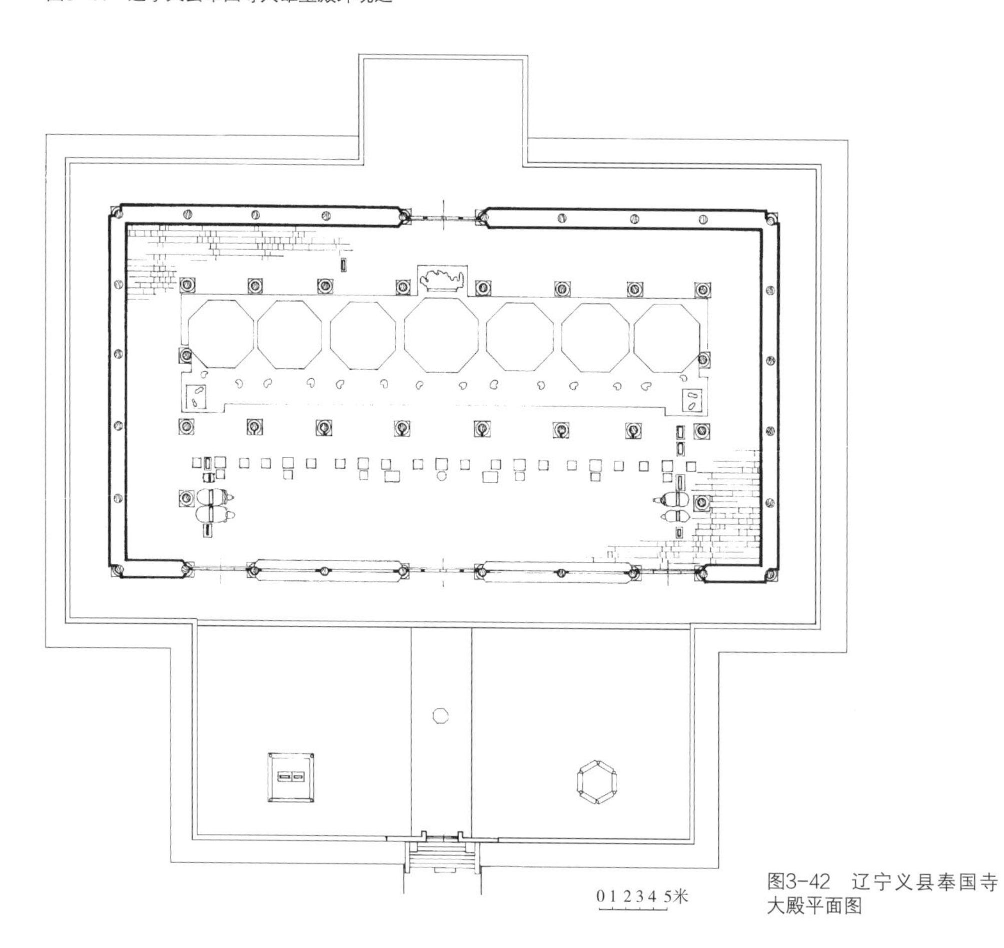

图3-42　辽宁义县奉国寺大殿平面图

图3-43　辽宁义县奉国寺大雄宝殿剖面图

图3-44　辽宁义县奉国寺大雄宝殿梁架剖视图

大殿外檐平柱高5.95米。大殿当心间间广5.90米。故大殿当心间柱子与开间的比例接近方形。而其橑风槫上皮距离台基面的高度为8.43米，大约是当心间间广的1.417倍，是平柱高的1.428倍。这些不会是偶然的。

开间宽度，从当心间向两尽间逐间递减。平面柱网与大同上华严大雄宝殿相似，两尽间为五间六柱，中间七间为十架椽屋前四椽栿后乳栿用四柱的做法。脊槫下用叉手及斗子蜀柱，上平槫与中平槫两端用托脚。

檐下斗栱为七铺作双杪双昂，隔跳偷心。逐间用单补间。斗栱用材为29厘米。接近《营造法式》的一等材。大殿柱子有生起与侧脚。外檐平柱的高度为5.95米。至角有36厘米的生起。屋顶为单檐四阿顶。室内为彻上明造的做法。殿内供奉七佛

图3-45　辽宁义县奉国寺大殿内景

（图3-45）。内檐斗栱上保存少量辽代彩画。

6．大同上华严寺大雄宝殿

大殿建于辽清宁八年（1062年）。因是为安置辽帝造像，故等级较高。面阔九间，通面阔53.70米；进深五间，通进深27.44米（图3-46，图3-47）。进深十架椽，平面类似身内双柱的做法。在两山尽间，各用六柱五间，在中间的七间，仅用四柱，相当于十架椽屋前后三椽栿用四柱的构架形式。以柱中心线推算的室内面积约为1473.53平方米。开间宽度，从当心间向两尽间逐间递减。

大殿柱子有生起、侧脚。当心间平柱高7.0米，角柱高7.32米。生起高度为32厘米。斗栱用材高30厘米，比《营造法式》一等材稍大一点。

殿下台基高4米。台基的长与宽分别为61.4米与34.33米，这接近后来的移柱造做法。这样的处理，显得殿内空间十分高敞、空阔。与佛座及佛造像的配置十分得当。

屋顶为四阿顶。斗栱为五铺作出双杪，重栱计心造。逐间用双补间。脊槫下用叉手，但也用了斗子蜀柱。室内为彻上明造的做法。

殿内供奉五方佛，及其胁侍菩萨（图3-48，图3-49）。大殿在辽末遭重创，金代曾有重建。

图3-46　山西大同上华严寺大雄宝殿整体外观

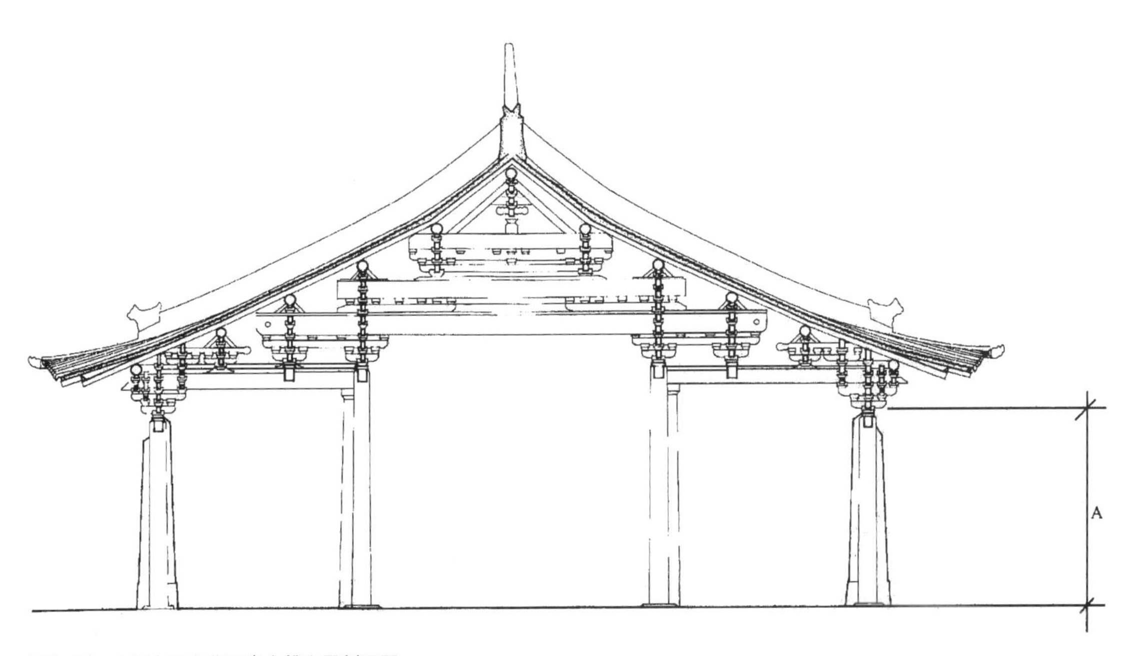

图3-47　山西大同上华严寺大雄宝殿剖面图

图3-48　山西大同上华严寺大雄宝殿纵剖面图

图3-49　山西大同上华严寺大雄宝殿室内五方佛造像

第四节　辽代木造佛塔、楼阁遗存

目前所知最早的木构楼阁，可能是河北正定开元寺的钟楼。这座楼阁保留了较多晚唐时的做法与风格，有可能是唐代的遗构。此外，辽、金时期，也保留了几座木构楼阁。

1．蓟县独乐寺观音阁

这一时期最早的木构楼阁建筑，是建于辽统和二年（984年）的蓟县独乐寺观音阁。

观音阁平面为面广五间，进深四间，八架椽（图3-50）。这是一座典型的殿堂式结构的楼阁。整座楼阁坐落在一个90厘米高的石筑台基上。外观高两层，但在两层之间有一个暗层。暗层之上有一个平坐，承托上层建筑，上层为单檐九脊屋顶（图3-51～图3-53）。

阁内有一尊高15.4米的观音塑像。由于楼阁采用了金箱斗底槽式平面，中央空间可以上下贯通，因而，这尊高大的菩萨造像，也通贯三层（图3-54，图3-55）。

以柱根算，观音阁首层为，通面广20.20米，通进深14.20米；二层通面阔为19.19米，通进深为13.36米。值得注意的是，这两组数据，其通面广与通进深的比值，大约都在1.41—1.42之间。说明两者之间有一个经过设计的比例关系。

上层平面在内柱之间，留出了一个六角形空井，用来设置高大的观音像。空井之上的屋顶部分还用了藻井（图3-56，图3-57）。

另外这座建筑在立面设计上还有几个值得注意的比例关系：设定首层次间开间宽度看作一个基本模数B，则其自台基面至平坐柱柱顶上皮的高度为2B，而至上层檐柱柱顶上皮的高度为3B。另外，其首层通面阔的长度，恰好也是上层屋顶脊槫背距离台基顶面的高度。这几处应该是设计的控制点，而与其平面比例一样，这些比例也是刻意设计的。

此外，这座楼阁的柱子有明显的侧脚与生起。其屋顶的梁架，使用的是八架椽屋前后乳栿对四椽栿的做法，平梁上用叉手、蜀柱，平梁、四椽栿两端用托脚，都是辽代常见的做法。其暗层部分的空间，没有加以利用，而是用了斜撑，这说明暗层具有结构加强层的作用。上层柱与平坐层之间，用的是插柱造的做法。平坐柱则直接落在首层铺作之上，柱脚处用了托脚木，并用了类似于地栿的地面穿方。将每根柱子拉结在一起。

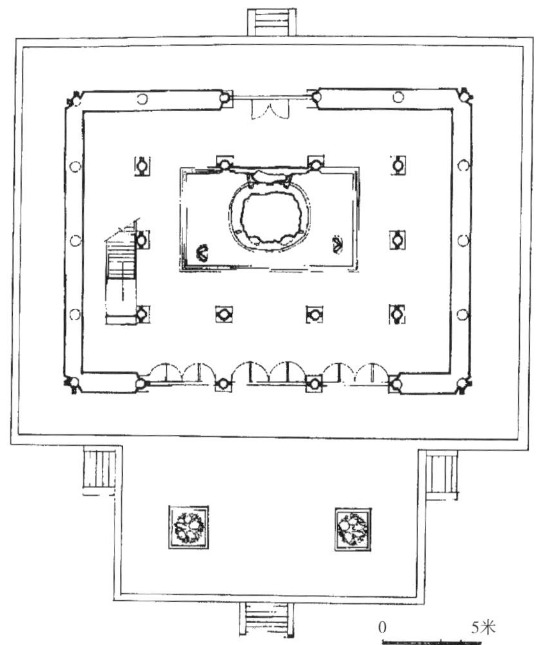

图3-50　天津蓟县独乐寺观音阁平面图

图3-51　天津蓟县独乐寺观音阁

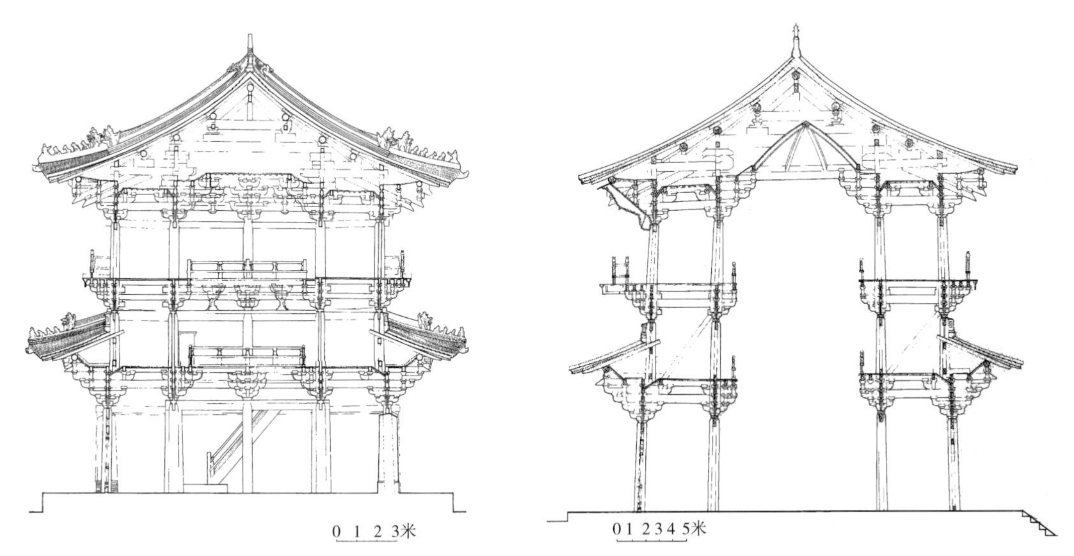

图3-52　天津蓟县独乐寺观音阁剖面图

图3-53　天津蓟县独乐寺观音阁当心间剖面图

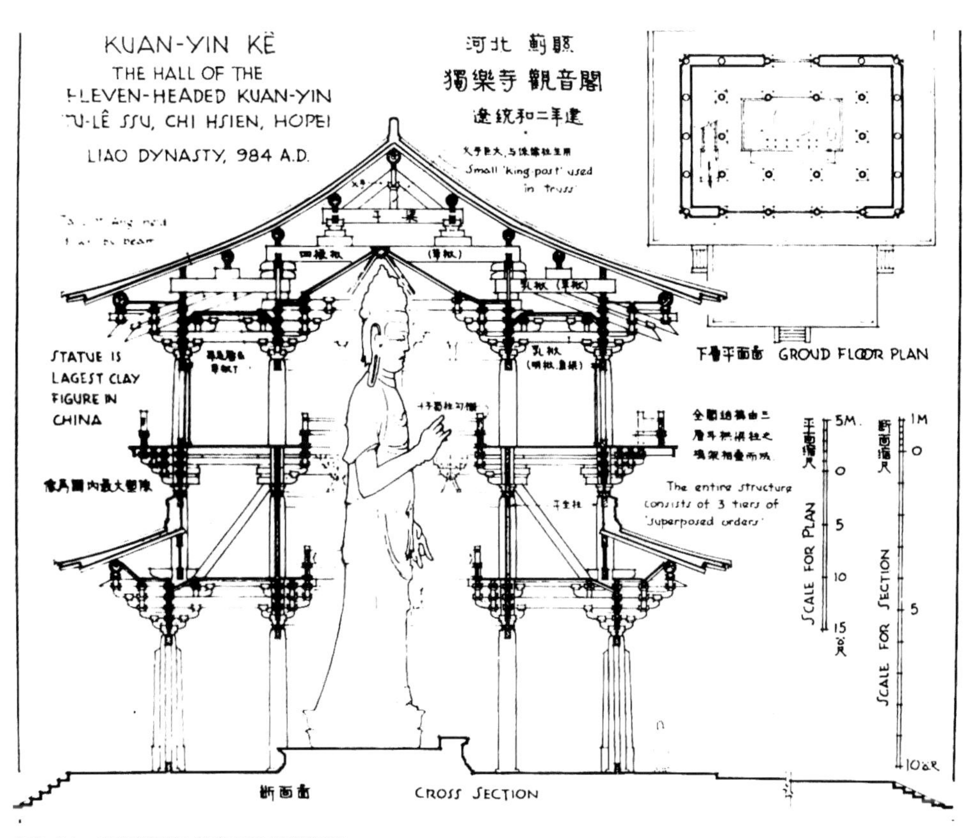

图3-54　天津蓟县独乐寺观音阁剖面图

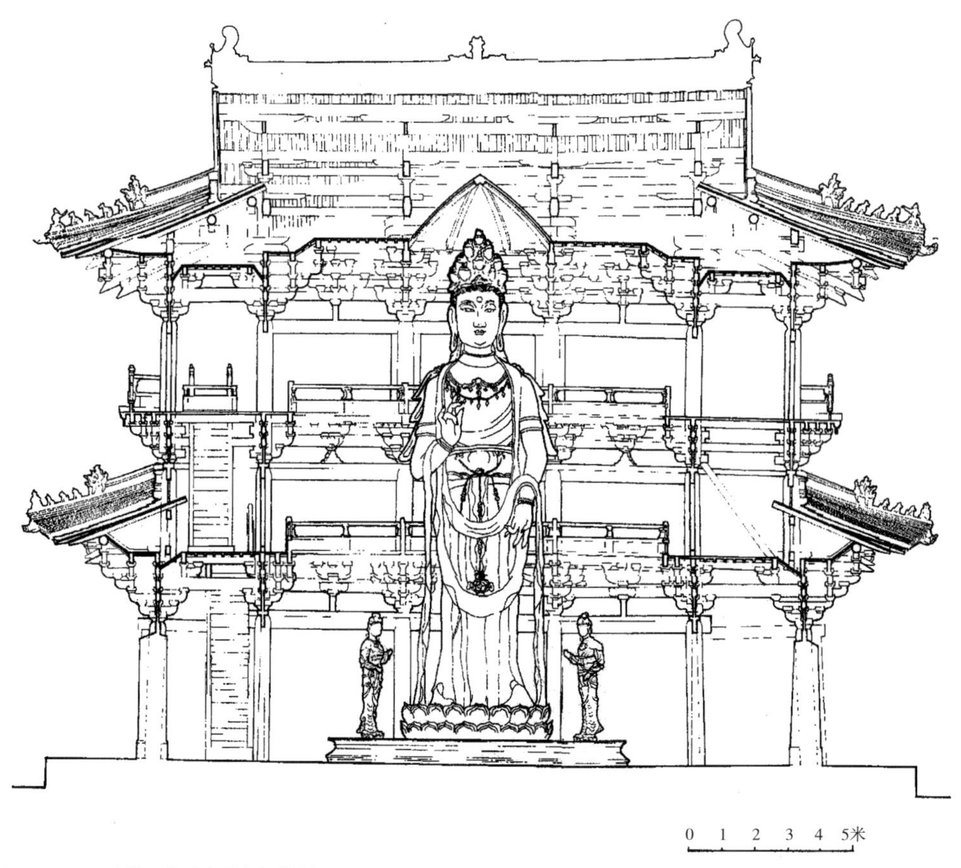

图3-55　天津蓟县独乐寺观音阁纵剖面图

图3-56　天津蓟县独乐寺观音阁室内观音造像

图3-57　天津蓟县独乐寺观音阁室内造像及藻井

观音阁首层外檐柱头铺作为七铺作出四杪，隔跳偷心，第二跳头重栱计心。里转出双杪，承托乳栿。前后檐及两山的梢间不用补间铺作，其余各间用补间铺作一朵。补间铺作较简单，主要是在柱头方上隐刻而出。没有出跳的华栱。

平坐斗栱，在柱头上用六铺作出三杪，重栱计心。平坐补间铺作有几种不同形式，有与柱头铺作相同的，也有稍微简单一些的。

上层外檐斗栱，为七铺作双杪双下昂，隔跳偷心。上层补间铺作，除正侧面梢间外，各间都用五铺作出双杪，下一杪偷心，上一杪直托令栱的做法（图3-58）。观音阁内檐则用七铺作出四杪，隔跳偷心的做法（图3-59）。

斗栱用材，上下檐足材高度是一样的，都是38.5厘米，但下檐斗栱单材高27厘米，上檐斗栱单材高26厘米。厚为18厘米，相当于二等材。平坐斗栱用材，高23.5厘米，厚16厘米，相当于三等材。

2．应县佛宫寺释迦塔

尽管史料记载中有过许多木造佛塔，特别是自南北朝至隋唐时期，木构佛塔的建造达到了一个很高的水平，史料上所见历史上最高的建造于5世纪的北魏永宁寺塔，就是一座木构楼阁式塔，其高度达到了140多米。隋唐长安城西南隅有过两座木塔，存在了260多年，其高度有80多米。而北宋时代在东京汴梁建造的一座开宝寺，高度也有80多米。更为有趣的是，这座塔在创建之初，就将塔向西北方向稍加偏斜。当人们问起为什么会这样时，造塔的著名工匠喻浩说，京师之地，多西北风，这样向西北倾斜一点，则被风吹上百年，塔身自然就正了。显然，这座塔在建造之时，就考虑到了气候及风荷载等因素。

现存纯木结构的佛塔，仅有山西应县佛宫寺释迦塔，俗称“应县木塔”。而且，这也是现存中古时代最高、也最为古老的高层木构建筑遗存（图3-60）。

应县木塔创建于辽清宁二年（1056年）。其寺院原为一座保存了南北朝与隋唐殿前塔式古制的寺院格局。寺院中心是一座高大的木塔，据《重修佛宫寺释迦塔记》，“塔后有大雄殿九间”。1933年中国营造学社考察应县木塔时，塔后有砖砌台基，东西宽60.41米，南北深41.61米，高3.3米，显然是一座大殿的遗址。据说，塔前原有钟楼。塔前山门，遗址为五间，通面宽19.81米，进深两间，通进深6.37米，因此，这是一座前为山门，门内有钟楼，中为佛塔，后为佛殿的寺院格局。现存寺院内一些附属建筑，多为清代的遗物。

释迦塔平面为八角形，底层直径30.27米，外观5层，实际为9层，包括了四个结

图3-58 天津蓟县独乐寺观音阁上下檐斗栱

图3-59 天津蓟县独乐寺观音阁内檐斗栱

图3-60 山西应县佛宫寺塔外观

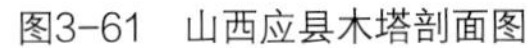

图3-61　山西应县木塔剖面图

图3-62　山西应县木塔立面图

构性暗层。塔身有6重塔檐，首层为重檐副阶的形式。塔下是一个高约3.86米的塔基。塔平面柱网为内外套筒式，即内外各有一圈柱子，这样可以形成一个中空的结构，便于塔中央布置佛座与造像（图3-61～图3-63）。

塔基为两层，上层为八边形，直径35.47米，高2.1米。下层台基为方形，约为40米见方。上下两层间，各在东、南、西方向出月台。塔基四隅有角兽。

木塔采用的是殿堂式结构，即各层的内外柱同高。在柱头之上，有一个铺作层。同时，在两层之间，有一个暗层，暗层内加了诸多斜撑，有利于木塔结构整体强度与稳定性的加强。塔首层为重檐副阶形式，故其室内空间较高。为了塔身的稳定，首层塔身内外柱，用厚实的土坯墙包裹，使首层塔结构更为稳固。塔中心是一座高大的释迦牟尼佛坐像。坐像之上用藻井，入口两侧墙壁上有壁画。

第二、第三、第四与第五层，中心空间，都布置有佛座。各层之间用木楼梯连接。楼梯沿塔身，在除了东、西、南、北四个正方向之外的几个不同方向上设置，这样既有利于塔身结构的分布，也便于人的上下。

图3-63 山西应县木塔首层内景

此外，据建筑史学家傅熹年的研究，应县木塔在造型比例上也有很好的把握。塔以首层塔身柱为一个基本的模数。从塔基顶面至塔刹尖，整座塔大致控制在7个首层塔身柱柱高的比例上。同时，首层塔的副阶柱柱子高度，也是一个辅助的模数，各层塔身高度，与首层塔副阶柱子高度之间，都有一些相互的关联性。这种情况在同一时期的日本木楼阁式塔中也可以见到。说明古人，在高层木结构的设计建造中，是采用了一些刻意性的比例控制手法的。

第五节 辽与西夏的砖石塔遗存

一、辽代砖筑佛塔实例

辽、金遗构中有一批砖石塔。其中既有楼阁式砖塔，也有密檐式砖塔，还有造型奇特的华塔。

（一）密檐式塔

八角密檐塔主要出现在北方地区，既有辽塔，也有金塔。辽代密檐砖塔，是在密檐下，雕凿出仿木构形式的斗栱、椽子、飞子，及屋面所覆瓦。也有密檐下不施斗栱，直接在砖砌叠涩出檐上覆盖瓦顶的做法。此外，辽代密檐塔多为13重塔檐，其象征意义应该来自佛经。

1. 北京天宁寺塔

塔创建于辽天庆九年（1119年），原名“天王寺塔”，明代改称“天宁寺塔”。塔平面为八角形，实心密檐塔。造型上包括了塔基、首层塔身、13层密排塔檐，及塔刹（图3-64，图3-65）。实测塔高为55.38米。首层塔身每面的宽度为6.14米。塔基分为三层，第一层为方形，二、三层为八角形。

三层台基上设八角形须弥座。须弥座束腰及平坐上，雕凿有壶门、佛像、狮子等造型。平坐下用砖刻斗栱。首层塔身刻有门窗、菩萨、力士雕像。多少体现了辽代木构建筑的一些特征。首层塔身以上，为密檐。从第三层起，塔檐出现收分，形成一种优雅的曲线造型。各层檐下都使用了砖刻斗栱。斗栱为五铺作，出两跳卷头。首层用了带斜栱的补间铺作一朵，以上各层，均用两朵补间铺作，但不带斜栱。塔檐用了雕刻有瓦垄、角脊、角兽的屋檐形式。顶层塔檐更像一个八角形屋顶的造型。宝珠式塔刹是后世维修时所加，已非原物。

2. 辽宁北镇崇兴寺双塔

塔位于辽宁北镇崇兴寺内。创建于辽道宗天祚年间（935—937年），系道宗时的皇后出资所建。其双塔意为，同时供奉释迦牟尼佛与多宝如来佛，表达的是“二佛同坐”的象征性意义（图3-66）。

双塔都是八角形、13重密檐。东塔高43.85米，西塔高42.63米。两塔的距离为43米。显然，两塔距离与塔高之间是有联系的。双塔的形制十分接近。结构也相同，都是用了基座、首层塔身、密檐、塔刹几个部分的处理。首层塔身上有佛龛、雕刻。塔基平坐下及首层塔檐下有斗栱，其上各层密檐下，则用了较为简单的叠涩出檐方式。

3. 辽宁辽阳白塔

位于今日辽宁省辽阳市白塔区白塔公园内的辽阳白塔，是一座八角形平面密檐式砖塔，塔有13重檐。塔创建于辽，原称“广佑寺塔”，说明塔原在一座寺院——广佑寺中。辽阳为辽代的东京，说明塔的重要性。这座白塔在后世有所修葺。因塔表面涂有白垩，使塔身通体呈白色，故俗称“白塔”（图3-67）。

图3-64　北京天宁寺塔外观

图3-65　北京天宁寺塔立面图

图3-66　辽宁北镇崇兴寺双塔

图3-67 辽宁辽阳清安寺白塔

辽阳白塔塔身从整体上分为台基、须弥座及仰莲塔座、首层塔身、13重塔檐、塔顶、塔刹等六个部分。塔下台基较高，为6.4米。基分上下两层，下层台基高3米，八角形塔基每面边长22米，上层台基高3.4米，每面边长16.6米。基上须弥座高度为8.6米。其上用砖雕斗栱、覆莲、仰莲，承托塔身。首层塔身高12.6米，塔身每面设有砖雕佛龛。龛内的坐佛，高度约为2.55米。首层塔檐下用木质檐椽，上覆瓦垄。以上自第2层至第13层塔檐，逐层呈内收形式，各层均用叠涩式出檐。檐下砖壁上嵌有铜镜，各檐翼角悬风铎。

塔顶上施砖筑覆钵与仰莲呈塔刹。塔顶各角均施铁链，以稳定塔刹。塔刹刹杆高约9.9米，直径0.9米，用宝珠、火焰环、相轮，及鎏金铜质宝珠构成。塔基处直径达到了35.5米，而塔总高约为70.4米，是东北地区砖筑佛塔中高度最高的密檐砖塔。塔高与塔径的比例，接近2：1。

4．内蒙古宁城辽中京大明塔

辽中京的遗址位于内蒙古赤峰市宁城县境内,在辽中京阳德门遗址外的东南隅，尚存一座辽塔。据研究者称，塔为辽中京感圣寺内的舍利塔，又称“大明塔”。（图

3–68）。据《辽会要》："感圣寺：《蒙古游牧记》二引《元一统志》：'在丰实坊，有佛舍利塔，辽统和四年建。''感'原误'盛'，据辑本《元一统志》改。"[1]塔的创建年代，如果按寺院创建年代计，则为统和四年（986年）。但亦有一说，为辽开泰至泰昌四年（1012—1098年）之间。[2]

塔为八角密檐式。在八角形塔基上用须弥座，座上施仰莲平座，仰莲上施上枋，再用叠涩退台及束腰，混枭曲线，形成一个小须弥座，上承首层塔身。首层塔身之上，这为13重密檐。塔顶收为八角形攒尖的做法，其上用砖筑须弥座式塔刹，刹顶为宝珠形式。但其刹形式疑为后世所修而成。塔身下须弥座每面用隔间版柱分为三格，格内凿"卍"字纹。首层塔身转角用了8根塔形倚柱，塔身各面凿有佛龛，龛内雕有坐佛造像，龛外两侧各立二胁侍菩萨，或二力士造像（图3–69）。

首层塔檐下用斗栱，斗栱为在各角转角铺作之外，塔身每面施6朵补间铺作。铺作形式较为简单，为从栌斗口内出小栱头，承华栱，上施替木、橑檐方。二层以上塔檐为叠涩出檐。各层在叠涩上用木椽出檐，塔檐上部则用反叠涩退台内收的处理方式。大明塔总高约为73.12米，塔身下土筑基台高约5米，塔基座高约14.25米。首层塔身高10.99米。首层塔每面下宽10.63米，上宽10.21米。

其塔结构处理上，在砖塔内每隔2米左右设置一层放射状木拉筋，木拉筋由垂直塔壁面的32根柏木方与平行塔壁面的16根木方交叉搭接呈网状布置，使塔身结构得到了很好的加强。

5．内蒙古宁城辽中京小塔

内蒙古赤峰市宁城县曾为辽代的中京城。在辽中京城内城阳德门址的西南方向，有一座尺度较小的砖筑密檐塔。塔有13重檐，高约24米（图3–70）。塔平面为八角形，塔身下有两重须弥座。下层须弥座，在八个转角处刻有力士造像。座每面设两个壶门。上层须弥座八角亦有力士造像，壶门内则刻有浮雕狮子头造型。须弥座的上下枋样隐刻有卷草纹饰。须弥座之上用仰莲承上部塔身。首层塔身的四个正面，凿有券形佛龛，龛内原有佛造像。塔身其余四个面，各刻二胁侍，或二飞天的造像（图3–71）。

塔身八个转角处砌圆形倚柱，柱头上凿有阑额、普拍方。其上承砖雕四铺作出单杪斗栱。各间出补间铺作一朵。除首层塔檐为木质挑檐外，以上各层密檐，均为砖砌

---

① 陈述等．辽会要．卷八．崇奉．第379页．名寺．中京道．感圣寺．上海古籍出版社．2009.

② 参见郭黛姮．中国古代建筑史．第三卷．第464页．中国建筑工业出版社．2003.

图3-68　内蒙古宁城辽中京大明塔

图3-69　内蒙古宁城辽中京大明塔细部雕刻

图3-70　内蒙古宁城辽中京小塔

图3-71　内蒙古宁城辽中京小塔细部

叠涩出檐。塔身各层檐呈整体向内斜收的处理。塔顶复用方形须弥座，座上施覆钵、相轮、宝珠，形成其形式略似喇嘛塔式的砖砌塔刹。

塔的始创年代不可考。在近世的维修中，曾在塔基之下发现有一块刻有“金正隆三年”（1158年）的字样的砖。未知此砖是后世修葺所加，还是塔初创时物。但结合此砖，及塔檐、斗栱等处理，塔应为金代的遗存。

6．山西灵丘觉山寺塔

觉山寺位于山西省灵丘县东南方向约14公里的笔架山西侧。寺内尚存山门、钟鼓楼、天王殿、韦驮殿、大雄宝殿，及魁星楼、碑亭、金刚殿等建筑，但多为清代遗构。仅在寺中轴线西侧院落中存有一座塔创建于辽大安六年（1090年）的砖筑辽代密檐塔。据称是大安五年八月，辽镇国大将军行猎于此，发现其山形奇伟，乃奏请敕修。

觉山寺塔平面为八角形，在首层塔身之上，覆有13重塔檐。塔高43.54米（图3-72）。塔下有方形及八角形基座各一层。基座之上，另置须弥座两重。在第二层须弥座上置砖砌斗栱，并承托其上的平座。在须弥座束腰处凿有壸门，其内刻有砖雕佛像。须弥座八个转角处，及两壸门之间，各凿有力士造像。平座上刻有勾阑雕饰，勾阑华版上用几何及莲华纹样，并刻有狮首、伎乐飞天等雕饰。平座以上则雕有三重莲瓣，其上承托塔身。

首层塔身八个转角处，各用圆形倚柱一根。塔身首层为中空，内壁上绘有辽代壁画，题材为冥王、菩萨、飞天等造像，面积约有60平方米，壁画人物生动，线条遒劲，堪称辽代人物绘画中的精品（图3-73）。首层塔身外壁各隅倚柱上用砖砌阑额、斗栱。塔身四个正面各凿有门，但除南北方向为真门外，东西两个方向皆为假门。其余四个方向上，则用假窗。首层以上各层密檐，仍用砖刻斗栱，承挑上部的塔檐。最上一层覆有八角攒尖塔顶。顶上用铁制塔刹。刹由铁制鼓座、相轮组成。刹尖与塔顶各角之间，用铁链拉结固定。

（二）楼阁式塔

辽金时代还建造了一批砖筑楼阁式塔。楼阁式砖塔，在造型上，与楼阁式木塔有相近之处，各层有塔身、柱子、门窗，甚至用斗栱承托的塔檐。塔身各层往往能够通过塔内所设的楼梯而登临。

1．内蒙古呼和浩特万部华严经塔

位于内蒙古呼和浩特市东郊白塔村的万部华严经塔是一座八角7层楼阁式塔。据

图3-72　山西灵丘觉山寺塔

图3-73　山西灵丘觉山寺塔基座细部

当地县志资料称，塔建于辽圣宗时期（983—1031年），但从塔名为“万部华严经塔”推测，塔与十分推崇佛教的辽道宗朝（1055—1100年）的关系可能更为密切。

塔采用了厚壁筒体式结构，塔中心部位设有两部楼梯，分别提供上下。塔的现存高度为43米，塔顶为后世重修。塔下部一个八角形须弥座，座下为一个方形台基。须弥座上有覆莲、束腰、斗栱、平坐勾阑，平坐之上是三层仰莲砖雕。仰莲之上才为塔身（图3–74）。

塔为仿木楼阁形式，各层都有砖砌腰檐、平坐，并交替设置有真假门窗。每层檐下用砖雕斗栱，斗栱为七铺作双杪双下昂做法。平坐下亦有斗栱，且同样用了七铺作双杪双昂的做法。这种平坐斗栱的配置情况即使在木构塔中也几乎不见。

塔的一、三、五、七层南北两面，及二、四、六层东西两面，都开了真门，门为圆拱形。而奇数层的东西两面，及偶数层的南北两面，设有雕凿而出的假门。雕有门框、门簪、门环等部件。

各层斗栱中，还有了补间铺作。第二、第四层补间为斜栱做法。

2．内蒙古赤峰市巴林右旗辽庆州释迦舍利塔

辽庆州释迦佛舍利塔，俗称“庆州白塔”，位于内蒙古赤峰市巴林右旗的辽庆州城遗址西北隅，是遗址上仅存的辽代建筑。据塔的碑铭，塔为辽兴宗重熙十五年（1046年）建，大约在重熙十八年（1049年）建成。

塔平面为八角形，高7层，为厚壁空心楼阁式塔。塔中心原有阶梯可以登塔。后世将第一层改为经堂，登塔楼梯已经拆除，故目前无法登塔。因为是中空，各层塔内都有空间，每层各用一个穹隆顶，形成本层的屋顶及上一层的地面。塔下为一个四方台基，台基上为八角形须弥座式塔座。塔座之上，矗立着7层塔身。其上有塔顶、塔刹。塔总高为73.27米，台基的高度为3.8米，台基以上的塔身高度为69.47米。因而是现存中国辽、宋塔中较高的一座。

由须弥座与仰莲组成的八角形塔基，每面的宽度约为10米。7层塔身，各层都使用了砖筑的斗栱、腰檐、平坐，俨然一座多层楼阁的造型。每层塔身向内收，塔檐下与平坐下用了砖雕斗栱，斗栱为五铺作出双杪计心，显得十分简洁。由于檐下的处理比较简单、明快，加上合理恰当的收分，整体显得稳定、洗练（图3–75）。

各层塔上用壁柱与倚柱，形成三开间的形式，四个正方向的当心间，开有拱形门。一层四个斜方向上，凿有直棂假窗。各层塔檐上的出檐，是在双杪斗栱之上，用柏木刻为檐椽，从塔内挑出，其上檐顶不是用屋瓦的形式，而是采用了反叠涩式的砖

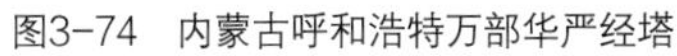
图3-74　内蒙古呼和浩特万部华严经塔

图3-75　内蒙古赤峰市巴林右旗辽庆州释迦舍利塔

砌坡檐的做法。顶层则是在叠涩出檐后，用屋瓦，及砖筑围脊、戗脊、角兽的处理，很像是木屋顶的做法。

塔刹是铸铜鎏金的做法，这可能是清代重修的结果。但原刹杆尚存。

3．涿州双塔

河北涿州城内东北隅尚存有两座辽塔，其中一座为云居寺塔，另外一座为智度寺塔。两者间的距离约为250米，但这两座塔在辽代时却分属于两个不同的寺院。两座塔均为八角仿木楼阁式造型。塔身结构为双套筒式，在内外结构之间有一个八角形回廊。

位于北面的云居寺塔，其创建年代为辽大安八年（1092年）。塔为八角6层的形式，高约55.7米（图3-76）。塔身基座为一个八角形的须弥座，须弥座上用斗栱承平座，其上承塔身。各层塔身在四个正面各设拱券式门洞，其余四个面用直棂假窗的形式。各层塔身八角用圆形转角倚柱。塔身各面分为三开间的造型。转角及平柱柱头上用斗栱，每面当心间额上施补间斗栱。补间斗栱为斜栱形式。各层设有平座，平座下亦用砖筑斗栱。各层檐下的斗栱为五铺作出双杪，平座下斗栱为四铺作。各层塔檐及平座出挑部分，原似为木结构，因为年代久远，各层塔檐及平座的木构部分已损毁。塔顶及塔刹也有较大的损毁。

智度寺塔位于云居寺塔之南。据当代学者的研究，其塔创建于辽圣宗太平十一年（1031年），时间略早于云居寺塔。塔的造型与位于其北的云居寺塔十分相似，只是其塔身仅有5层，亦为八角形平面，高约45米余（图3-77）。各层塔身四个正面均设拱券门，四个斜面则设假直棂窗，各层用平座、塔檐，其下用砖筑斗栱等等做法与云居寺塔的做法十分相近。其塔身东面曾出现坍塌，故使塔略向东北方向倾斜。双塔已经得到了维修。

（三）方形密檐塔

方形平面塔，一般为隋唐时代塔的造型，但在五代及辽、宋时期，也偶然会出现方形平面的佛塔。尺度较大，且造型较为特别的是辽宁朝阳北塔。

位于辽宁朝阳市北部的朝阳北塔，是一座方形密檐塔。这是一座在唐塔基础上，于辽初和辽重熙十三年（1044年）经过两次重修后而形成的造型独特的密檐塔。塔下有一个方形、斜向收分的基座，基座上用了两重砖砌须弥座。须弥座之上是一个满布雕刻的方形首层塔身，在首层方形塔身之上，又有12重密檐，其上是宝顶。形成了一个有13重塔檐的方形密檐塔。塔总高为42.6米（图3-78）。

塔为砖筒体结构。之前的唐塔，可能是在一座更早创建的北朝建筑遗址上建造的。在厚约1.3米的唐塔部分的夯土垫层中，尚存有一些排列整齐的石柱础。说明这里最早是北朝时期的一座木塔。唐代时在旧塔基上建造了一座15层的方形密檐塔。辽代重修唐塔时，将塔下的夯土基座改成宽约20米、高约5米的砖基座。在此基础上，对塔下部加以包砌，将原唐塔的第四层檐改成带有砖砌斗栱的首层塔檐，并使首层塔变得比上部明显粗壮。首层塔身在修补塔拱券门的基础上，又在塔身外用砖雕砌出佛造像、佛塔等雕刻。

因将15重檐的唐塔下部4重檐包在了辽塔首层塔身内，在其上所余11重檐的基础上，又增加了两重檐，才形成现在这种13重密檐的辽塔形式。在辽塔中还重砌了塔内的地宫，并增加了天宫。重修结束后，更名为“延昌寺塔”。

塔内地宫位于塔基中心稍偏北的位置上，南北长2.05米，东西宽1.76米，高4.48米，其内有一个石幢，内存石函及题记砖。天宫位于增筑的第十二重塔檐内。形成一个六面体石室，内藏佛舍利，及金塔、鎏金银塔、菩提树、宝盖、经塔等文物。可能因地震原因，构成天宫的石板已经断裂。天宫之下是一个上下通贯的中空塔心。

图3-76　河北涿州云居寺塔

图3-77　河北涿州智度寺塔

图3-78　辽宁朝阳北塔

（四）华塔

华塔，又称“花塔”，是一种造型比较奇特，塔身满布雕刻的砖筑塔形式。现存辽代华塔有两座，一座是北京房山的陀里华塔，建于辽咸雍六年（1070年）。另外一座是河北丰润车轴山寿峰寺的药师塔。这两座塔在形式上比较接近，都是在一个立于须弥座上的八角形首层塔身之上，用了一个满布雕刻的接近圆形的上部塔身。另有一座河北曲阳的修德寺华塔，可能是一座宋塔。造型上最为独特的是金代所建正定广惠寺华塔。以下仅就房山陀里华塔进行讨论。

房山陀里镇万佛塔村有一座华塔，俗称“陀里华塔”，或称“万佛堂华塔”。以其村名推测，这里可能曾经有过一个称“万佛堂”的寺院。但现在寺已不存，仅存一座砖筑华塔，伫立在一座小山岗上。

塔基座部分平面为八角形，整体外观略近于一座辽金时代的密檐塔，但在首层塔身之上，不用密檐的处理，而采用了华塔式造型。塔总高约为30余米。八角形塔基之上，用须弥座造型，须弥座束腰的八个转角用砖凿力士，束腰的八个面上凿有壸门团窠，内凿佛造像。须弥座上用砖刻斗栱承平座。斗栱为两跳，其形式较为特殊，第一跳华栱跳头上出横栱，第二跳华栱跳头直接承托平座勾阑。平座勾阑的寻杖、望柱、华版均为砖刻仿木构形式。勾阑华版采用了“卍”字版形式。

勾阑之上用砖凿混枭线脚承托上部塔身。首层塔身平面亦为八角。八角形的各个转角，用方形抹角倚柱。倚柱上用阑额、普拍方。塔身四个正面设有半圆拱券门洞。其余的四个面用仿直棂窗式假窗。假窗之上，及拱券门洞的上部与两侧，都凿有坐佛、胁侍菩萨，及力士、天王、狮子等浮雕造像。首层塔身之上再用五铺作仿木砖刻斗栱，上承首层塔檐。八角形塔檐亦用仿木构屋顶形式的檐椽、飞椽，及勾头、瓦当。首层塔檐之上，再用有斗栱承托的平座、勾阑，其上则是平面略呈圆形如花束的华塔上部塔身。

华塔上部塔身高度约占全塔高度的1/2。其造型为7层错落叠置的小塔龛，在各层塔龛之间，用砖凿狮子、大象等动物造型。其中最下一层稍高，其塔龛为两层亭阁式小塔，很像是两层塔身的比例。其上6层用单层亭阁式塔龛。7层龛型塔身之上，覆以八角形塔顶。塔顶平面略近八角形，每面均用单层亭阁，亭阁之上覆以八角形叠涩退台式塔刹，刹顶原为宝珠结顶做法，显得十分简洁。现存塔顶宝珠应是后世修葺的结果。

据称塔身上曾经发现有“咸雍六年”（1070年）或“寿昌七年”（1101年）等题记字样。由此可知，这座华塔的始创年代，至迟可以追溯到辽咸雍六年（1070年），是现存华塔中创建年代较早的一个实例（图3-79）。

（五）覆钵式塔

辽代砖筑塔中，还出现了一种更接近天竺佛塔造型的覆钵式塔形式。现存覆钵式砖塔较为人们熟知的是北京房山云居寺北塔。云居寺北塔，高约30.46米。其塔身大约分为5个部分。上部为覆钵式造型，覆钵之上有刹顶，下部用了两层仿木结构八角形塔身，其下是全塔的基座。

塔基平面为八角形。在砖筑基座上用了两重须弥座的造型。底层须弥座用浮雕斗栱与壶门，上砌叠涩退台砖，承上层须弥座。第二层须弥座上有较丰富的砖雕，内容为转角力士，隔间版柱，及壶门。壶门内刻有佛造像，壶门两侧刻有菩萨或天王、力士造像。在二层须弥座上枋之上，用两跳斗栱承平座。平座上直接承首层塔身（图3-80）。

图3-79　北京房山陀里华塔外观

图3-80　北京房山云居寺辽代砖塔

首层与二层塔身均为八角形，两层塔身在四个正面上均开有拱券式门洞。四个斜面则凿为直棂假窗的形式。塔身八个转角用圆形倚柱。首层塔身柱头之上用五铺作斗栱，上承仿木式塔檐。

首层塔顶之上，施两跳仿木斗栱，斗栱形式为两条华栱直接承平座，仅在第一跳华栱跳头上施横栱。平座之上承第二层塔身。二层塔身檐下斗栱，略接近于平座斗栱，即在第二跳华栱之上，不施令栱，直接在华栱跳头上承橑檐方及仿木檐椽、飞椽及瓦垄。在塔基平座斗栱与两层塔身檐下斗栱中，均用了补间铺作。其中塔基平座近用一补间，而第一与第二层塔身檐下，均用了双补间的做法。而塔基平座补间斗栱为斜栱形式，两层塔身斗栱却未用斜栱的做法。

二层塔顶之上在用须弥座，上承上层覆钵式塔身。须弥座在转角处似为圆形鼓状转角立柱，中间用隔间版柱，版柱间凿有壸门。须弥座上以叠涩退台砖，形成覆钵式塔身的基台。基台之上为巨大的覆钵。覆钵之上以一个八角形砖砌平台，上为圆尖锥形的9重砖砌相轮。相轮之上再用一个小覆钵，其上是如同一座小覆钵式佛塔造型的砖筑塔刹。

云居寺北塔覆钵造型部分，与后世的喇嘛塔，在造型上似有相近之处。这或也说明，元代以来在汉地佛寺中渐渐出现的藏传佛教喇嘛塔的造型，也不是一蹴而就的，而是有其在辽金时代的积淀与发展的过程。

二、西夏砖筑佛塔遗存

如果说西夏时期所创佛寺保存较为完整的实例很难见到，但曾经辉煌的西夏佛教建筑史，却为我们保留了一些重要的砖筑佛塔实例。从这些砖砌西夏塔中，也可以略窥西夏佛教发展的一斑。

尽管西夏时佛教的中心在今日宁夏银川地区，但银川地区的佛寺中，已难见西夏时期的原构。银川市西南隅所存西夏时始创的承天寺，尚存一座初创于西夏时期的楼阁式砖塔。虽经明清两代的多次维修，特别是清代嘉庆年间的大规模重修，应是大略保存了西夏时期楼阁式砖塔的基本形态。其塔始创于西夏天祐元年（1050年）。塔为八角7层的造型。形式比较简单，造型节律明快（图3-81）。

类似的西夏楼阁式砖塔，还见于宁夏中宁鸣沙州城的安庆寺塔。安庆寺塔亦为八角形平面，高为7层。据传也是创建于西夏凉祚之时（1049—1068年），也就是说，与银川承天寺塔的始创年代大略相近，但其塔亦经明代重修（图3-82）。

图3-81　宁夏银川承天寺舍利塔

图3-82　宁夏中宁鸣沙州城的安庆寺塔

此外还有一些砖筑密檐塔的例子，如宁夏贺兰山拜寺沟方塔（图3-83）、拜寺口双塔、同心康济寺塔。这种密檐塔，在平面上又分为方形与八角形两种。造型特征，多是在较高的首层塔身之上，叠置13重密檐。如拜寺口双塔，是一组并峙在寺院前部的砖筑密檐塔，两塔都为八角13重密檐塔，两塔的高度略有差别。其东塔高约34.01米，底部每面宽约3米；西塔高约35.96米，底部每面宽约3.55米。两塔皆有各层塔檐及平座（图3-84），但其塔檐、平座在造型上也有些微的差异。其上塔刹用小须弥座及相轮收顶。同是八角13重檐的同心康济寺塔，高约39.2米。各层亦有檐口与平座的雕凿处理，塔刹则处理成为两层束腰式须弥座的形式（图3-85）。

宁夏贺兰县宏佛塔，则保存了一种类似覆钵式塔造型的复合式砖塔形式。其塔的下部为三层楼阁式造型，在三层楼阁之上，用了一个覆钟的形式。其楼阁造型较为简单，仅用了斗栱及叠涩出檐的做法，并无柱子、门窗，及佛像雕刻等装饰。只是在塔檐之上用了平座勾阑的形式，略呈楼阁形式的意匠。其上是一个十字折角式的须弥座式基台，基台之上用圆形覆钟的处理。覆钟之上的塔刹已经残损。其基座与覆钟处理，在形式上与后世的喇嘛塔有诸多相似之处（图3-86）。

图3-83　宁夏银川贺兰山拜寺沟方塔

图3-84　宁夏银川贺兰山拜寺口双塔

图3-85　宁夏银川同心康济寺塔

图3-86　宁夏贺兰县宏佛塔

图3-87　甘肃敦煌莫高窟前原老君堂慈氏塔

图3-88　甘肃敦煌城子湾花塔

此外，在西夏统治的范围内，还保存有一些单层覆钵式，或亭阁式塔的遗例。如在内蒙古额济纳旗黑水城，散落有20余座西夏时期的单层覆钵塔。其形式有圆形如覆钟的造型，亦有上圆下方的处理。其上施塔刹或相轮。而敦煌莫高窟前的原老君堂慈氏塔、敦煌城子湾花塔等，也是西夏时期的砖塔遗存实例。老君堂前的慈氏塔始创于约12世纪后半叶，是一座八角形平面的单层土坯砌筑结合木构处理的亭阁式塔，高度约为5.5米（图3–87）。而城子湾花塔则完全是用土坯砌筑而成的，表面上还用泥土捏塑出一些装饰的处理。其形式是在八角形塔身的上部，用了多层宝装莲花的造型，看起来像是一个巨大的下大上小的花束（图3–88）。其始创年代似略早于老君堂前的慈氏塔。

第六节　辽代木构建筑中的小木作

佛教寺院建筑中的小木作装修，是辽代建筑艺术中一道亮丽的风景。由于历史的久远，古代建筑小木作装修艺术作品，如门窗、槅扇、佛道帐、藻井、经藏橱等，很难保存下来。例如，唐及五代木构建筑遗存十分珍稀，其中也没有保存多少那一时期小木作的实例。现存古代木构建筑中，较为完整的小木作装修艺术作品，如以经藏橱为代表的佛殿内的小木作，最早可以追溯到大同下华严寺下寺薄伽教藏殿中的经藏橱，特别是经藏橱中的天宫楼阁，可谓是辽代小木作中的精品。

1．大同下华严寺薄伽教藏殿壁藏

如前所述，薄伽教藏殿是一座主要用于储藏佛经的经藏殿，殿内内檐四壁，除正面开门部分外，都设有壁藏，以用于储藏经卷。沿正面两梢间及两山、后墙满布木制壁藏。壁藏下有砖基，壁藏为上下两层楼阁形式。下为壁橱，上为佛龛。佛龛雕凿成为小形殿堂形式。两山壁橱上的小殿，为殿挟屋式造型。后墙上的壁橱为四座小殿，中央用飞桥，上悬殿挟屋式天宫楼阁，造型精巧。壁橱与小殿都有十分精细的斗栱（图3–89）。

2．涞源阁院寺文殊殿门窗槅扇

辽、金代建筑尤其重视小木作装修的形式多样，特别是门窗槅扇在造型上的多样性。辽代遗构河北涞源阁院寺文殊殿前檐所存早期格子门，采用单腰串做法，上部格心部分与下部障水版部分，约成2∶1的比例。门扇格心较为统一，皆用四斜方格眼。

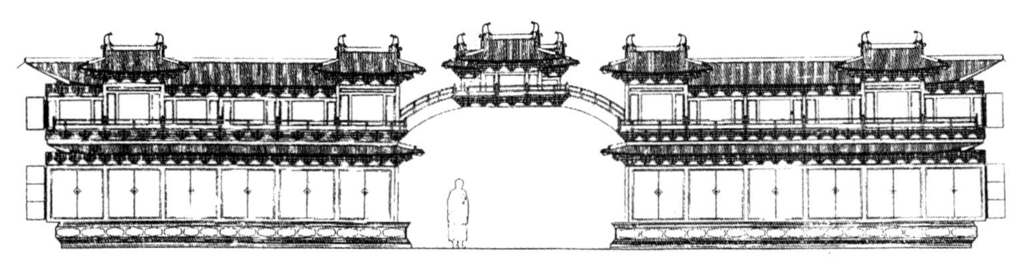

图3-89　山西大同下华严寺薄伽教藏殿壁藏与天宫楼阁立面图

图3-90　河北涞源阁院寺大殿格子门纹样

但在门额上部所施横坡窗，其格子形式就较为多样。其格子造型，以两两对称的方式，分别用了四斜毬纹、四斜毬纹上出条经、簇六毬纹、簇六套六方、米字格纹等形式（图3-90）。[①]

① 参见郭黛姮. 中国古代建筑史. 第三卷. 第421～424页. 中国建筑工业出版社. 2003.

结语

10世纪至12世纪初是一个驳杂动荡的时代，在中国的地理范围内，同时存在的政权包括北宋、辽、西夏等。那么，为什么这里将辽与西夏，而不是北宋，放在一起讨论呢?

的确，从历史时代与政权关联性来说，辽与北宋似乎更为接近。但正如我们在本章一开始就提到的，辽代的建筑与雕塑、绘画等艺术，可能更多是受到了晚唐战乱中飘散在北方地区的工匠及艺术家们的影响。西夏建筑与艺术，则是在接受了辽的影响基础上，又有了自己的创造。当然，晚唐艺术对西夏也可能有着直接的影响。

相比较之，北宋建筑与艺术，则承续了五代时期江左、浙闽一代的文化传承。五代战乱中，相对比较稳定繁荣的江浙一带，保存并发展了自己的地方文化，这应该是在唐代江左文化的基础上发展起来的。而自唐代就已经被插上“江左人文”之标签的江浙文化，无疑更具江南灵秀、儒雅、文静、灵动而灿烂多样的色彩。故10世纪至12世纪的中国大地上，建筑、艺术与文化，无疑可以分为南方与北方两个大的体系。更多受到唐文化影响的北方辽、西夏文化，更多表现为质朴、粗犷、素淡、雄硕；而受到五代时期江左、浙闽地区文化影响的北宋文化，则表现为细腻、丰富、曲婉、多样。

这或许就是我们将辽与西夏，与两宋及金代文化并置，并加以区别的原因之一。尽管这个原因是否恰如其分，或还有待历史学家、艺术史家，乃至人类文化学家们的验证。

第四章　繁缛绮丽宋金风

引子　宋金艺术一瞥——柔美繁绮

如果说10世纪初叶兴起的辽代文化及其建筑与艺术，更多地表现为杂糅了中国北方地区代北人的威武、山东人的质朴与关中人的雄劲，从而显得在雄厚、苍劲与朴质中，略带一些粗犷的意味，则大约是在10世纪中叶兴起的北宋建筑与艺术，可能是受到了五代时江南吴越、南唐文化的影响，似乎多少表现为江左人文雅、婉约与山东人朴质、敦厚的结合。

沿袭了北宋传统的南宋建筑与艺术，更多一些江南人的细腻与繁密，这是本不待言的事实。有趣的是，金代文化，尽管也从辽人那里汲取了一些营养，却似乎更仰慕两宋文化的辉煌。金代建筑与艺术，虽然也有一些放浪不羁的处理方式，但总体上看，却显得华美、细腻、繁缛而精丽，在艺术趣味的文弱与曲婉方面，似乎不逊于两宋建筑与艺术。

宋代雕塑，如重庆大足石刻中的佛造像（图4-1），其面相似乎已经显得十分温婉平和了；而其艺术趣味，也似乎显得不那么神秘与威严。然而其精雕细刻的堆砌美，则失却了人们对佛的敬仰与畏惧，佛与菩萨似乎已经变得亲切到可以触摸的境地。再来看一看山西晋祠圣母殿中那些侍女们的造像（图4-2）。在这个北宋时代人们构想的神的世界里，人们看到的几乎个个都是栩栩如生的现实人物：人的面相，人的尺度，人的音容笑貌，人的多愁善感。就像人们在现实世界中，看到从邻家大院中走出来的那些丫鬟、婢女们一样，活泼灵动，

图4-1　重庆大足宝顶山石窟造像（南宋）

图4-2　山西晋祠圣母殿侍女像（北宋）

没有丝毫想象中的神的世界的那种远隔尘世，神秘而不可及的感觉。这里让人感觉到的是一种人间的美与柔丽。

金代的雕塑，即使是佛或菩萨造像（图4-3），也多少受到了宋代艺术的影响。而金代建筑上的繁缛，则似乎比之北宋时代，有过之而无不及。装饰理念上也是一样。例如，江南地区尚存的北宋浙江宁波保国寺大殿内的藻井（图4-4），似乎还有某种雄劲与豪放的成分在其中，而金代北方的山西应县净土寺大殿，其藻井的细密、繁缛与华丽（图4-5），却早已超出了人们的想象。

室内装饰上，如人们所熟知的，在北宋时代甚至出现了“五彩遍装”的装饰意象，其效果无疑是“雕焕之下，朱紫冉冉”[①]的华贵与繁丽。然而，这种五彩遍装的室内装饰实例，已经难以见到了。有趣的是，在山西繁峙县岩山寺金代木构大殿中，却保存了室内满铺华美壁画的例证。殿内的四壁，凡是可以作画的地方，被华丽、繁密的宫殿、寺塔、人物、山水、云纹所充斥。其画幅场面之宏大，构图之细密，内容之丰富，工笔之精细，都令人叹为观止。从文化品位与艺术趣尚的角度来观察，谁能说这金碧辉煌、繁花似锦的室内壁画，不正是北宋时代室内装饰中所崇尚的“五彩遍装”艺术好尚的一个曲折的反映呢?

① 钦定四库全书. 集部. 总集类. [宋] 李昉等. 文苑英华. 卷八百二. 厅壁记六. 州郡下. 使院. 镇海军使院记.

图4-3　山西朔州崇福寺弥陀殿菩萨造像（金）

图4-4　浙江宁波保国寺大殿内景（藻井）

图4-5　山西应县净土寺大殿室内藻井（金）

第一节　宋金佛教寺院与建筑简说

自10世纪中叶至13世纪中叶这300余年时间，在中国历史上，是一个分裂的时代，我们习惯上将这一时代称之为“两宋、辽、金、西夏时代”，即在这一时期的前半段，有相当一个时期，是北宋、辽与西夏三足鼎峙的时代；而在这一时期的后半段，则是南宋、金与西夏三足鼎峙的时代。

从建筑史发展阶段上来看，北宋与辽代建筑有着较多比较接近的做法，而南宋与金代的建筑，虽然在风格上各有特征，但在基本的艺术趣尚上，也有诸多相似之处。至于西夏建筑，由于缺乏木构建筑遗存，比较难于将之与其他几个王朝相比较。但是，从现存砖石塔幢来看，西夏时期的佛塔建筑，似乎更多一些简单与粗犷的意味，比起宋金佛塔那华美、秀丽与繁缛的风格来说，应该不属于一种艺术风格类型。此外，时代稍早的北宋建筑虽然比起南宋与金代建筑，显得质朴与粗拙一些，但与和其时代接近的辽代建筑相比较，也有许多细腻而柔美的风格体现。故这里将两宋时代联系在一起讨论，并将受到宋代建筑与艺术风格影响较大的金代，纳入这一系列中进行分析。

一、两宋佛教寺院建造概说

与北方地区的辽（916—1125年）、西夏（1038—1227年）与金（1115—1234年）两代并峙而立的北宋（960—1127年）与南宋（1127—1279年）两个王朝，其实是由一个连续的统治阶层——赵宋统治集团创立并统治的长达300多年的连续历史阶段。无论在经济上，还是在文化上，两宋王朝都达到了其前中国历史发展进程中前所未有的水平与高度。正如历史学者陈寅恪先生所言：“华夏民族之文化，历数千年之演变，造极于赵宋之世。”[①]这里的“赵宋”，无疑涵盖了北宋与南宋两个时代。

尽管可以说，自晚唐至北宋、南宋，中土汉地佛教寺院及僧尼总数，大致保持了一个基本上稳定与饱和的状态。但由于晚唐、五代的历史特殊性，其间无疑曾经发生了一个佛教衰落，寺院凋零的低潮期。北宋时代的重要作用，就是起到了将一度中衰的佛教及其寺院与建筑，重新恢复到了可以与唐代佛教寺院建筑与僧尼数量大致接近

① 陈寅恪. 陈寅恪集. 金明馆丛稿二编. 第245页. 生活·读书·新知三联书店. 2001.

的盛况。

客观地说，两宋佛教及其建筑的发展，关键就在于将中国统治者所遵从的土生土长的儒家思想与西来的佛教思想加以了适当的融合，这一点正如赵普对宋太宗所说的一段话："陛下以尧、舜之道治世，以如来之行修心，圣智高远，动悟真理，固非臣下所及。"[①]尧舜之道者，儒家文化也；如来之行者，佛教文化也。将儒学与释教结合为一，其实就是宋代文人所主张的理学。

理学者，又称程朱理学，是宋代哲学发展到一定阶段的产物，是批判并吸纳了佛教与道教，并将三者加以相互融合的新一代儒学。宋代理学中，既受到了佛教禅宗的影响，也渗入了道家老庄的思想，形成了颇具佛道化色彩的儒学。反过来，宋代的佛教中，也开始融入了儒道的影响，开始将儒家的忠孝之道，道家的无为思想，渗入佛学之中，从而大大改观了宋代的佛教思想与文化。

在这样一种思想影响下的两宋统治者，对于佛教的发展与寺院的建造，采取了默许与扶植的态度，从而在很大程度上刺激了佛教寺院的大规模建造。从史料中可知，北宋立国之初的10世纪下半叶至11世纪中叶，不过仅仅百余年的时间，其统治区域的佛寺数量就激增到数万所之多。一位北宋仁宗时代的人，在描述北宋初年佛教时曾说："臣闻在国之初，大建译园，逐年圣节，西域进经，合今新旧，何啻万轴，盈涵溢屋，佛语多矣。"[②]虽然寥寥数语，却也可以透析出北宋初年，宋地佛教已经出现骤然而兴的盛景。

北宋人方勺所撰《泊宅编》中也曾提到："熙宁末，天下寺观宫院四万六百十三所。"[③]也就是说，从嘉祐末年（1063年）至神宗熙宁末年（1077年），仅十余年时间中，天下寺观数又从39000所增加至40613所。

在北宋历史上，也曾出现过对于佛教采取抑止或禁止的做法，这一现象出现在北宋末年的徽宗一朝。徽宗是一位对道教十分青睐之人，在提倡道教、大力营建道教宫观的同时，对佛教及其寺院采取了排斥、压抑与限制的措施。

这也许是继佛教历史上"三武一宗之厄"之后，又一次对佛教的大规模压抑与打击。好在徽宗的这一抑佛扬道的闹剧并没有延续太多时间。仅仅过了一年半，在第二年，即宣和二年（1120年）六月，徽宗又下诏，恢复了寺院的本来题额，同时也恢复了佛教僧尼的本来称谓。由此看来，宋徽宗的抑佛扬道政策，并没有对北宋佛教产生

① ［宋］李焘．续资治通鉴长编．卷2十三．太宗太平兴国八年．

② ［宋］文莹．湘山野录．卷上．

③ ［宋］方勺．泊宅编．卷10．

太大影响。

从史料观察中可以知道，两宋时期佛教寺院的营建，渐渐由隋唐时期寺院以帝王与贵族为主的状态，渐渐转变为以民间力量为主的建造模式。两宋时代的寺院分布范围更为广泛，寺院规模趋于适中，寺院内部的空间格局，渐渐形成一定的布局模式。例如，除了沿寺院中轴线布置三门、主殿、法堂、大悲阁、经藏阁、卢舍那阁或毗卢阁之外，一般会将方丈院布置在寺院中轴线后部。

寺院中轴线的东西两侧，渐渐形成大体上对称的跨院式布局，两侧跨院内的建筑配置，也渐趋规则化。例如，一般会在寺院西侧布置禅堂或僧堂、僧舍；而在寺院东侧布置库堂、斋堂、香积厨等。在一些寺院中特别设置的水陆院、罗汉堂等，也会分置于寺院两侧的跨院之中。

两宋佛教及其寺院，在对外影响上，也达到了历史上的一个高潮。如果说唐代佛教及其寺院对日本、朝鲜半岛有所影响的话，那两宋时代，特别是南宋时期，则已经进入了中日佛教文化交流的蜜月期与高潮期。两国佛教界不仅有大量的相互往来，两宋寺院的建筑形制，还深深影响了同一时代的日本寺院。日本人根据南宋五山十刹的规制，同样设立五山十刹的做法，并以南宋寺院为原型，逐渐形成日本寺院内的伽蓝七堂制度。为了宁波天童寺内千佛阁的重建工程，日本僧人甚至远渡重洋，漂洋过海为这座寺院远道送来数十根巨大木柱。这些都反映了两宋时期中日佛教交往的密切与频繁。

换言之，无论从史料留存情况，还是从实例遗存方面，两宋时期佛教及其寺院，在中国佛教建筑史上的重要性，都是不言而喻的。两宋佛教是在经历了惨痛的重创之后，又缓慢复苏，继而达到的一个新高潮。正是在两宋时代，佛教完成了其中国化的过程。充分适应了中国文化环境的佛教禅宗、律宗、净土宗在两宋大地上生根、开花、结果，并且渐渐形成了中国化的寺院模式，如出现了禅寺、讲寺、教寺的差别，出现了十方寺院与甲乙寺院的差别，也出现了具有不同社会功能的寺院，如接待院、医药院、忏院、浴院、漏泽院等等；还出现了与中国传统孝道文化密切相关的坟寺。

二、金代佛教寺院建造概说

需要稍微提到的一点是，与南宋时代相平行的北方金人，在审美趣味上，似乎与南宋人，而不是辽人更为接近。金代的建筑，重视造型的奇异，装饰的繁丽与色彩的华美，这一点令金代建筑与同是北方的辽代建筑之间，产生了很大的不同。金人的这种特殊的艺术趣尚，很可能也是既承袭了被其灭亡的辽与北宋文化，又受到了南宋文化积年浸染与影响的结果。

为了对金代佛寺建筑有一个整体的了解，在论及金代寺院建造与存留情况时，应拟先对继辽而兴的金代统治者对佛教的态度做一个简单的梳理分析。

与初唐时期代隋而起的唐统治者一改隋代文、炀二帝一心佞佛的态度相类似，与崇佛无度的辽统治者相比较，金代统治者，也对佛教采取了一个相对比较冷淡的态度。

显然，金代帝王缺乏从国家层面上建造佛寺的动力，而金代的文人士大夫，虽然也会像一些唐代文人那样，热衷于佛教义理探究或禅意追索，却往往是徜徉在佛教、道教与儒家思想之间。这种学贯三教的思想，应该是受到宋代理学影响的结果。由此或也可以看出，宋金时代的中国知识阶层，已经从过去那种所谓反佛扬儒、抑道扬释等简单而偏颇的立场中摆脱了出来，更倾向于对儒释道三教作较为深入与贯通式的探究。这也反映出，自南北朝至隋唐时代那种以佛教为主导的社会文化潮流，已经不复延续了。中国社会已经开始进入以涵盖儒、释、道三教主张而形成的理学思想为主要潮流的时代了。

第二节　两宋与金代木构佛教殿堂实例遗存

尽管两宋时期是中国汉传佛教建筑史上一个重要的历史时期，然而，相对于时代比较接近的辽金时期而言，两宋佛教建筑，特别是佛教木构殿阁遗构，几如凤毛麟角一般珍稀。究其原因，一是北宋末年、南宋末年，以及后来的元末与明末中原与南方地区反复爆发的惨烈战争，对于两宋佛教寺院建筑遗存的摧残与蹂躏，是不言而喻的。二是，从地理与气候条件上来看，两宋建筑，特别是南宋建筑，主要是在南方地区，包括江南、两湖，以及西南、岭南、云贵地区。这些地区的气候相对比较潮湿，不利于木构建筑长期保存，此外，相对于北方地区，南方建筑受到白蚁等自然损害与剥蚀的影响要更大一些。

因此，这里只能举出屈指可数的几座两宋时期木构佛教殿堂，以及一些两宋砖石佛塔，作为了解与见证两宋佛教建筑历史的实例。

一、两宋木构殿堂建筑

（一）单层单檐木构殿堂

两宋时代木构遗存中的佛教殿堂建筑，难有大型殿堂的遗存，仅有几座三开间单层单檐殿堂，显得弥足珍贵。其分布范围较广，年代跨度也大。

1．保国寺大殿

保国寺大殿创建于北宋大中祥符六年（1013年），距今已有1000年。是南方少有的千年遗构（图4–6）。寺内除大殿外，其余如天王殿、钟鼓楼、法堂、藏经楼多是清代遗物。

大殿殿身为三开间，但加上后世所添加的副阶，现存外观为面阔七间，进深六间的重檐屋顶形式。其宋代原构的殿身，即上檐部分，面广三间，通面阔11.90米，进深三间，通进深13.36米。上檐构架为宋代原物，平面为身内双槽，属内外柱不同高的厅堂式结构，用八架椽屋前三椽栿后乳栿对三椽栿形式（图4–7）。故前部空间较大。进深方向的前一间可能是原殿之前廊，是用于礼佛的空间，中有精美而硕大的藻井（图4–8），是宋代藻井的典型案例。

除前间外，殿内为彻上明造（图4–9）。在三椽月梁式明栿上，用月梁式平梁，上用斗子蜀柱，及叉手，承脊槫。上檐屋顶为九脊顶形式。上檐外檐柱头铺作为七铺作双杪双昂，第一跳偷心。

前后檐补间铺作，亦为七铺作双杪双昂（图4–10），里转出四杪。两山补间铺作亦然。前后檐当心间，及两山前两间，均用双补间。其余为单补间。内柱上斗栱也较为完整。而尤以前檐廊内三组藻井，斗栱形式简洁明快。

斗栱用材不一，主要用材为高21.75厘米，厚14.5厘米。藻井斗栱用材，高17厘米，厚11厘米。

2．少林寺初祖庵大殿

位于河南登封嵩山少林寺西北13公里处的初祖庵，是为了纪念禅宗初祖达摩而建，庵内原有山门、正殿、殿后二亭、千佛阁、配殿等，多已坍毁，仅存宋代大殿（图4–11，图4–12，图4–13）及清代两座小亭。

大殿建造年代为宋宣和七年（1125年）。平面近方形；面广三间，通面阔11.14米；进深三间，通进深10.7米（图4–14）。殿内有四根内柱，但与山面柱子不对位，主要是为了放置佛坛，并增加礼佛的空间。

图4-6　浙江宁波保国寺大殿外观

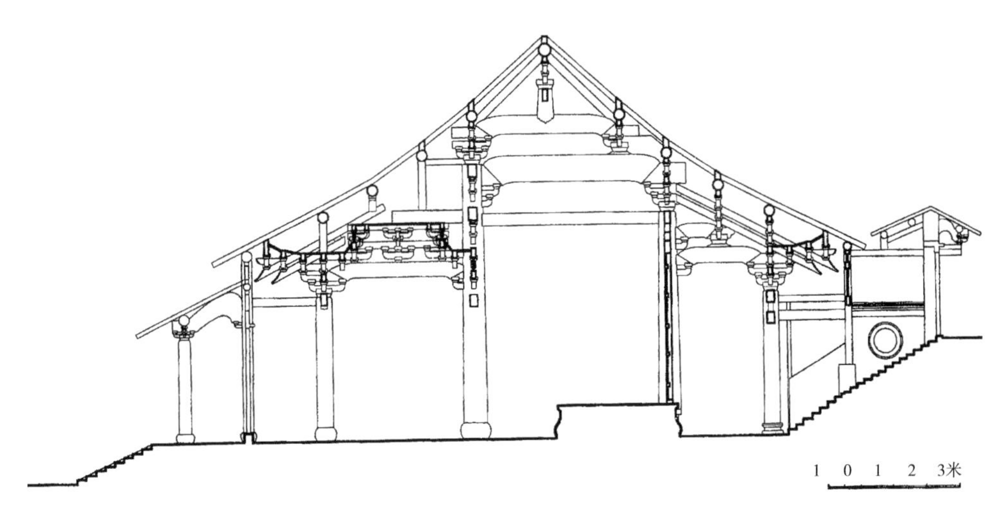

图4-7　浙江宁波保国寺大殿剖面图

图4-8　浙江宁波保国寺大殿前廊藻井

图4-9　浙江宁波保国寺大殿室内（北宋）

图4-10　浙江宁波保国寺大殿外檐斗栱

图4-11　河南嵩山少林寺初祖庵大殿外观（辛惠园 摄）

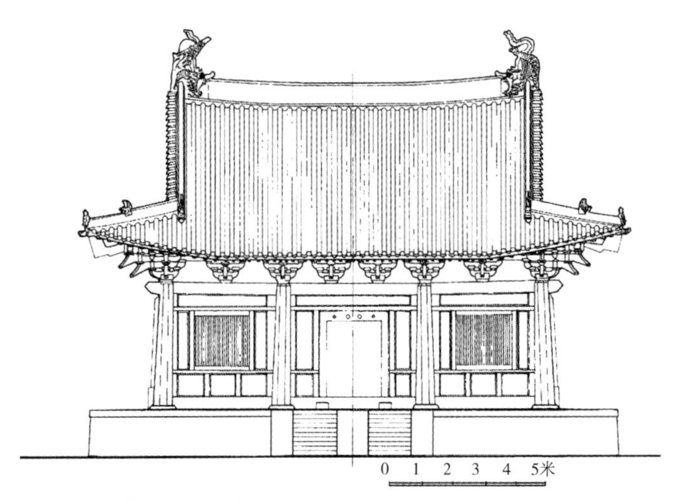

图4-12　河南嵩山少林寺初祖庵大殿正立面图

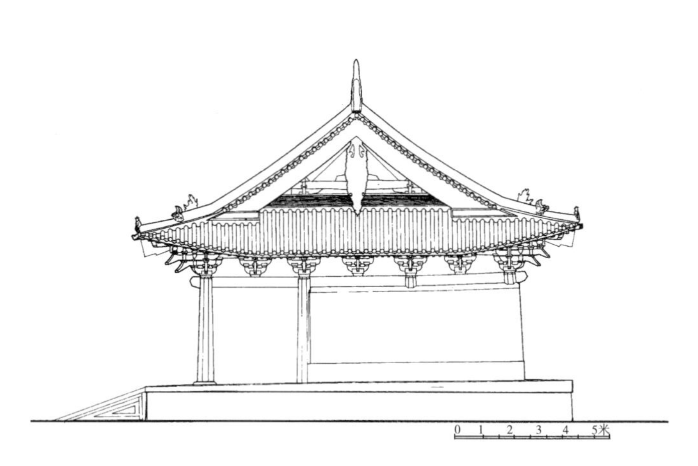

图4-13　河南嵩山少林寺初祖庵大殿侧立面图

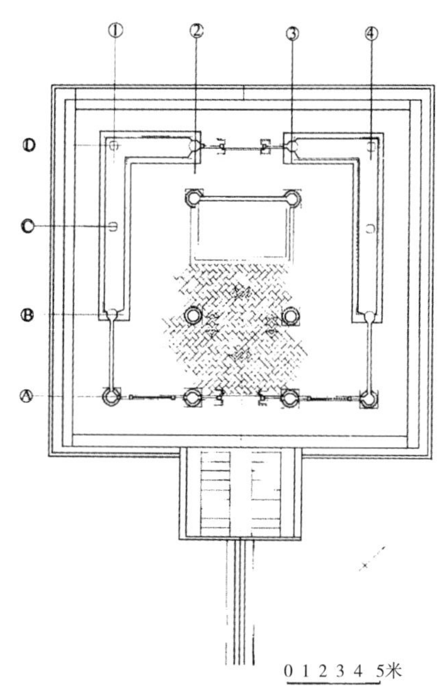

图4-14　河南嵩山少林寺初祖庵大殿平面图

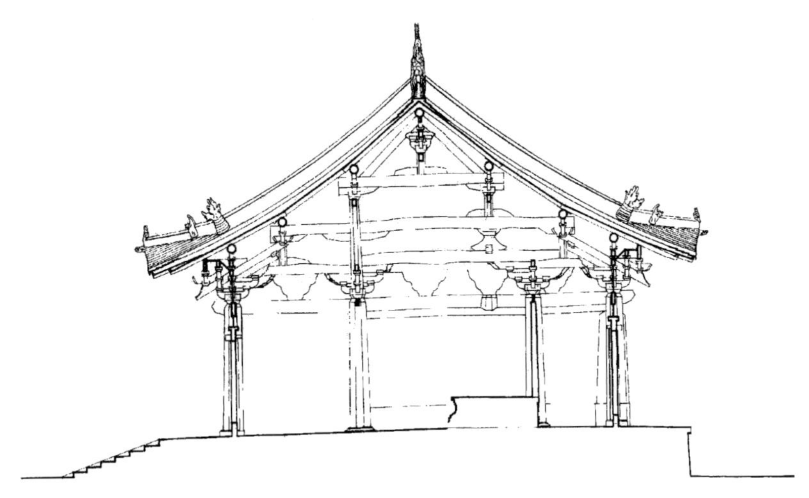

图4-15　河南嵩山少林寺初祖庵大殿横剖面图

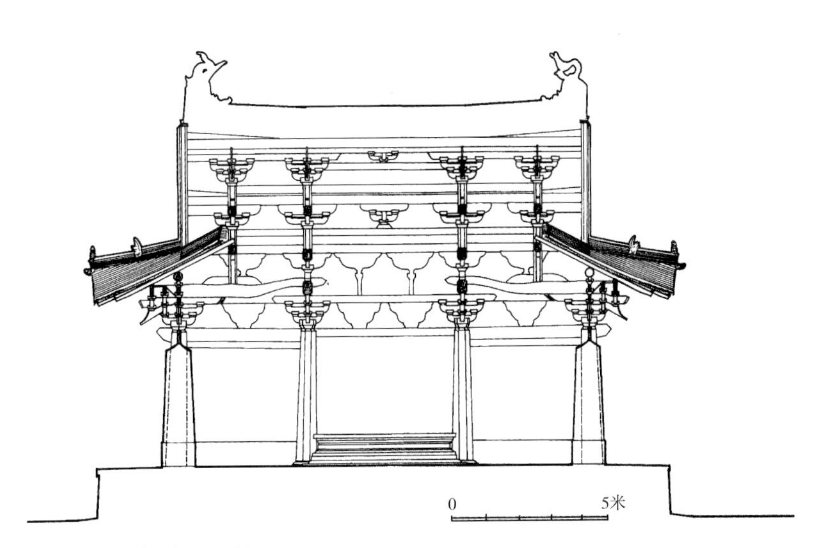

图4-16　河南嵩山少林寺初祖庵纵剖面图

屋顶为单檐九脊。构架为彻上明造，内外柱同高，梁架用前后乳栿对三椽栿。梁架形式较为灵活。平梁上用叉手，及蜀柱斗栱，承脊槫（图4-15，图4-16）。

外檐铺作为五铺作出单杪单昂，昂采用了插昂形式。重栱计心造。里转四铺作出单杪，偷心。外檐补间铺作为五铺作单杪单昂，里转五铺作出双杪，重栱计心。下昂尾伸至下平槫下。并用了挑斡及鞾楔。

大殿外檐露明的八根八角形石柱，柱上有精美的宋代石刻纹样。为我们了解宋代石刻纹样，提供了实案。

3. 肇庆梅庵大雄宝殿

广东肇庆的梅庵大雄宝殿，创于宋至道二年（996年）。据说是为祭祀禅宗六祖慧能而建。“相传六祖大鉴禅师经此地，尝插梅为标识，庵以梅名，示不忘也。”（道光《重修肇庆府梅庵碑记》）现存平面为面阔五间，进深三间，硬山屋顶。但其山墙及瓦饰都是清代所加，只有中间三间构架仍然保存宋代遗构特征（图4-17，图4-18）。

构架为十架椽屋前后乳栿对六椽栿用三柱的厅堂式做法，室内为彻上露明造。内柱比檐柱高。乳栿、六椽栿，及其上的四椽栿、平梁，均为月梁形式（图4-19，图4-20）。平梁以上用斗栱承托一个短梁，上承脊槫，与五代时所建福州华林寺大殿脊槫下的做法相似。

图4-17　广东肇庆梅庵大雄宝殿外观

图4-18　广东肇庆梅庵大雄宝殿正立面图

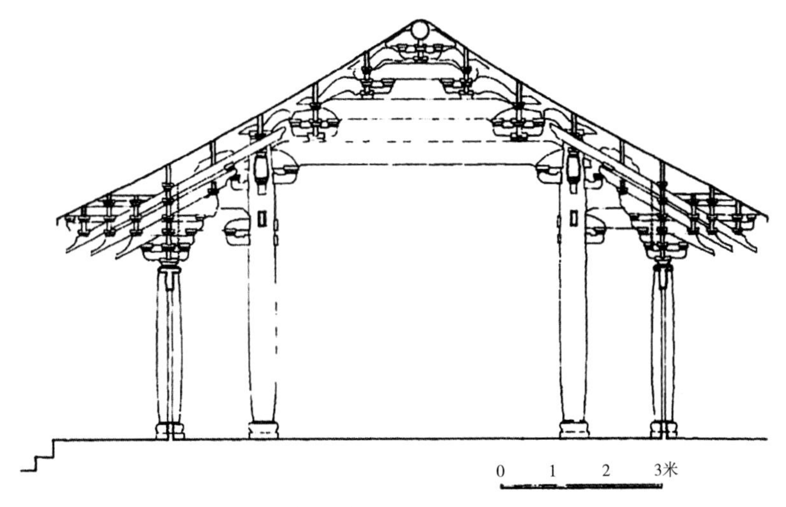

图4-19　广东肇庆梅庵大雄宝殿横剖面图

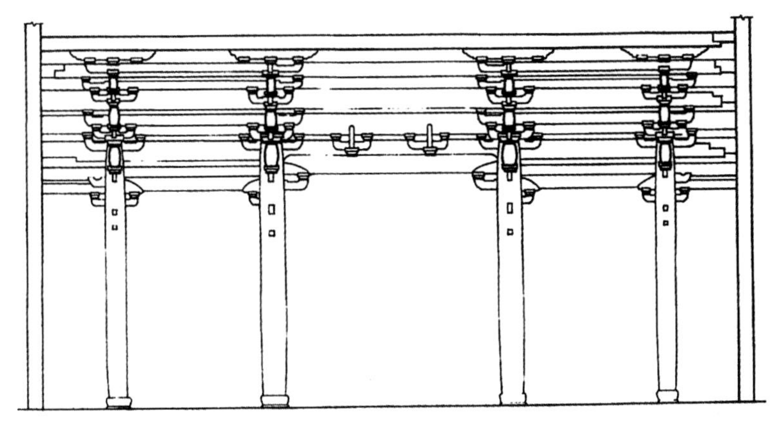

图4-20　广东肇庆梅庵大雄宝殿纵剖面图

从平面看，当心间间广4.84米，次间间广3.16米，故原构三间面广为11.16米，通进深为10.05米，亦略近方形（图4-21）。外檐平柱高约3.1米，橑檐方上皮距台基面约近4.3米。檐柱高是檐方高的0.72左右。与北方的独乐寺山门檐下比例接近。

外檐斗栱，柱头用七铺作单杪三下昂（图4-22，图4-23），里转五铺作出双杪。内外铺作第一跳皆偷心。外跳第二跳用插昂，三、四跳用真昂，并用重栱计心。补间铺作为七铺作单杪三下昂，里转出三杪，外檐第一条亦为插昂。这种用三条下昂的七铺作斗栱形式，在国内是孤例。当心间用双补间，次间为单补间。

斗栱用材，材高18—18.6厘米，厚9厘米。介乎《营造法式》六等或七等材之间。

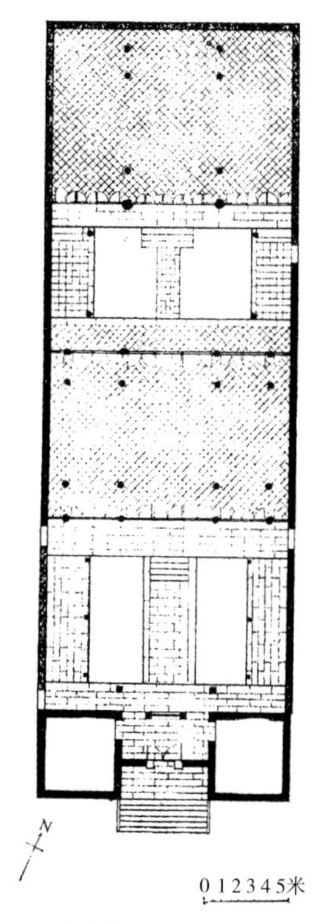

图4-21　广东肇庆梅庵大雄宝殿平面图

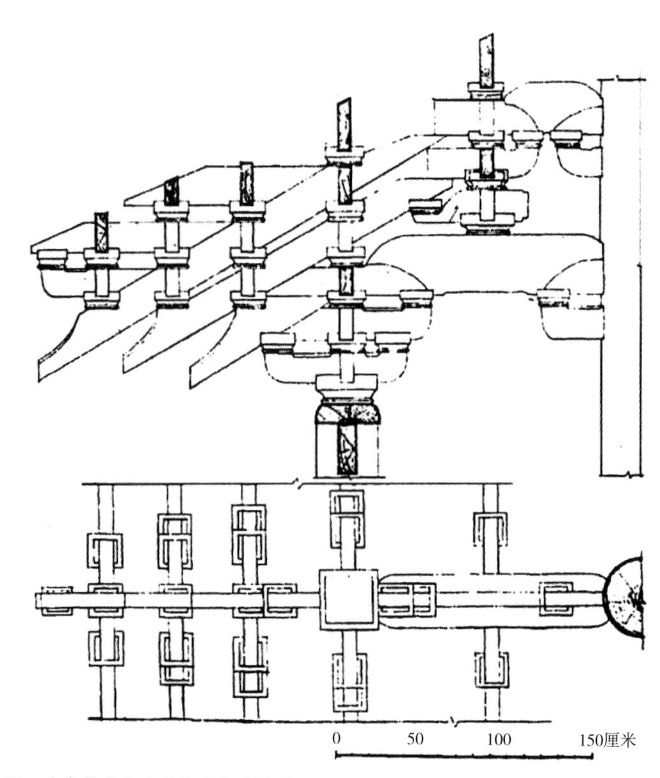

图4-22　广东肇庆梅庵大雄宝殿斗栱详图

图4-23　广东肇庆梅庵大雄宝殿外檐斗栱

（二）单层重檐殿堂实例

古代木构建筑中，单层重檐殿堂在等级上，要比单檐殿堂高。但虽然现存两宋时代重檐殿堂实例本来就不多，而能够称为佛教殿堂的就更为珍稀，正定隆兴寺摩尼殿就是一例。

正定隆兴寺，初创于隋代，原名“龙藏寺”。唐代改“龙兴寺”，后改“隆兴寺”。北宋时期，太宗曾经到过这里，因看到寺内铜佛遭辽人焚毁，下诏“复建阁、铸铜像”。从寺内留乾隆年碑刻知道，寺院沿南北中轴线布置，前有影壁、牌坊、石桥，然后是天王殿、大觉六师殿、摩尼殿、戒坛、大悲阁、弥陀殿、敬业殿、药师殿等（图4–24）。

摩尼殿始建于北宋皇祐四年（1052年）。距今近千年。这是一座殿身五间，副阶七间，重檐九脊，四面出抱厦的形制十分特殊的大型重檐木构殿堂。

摩尼殿平面为十字形。其面宽七间，进深亦七间，但四面各出一个龟头殿式抱厦（图4–25）。故其外形如同在一座集中式构图的中心殿堂四周，加了四个正入口（图4–26）。在造型理念与空间形式上，与意大利文艺复兴时期帕拉第奥的维琴察圆厅别墅十分接近。

摩尼殿主体部分为重檐九脊顶，通面阔33.29米，通进深27.12米。殿下台基高1.2米。殿前有一个月台（图4–27）。

摩尼殿殿身部分为殿堂式结构，梁架用八架椽屋前后乳栿对四椽栿用四柱（图4–28）。副阶构架用乳栿与殿身柱相接，并与四面抱厦的梁架结合在一起。南立面抱厦较宽，宽为六架，其余三面抱厦宽为四架。抱厦脊槫与副阶檐椽尾在一个标高上。殿身及抱厦脊槫下均用叉手、蜀柱，殿身部分平梁与四椽栿两端，均用了托脚。

上下檐外檐柱头斗栱为五铺作单杪单下昂，并用了昂形耍头。华栱第一跳偷心。上下檐逐间各用一朵补间斗栱，补间斗栱是在五铺作单杪单昂的基础上，用了斜华栱。

室内佛座三面用厚墙围绕，内用须弥座，上供奉一佛二菩萨、二弟子。后壁上用悬塑，塑山海观音。梁架中心部位用天花、藻井，其余部分为彻上明造。斗栱用材上檐为高21厘米，厚16厘米，下檐为高21厘米，厚15厘米，相当于《营造法式》的五等材。

摩尼殿在20世纪70年代末曾经落架重修。

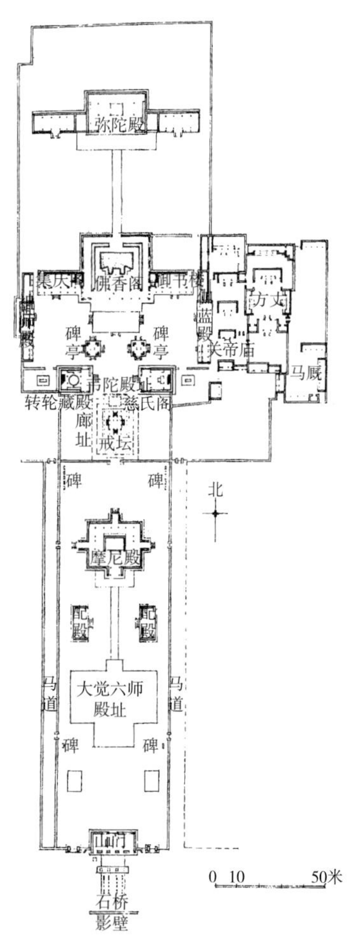

图4-24 河北正定隆兴寺总平面图

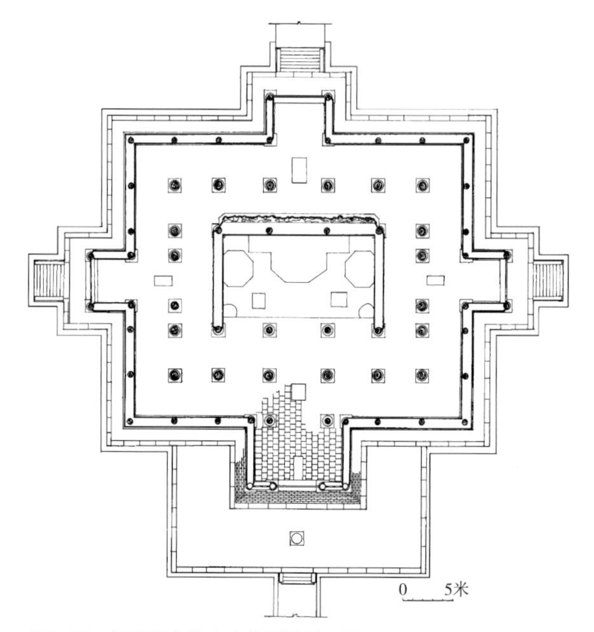

图4-25 河北正定隆兴寺摩尼殿平面图

图4-26 河北正定隆兴寺摩尼殿

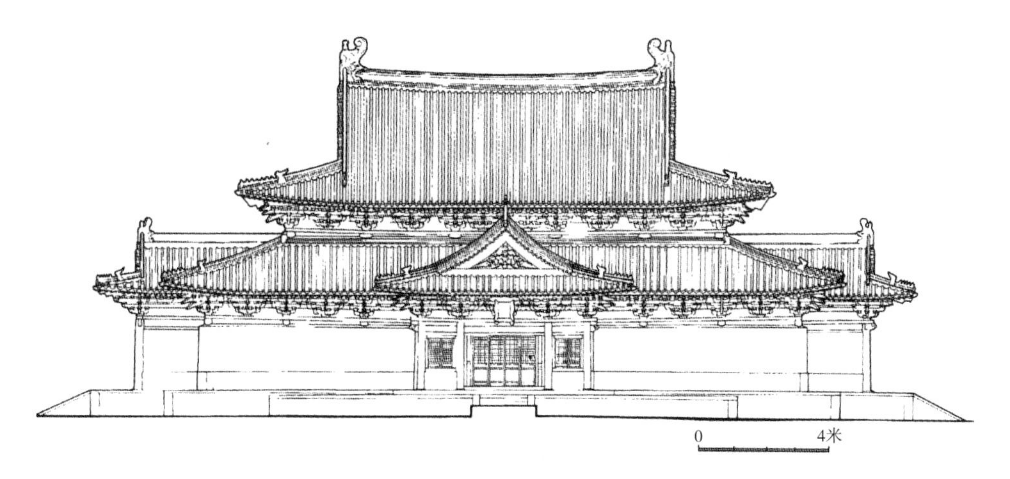

图4-27　河北正定隆兴寺摩尼殿立面图

图4-28　河北正定隆兴寺摩尼殿内景

二、金代佛教寺院及木构殿堂实例

（一）保存尚可的金代寺院

相比于辽代寺院，金代寺院规模似乎更显小巧。虽然偶尔也有在中心庭院两侧布置若干东西跨院，或由上院、下院组成的稍大寺院，但总体上看，每座寺院的空间都比较紧凑、建筑物的数量也不是很多。大致的格局，仍然延续了辽代寺院的基本空间模式，如前为三门，寺内设正殿，正殿之后有法堂。也有在中轴线上布置楼阁的做法，如在正殿之前设置大悲阁。正殿或法堂之前，可能会有东西配殿，偶尔也会设有东西两廊。

生活服务性建筑的配置，也渐趋规制化，如寺院东侧多设厨库，寺院西侧多设寮舍。所谓“东厨西寮”，如果有僧堂、禅堂，亦多设于寺院中轴线的西侧。偶然出现在寺之西南隅设置罗汉院的做法，亦有在主殿前或主殿后设置佛塔的做法；偶然还会出现在中轴线后侧，布置轮藏殿、经藏殿的做法。

然而，在金代寺院中，延续了辽代寺院已经出现的明清北方寺院中较为常见的一些做法。如寺院中有供奉伽蓝、土地、祖师的殿堂；但辽代寺院中已经出现在正殿前设置钟鼓楼的做法，在有关金代寺院的史料文献中却几乎未曾提及。

1．朔州崇福寺

朔州崇福寺寺址位于今山西朔州城区东大街，始创于唐高宗麟德二年（665年），寺内曾有藏经阁。因寺在辽代时，曾是林太师府，故在辽代统和年间（983—1012年）复舍为寺后，曾称“林衙寺”。金天德年间（1149—1153年），寺改名“崇福禅寺”。寺为南北向布置，共有五进院落，沿中轴线自南向北依序布置有山门、金刚殿、千佛阁、大雄宝殿、弥陀殿、观音殿。在现存格局中，在千佛阁前，左右对峙着钟楼与鼓楼；在大雄宝殿前，布置有左右配殿，分别是文殊殿与地藏殿。

可以推测，其寺在金代时，仍有临街的三门及位于寺院中心的大雄宝殿，金代时除了今日金刚殿位置不很清楚外，沿其寺中轴线，至少布置有三门、藏经阁、大雄宝殿、弥陀殿、观音殿（图4-29，图4-30）。

从形体上看，崇福寺的主殿应该是金代所建的弥陀殿。但从位置上讲，崇福寺的主殿，却似乎是位于寺院中心的，布置在弥陀殿之前的大雄宝殿。但这座明代所建大雄宝殿规模很小，且其还有另外一个殿名，称“三宝殿”。其中是否保存了金代寺院的原有制度，还很难判断。但若认定大雄宝殿是寺院的主殿，则可以推知，三大士殿

图4-29　山西朔州崇福寺外观

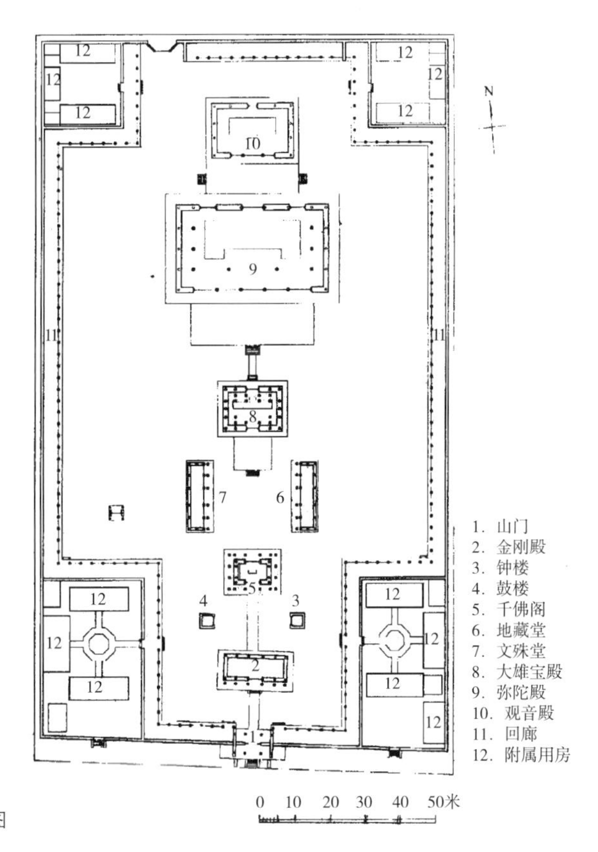

图4-30　山西朔州崇福寺平面图

与弥陀殿一般应该是布置在寺院的中轴线上的，但在供奉有释迦牟尼佛的大雄宝殿的较大寺院中，弥陀殿与三大士殿有可能设置在中轴线的后部，以突出大雄宝殿的地位。

2．大同善化寺

大同善化寺是目前所知保存辽、金建筑较为完整的一座寺院。其寺初创于唐代，原名“开元寺”。但据寺内所存金大定十六年（1176年）碑刻，寺在金时称“大普恩寺”。金天会六年（1128年）和皇统三年（1143年）重修：“凡为大殿，暨东西朵殿，罗汉堂、文殊、普贤阁及前殿，大门，左右斜廊合八十余楹。”[①]

说明在金代时，寺院中还有罗汉堂、东西廊，及朵殿。据现存建筑观察，大殿仍为辽制，是辽代遗存，金代加以了修缮。其前有三圣殿，为金代遗构。据今人的分析，山门与三圣殿台明间的距离（23米），与辽建独乐寺山门与观音阁的距离（22.5米）十分接近，而三圣殿与大雄宝殿之间距离有过大（46米）。且大雄宝殿中供奉五方佛，而三圣殿中供奉西方三圣，从供奉内容上似有重复，说明三圣殿址原来可能是一座与观音阁一样的楼阁，金代重修时改为单层大殿。

经过修改后的善化寺，则形成了前殿、后殿式格局（图4–31）。沿寺院西侧边缘，在比三圣殿略偏后的位置上，是一座二层木构楼阁，称普贤阁。从平面格局推想，与这座普贤阁相对应的寺院东侧边缘，还应该有一座对称配置的文殊阁（现状已经复原），阁前似有连廊，与寺院前部的山门相接。

（二）金代木构殿堂遗存

1．五台佛光寺文殊殿

五台山佛光寺是一座唐代寺院，但其北配殿文殊殿却是一座金代遗构。殿建于金天会十五年（1137年）。殿面宽七间，进深四间，八架椽。通面阔31.56米，通进深17.60米。悬山式屋顶（图4–32）。

文殊殿平面采用了减柱做法。当心间两榀梁架，有后内柱，采用了前丁栿后乳栿对四椽栿用三柱的做法。内外柱不同高，为厅堂式结构。次间仅有前内柱，则用了前乳栿后丁栿对四椽栿用三柱的做法。两梢间缝无内柱，则用了前后丁栿对四椽栿用两柱的做法。这样的结构，使内额起到了很重要的结构作用。平梁上脊槫下用叉手与蜀

---

① 寺内存．西京大普恩寺重修大殿碑．转引自郭黛姮．中国古代建筑史．第三卷．第332页．中国建筑工业出版社．2003.

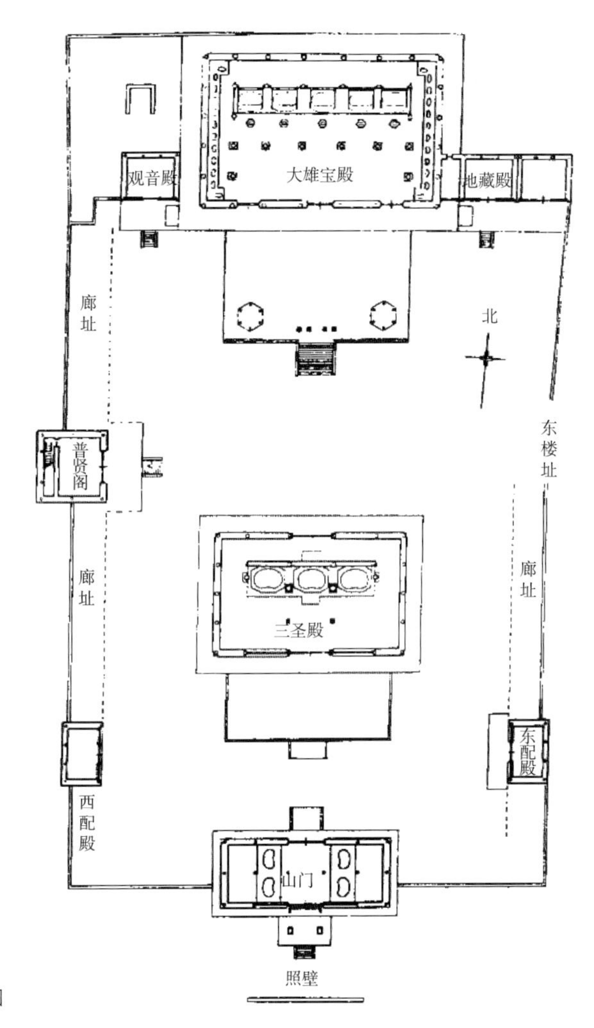

图4-31　山西大同善化寺平面图

柱，槫下有襻间。因为用了减柱做法，使室内空间十分空敞（图4-33）。

文殊殿柱头斗栱为五铺作单杪单昂，用昂形耍头。里转为五铺作出双杪。前后檐逐间用单补间，为五铺作出双杪的做法。但各补间铺作中都用了斜栱。

斗栱用材为高23.5厘米，厚15厘米，约近《营造法式》三等材的尺寸。

2．朔州崇福寺弥陀殿

崇福寺弥陀殿建于金皇统三年（1143年），原为崇福寺大雄宝殿之后的一座殿宇。寺除创于唐，重建于辽，原名“林衙寺”。金代大规模重建后，改名“崇福寺”。寺内建筑千佛楼、文殊堂、地藏堂、钟鼓楼等，多为明代建筑。但弥陀殿仍为金代原构（图4-34，图4-35，图4-36）。

图4-32　山西五台山佛光寺文殊殿外观

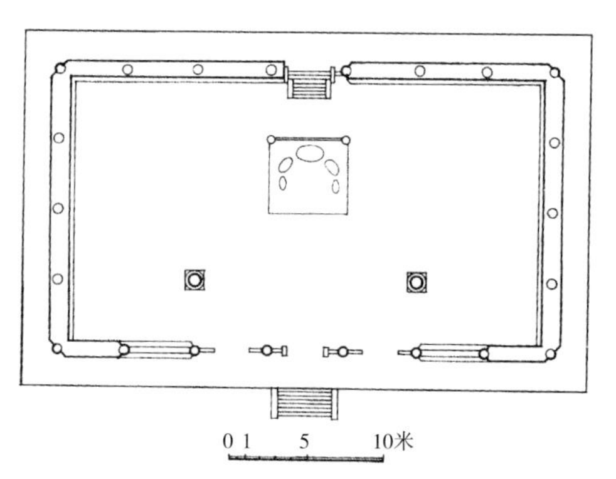

图4-33　山西五台山佛光寺文殊殿平面图

图4-34　山西朔州崇福寺弥陀殿外观

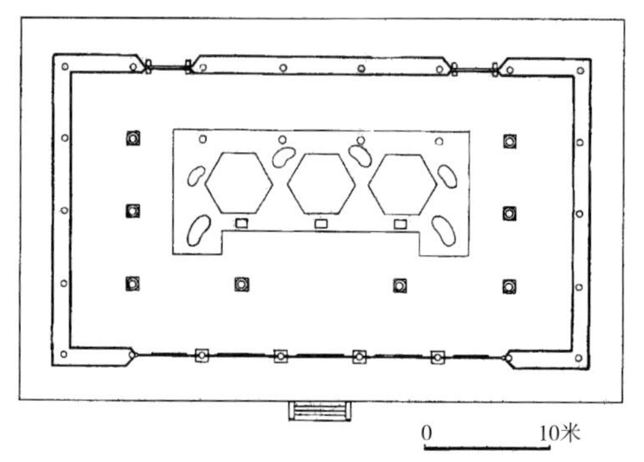

图4-35　山西朔州崇福寺弥陀殿平面图

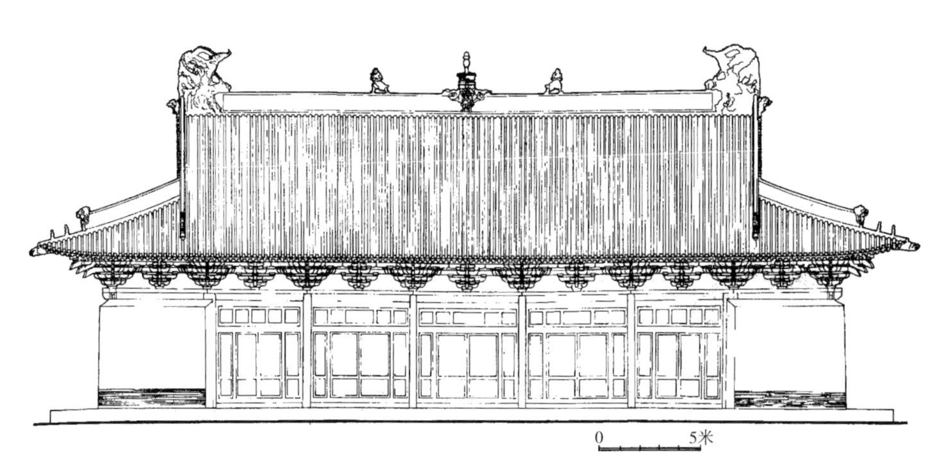

图4-36　山西朔州崇福寺弥陀殿立面图

弥陀殿面广七间，通面阔41.32米，进深四间，八架椽，通进深22.7米。单檐九脊顶。大殿台基高2.53米。四周台明自殿外檐墙皮向外各出3.7米。大殿当中三间，开间各为6.2米，梢间开间5.6米，两尽间又稍宽，开间5.75米。这种开间布置方式似乎较为少见。

殿内用了减柱与移柱的做法。两尽间为四间五柱，中间五间仅用两柱，且与前后檐柱不相对位。这种减柱或移柱的做法，较多见于金、元时代的木构建筑中。

大殿柱头斗栱用七铺作双杪双下昂，耍头为昂形，略似双杪三下昂形式（图4–37，图4–38）。第一跳跳头用了异形栱，第三跳单栱计心。檐下斗栱为逐跳单补间。后檐次间及梢间补间铺作，用了七铺作出四杪的做法。柱头铺作与补间铺作，内外檐均用了斜栱做法。这种较多使用斜栱的做法，表现了金代建筑的特征。

斗栱材高26厘米，厚18厘米，与《营造法式》二等材相吻合。

大殿构架为内外柱不同高，呈典型的厅堂式结构形式。梁架为彻上明造。构架为前后乳栿对四椽栿形式。殿内供奉的是西方三圣（图4–39）。

崇福寺弥陀殿外檐门窗，包括前檐当心间与左右各两次间，均为格子门。后檐当心间与左右次间为版门形式。前檐门槅扇为每樘四扇的做法。其中，两侧固定的边扇较窄，中间可以开启的两扇较宽。每扇门都为上下比例约为2：1的槅扇版，中间用腰串。下部装版，做牙头护缝。上部为格心，施各种不同的格子纹。弥陀殿前檐槅扇格心格子纹几乎各不相同。其格心做法多至9种形式，分别为四斜毬纹、四斜毬纹嵌十字花、方米字格、扁米字格、簇六橄榄瓣菱花、外带条纹框簇六橄榄瓣菱花、簇六条纹框菱花、外带采出条径簇六石榴瓣菱花、三交六瓣菱花等纹样（图4–40）。[①]

3．朔州崇福寺观音殿

位于弥陀殿之后的观音殿，面广五间，通面阔21.58米，进深三间，六架椽，通进深13.32米。单檐九脊顶（图4–41）。殿前后檐当心间间广5.3米，左右两次间间广各为3.88米，而两稍间却稍宽，间广4.26米。观音殿台明高出地表1.1米。殿前月台与台明宽度相当，但高度略低，其月台与观音殿前的弥陀殿台明相接，月台两侧各用踏阶、垂带，与地面相接。

柱头上用阑额、普拍方，方上施斗栱。檐下柱头斗栱为五铺作单杪单昂，重栱计心造并施与令栱相交的昂形耍头。里转第二跳华栱跳头，用了异形横栱。观音殿正立

① 参见郭黛姮. 中国古代建筑史. 第三卷. 第404～406页. 中国建筑工业出版社. 2003.

图4-37　山西朔州崇福寺弥陀殿当心间柱头铺作

图4-38　山西朔州崇福寺弥陀殿外檐柱头铺作

图4-39　山西朔州崇福寺弥陀殿室内西方三圣造像

图4-40　山西朔州崇福寺弥陀殿正面当心间格子门

图4-41　山西朔州崇福寺观音殿外观

图4-42　山西朔州崇福寺观音殿室内三大士造像

图4-43　山西大同善化三圣殿外观

面、背立面及两山逐间均用补间铺作。前后檐当心间用双补间，其余各间用单补间。前檐补间斗栱与柱头斗栱一样，为五铺作单杪单昂，出昂形耍头，后檐补间铺作，用五铺作出双杪，以普通耍头与令栱相交。

殿内梁架为四椽栿对乳栿用三柱的做法。四椽栿与乳栿的里端都插入内柱，内柱生至上平槫下。四椽栿上用蜀柱、叉手，上承平梁。乳栿上施劄牵，承下平槫。平梁上再用蜀柱、叉手，承脊槫。观音殿内佛座上供奉有明代所塑的观音、文殊、普贤三位菩萨（图4–42），其性质相当于三大士殿。与宝坻广济寺三大士殿不同的是，辽代创建的广济寺是将三大士殿设置为寺院的主殿，而供奉有明代三大士造像的崇福寺观音殿，却被设置在寺院中轴线的后部，其前还有弥陀殿与大雄宝殿。这种将弥陀殿与供奉有三大士的观音殿，布置在大雄宝殿之后的做法，或许反映的是明代的寺院布局制度，亦未可知。

4．大同善化寺三圣殿

三圣殿面广五间，进深四间，八架椽。殿内用了移柱与减柱的处理。通面阔32.68米，通进深20.50米。

当心间构架为八架椽屋六椽栿对乳栿用三柱做法。六椽栿上用蜀柱承四椽栿及平梁。平梁上用叉手及蜀柱。由于减柱与移柱，梁架形式比较灵活变化。屋顶起举较高，约为《营造法式》三分举一的殿堂式规则。但显得屋顶比较高峻（图4–43，图4–44，图4–45）。

斗栱用材为高26厘米，厚16–17厘米。柱头为六铺作单杪双下昂。里转四铺作出一杪，重栱计心。除前后当心间为双补间外，其余均为单补间。前后檐两次间补间为形式复杂的斜栱。由于斜斗栱造型繁复，使其补间斗栱显得十分硕大，十分引人瞩目（图4–46）。

图4–44　山西大同善化寺三圣殿剖面

图4–45　山西大同善化寺三圣殿纵剖

图4-46　山西大同善化寺三圣殿补间斗栱

图4-47　山西大同善化寺山门

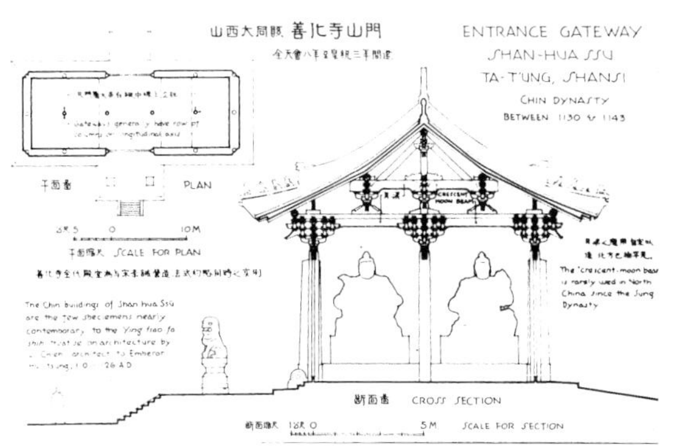

图4-48　山西大同善化寺山门剖面

图4-49　山西大同善化寺山门外檐斗栱

图4-50　山西应县净土寺大殿外观

图4-51　山西应县净土寺大殿外檐斗栱

5．大同善化寺山门

善化寺山门（图4–47），面阔五间，进深两间，四架椽。如《营造法式》分心斗底槽形式。通面阔28.14米，通进深10.04米。构架为四架椽屋前后乳栿分心用三柱形式，内外柱同高。柱子有生起，平柱高5.86米，角柱高6米，生起14厘米。屋顶为四分举一。室内彻上明造，用叉手，蜀柱，承脊槫（图4–48）。

外檐斗栱为五铺作单杪单昂，重栱计心造（图4–49）。两山及前后檐两梢间用单补间，前后檐当心间及次间均用双补间。补间斗栱为五铺作，单杪，上用插昂。

6．应县净土寺大殿与殿内小木作藻井

位于山西应县县城内北部佛宫寺之东一里许的净土寺是一座金代寺院。据清代《应州志》载，寺为金天会二年（1124年）由僧人善祥奉敕创建。至金大定二十四年（1184年），僧善祥又对寺院进行了重修。寺呈坐北朝南布置，现存建筑有大雄宝殿与西配殿。寺内主殿大雄宝殿为寺内唯一尚存金代遗构。大殿面广、进深各为三间。平面呈方形，单檐九脊屋顶，上覆绿色琉璃瓦（图4–50）。外檐斗栱为四铺作出单昂（图4–51）。逐间用双补间。

大殿内精美的天花藻井（图4–52），成为金代小木作遗存中最值得瞩目的案例。

净土寺大殿最重要的特点是殿内小木作天花。殿内屋顶部分以梁栿被划分为一个九宫格的形式，每一方格，均为一个藻井的造型。其中，以中央方格中的覆斗形藻井最大。藻井为方格内用抹角梁，形成斗八形式。方格的四个方向，各为殿挟屋式天宫楼阁。中央斗八格内，用细密的斗栱承托斗心板，内刻二龙戏珠造型（图4–53）。

应县净土寺大殿室内藻井，是保存至今的金代小木作装饰工艺精品。

图4–52　山西应县净土寺室内藻井

图4–53　山西应县净土寺大殿金代藻井

第三节　宋金木构楼阁建筑

一、两宋木构楼阁建筑

两宋寺院中主殿前往往会对称布置两座楼阁建筑，一般是经藏阁与钟楼对峙而立。河北正定隆兴寺大悲阁之前所存宋代双阁，分别是转轮藏殿（西）与慈氏阁（东）。这不仅保留了宋代寺院双阁的做法，也保留了两座极其珍贵的宋代楼阁建筑实例。

1．正定隆兴寺转轮藏

一种说法认为，后世藏经楼中所用转轮藏，始于南朝梁时双林大士善慧禅师傅翕，《神僧传》卷四："初大士在日，常以经目繁多，人或不能遍阅，乃就山中建大层龛，一柱八面，实以诸经运行不碍，谓之轮藏。……从劝世人有发于菩提心者，能推轮藏，是人即与持诵诸经功德无异。今天下所建轮藏皆设大士像，实始于此。"[①]

而明代人所撰《西湖游览志余》中则较为详细地提到了这件事情："高丽寺轮藏甚伟，宋时高丽国进金字藏经一部贮其中，到今犹有存者。原起于傅大士，以经目繁多，人或不能遍阅，乃就山中建大层龛，一柱八面，实以诸经，运行不碍，谓之轮藏。人有发菩提心者，推转是轮，即与持诵诸经无异。故今天下轮藏皆设大士像。"[②]

两个资料都认为转轮藏首出梁僧傅翕，但有关傅翕事在梁人撰《高僧传》中无传，初见于宋人所撰《禅林僧宝传》等。这些资料均出自宋以后的文献，我们尚难以确认转轮藏的做法始于南朝梁时。但从宋《营造法式》卷二十三中已有"转轮经藏"节，说明宋时转轮藏做法已经很普及。

隆兴寺转轮藏殿，是一座二层楼阁（图4–54）。从形制上看，为宋构。其面广三间，当心间广5.38米，次间广4.27米。通面阔为13.92米。进深三间，中一间宽4.67米，前、后间宽4.27米。其前有进深3.95米的抱厦，通进深为17.25米（图4–55）。

下层柱网，因设置转轮藏，有两根柱子移位，但上层柱网则比较整齐。殿为两层。中间没有暗层，前檐檐柱与内柱之间，用了弯乳栿，将下层结构整合在一起。因为取消了暗层，下层空间也比较高敞，便于安装转轮藏。

上层构架为乳栿对四椽栿做法。但在四椽栿下加了一柱，栿上则用蜀柱，与上层

① ［明］朱棣．御制神僧传．卷四．

② 钦定四库全书．史部．地理类．山水之属．［明］田汝成．西湖游览志——西湖游览志余．卷十四．

图4-54　河北正定隆兴寺转轮藏殿外观

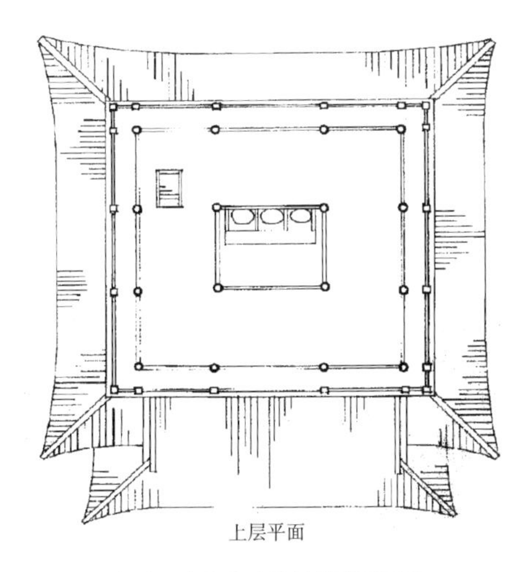

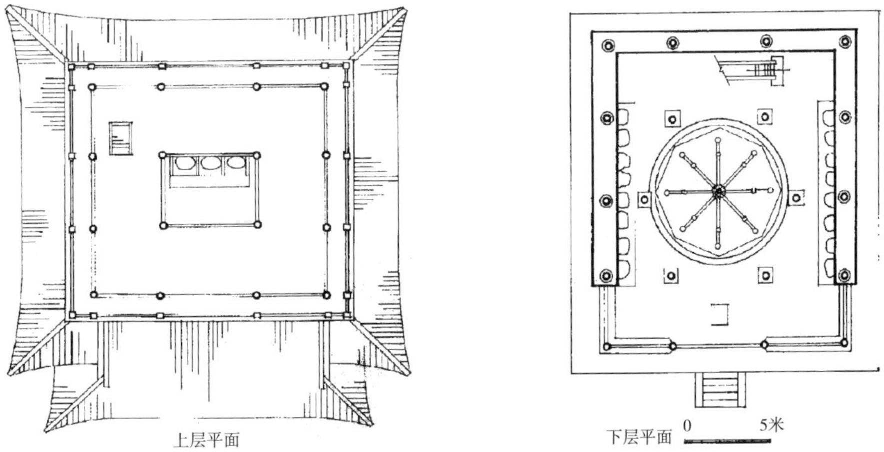

图4-55　河北正定隆兴寺转轮藏殿平面图

后内柱取同高，用以承平梁。平梁上用叉手、蜀柱承脊榑，做法与其他辽、宋建筑相同。并在四椽上用了一个如叉手一般的斜撑，撑扶着其上的蜀柱。这种做法，表现出一种结构的灵活与自如。

尽管楼层仅为两层，外檐柱子则分成三段，主要以插柱造的方式，上下联结。内柱则分为两层（图4-56）。

上檐柱头斗栱为五铺作单杪双昂，单栱计心。逐间用单补间。补间铺作的外跳与柱头铺作相同，里转为双杪，昂尾上彻下平榑。下檐柱头用五铺作出双杪，单栱计心造，里转出双杪，第一跳偷心。下檐补间铺作与柱头铺作相同。

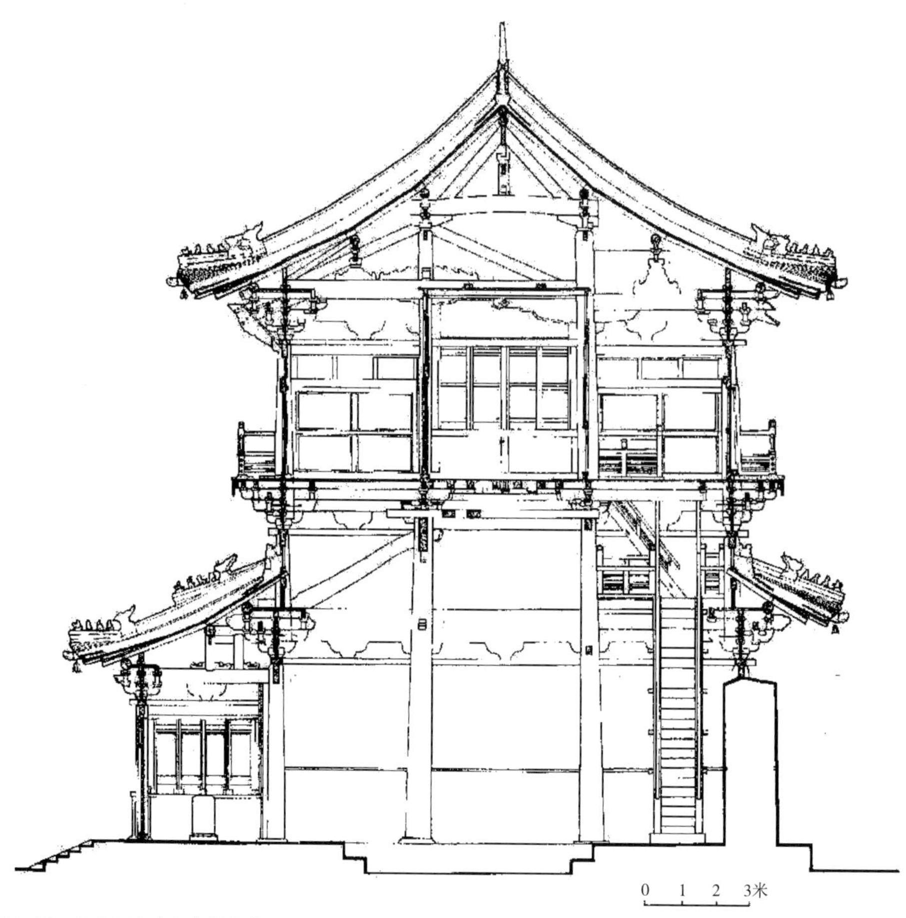

图4-56 河北正定隆兴寺转轮藏殿剖面图

图4-57 河北正定隆兴寺慈氏阁外观

殿内转轮，是现存最早的转轮实例。形式为重檐八角亭，中心有转轴，轴下端在殿内地坑中用了一个藏针（如转轴），上端在大木构架上，形成一个支架。转轮高2.5丈（8.0米），每边长8尺（2.6米）。由藏座、藏身、藏顶组成。藏顶为一个上圆下八角的重檐式屋顶造型，上檐与下檐下都用了八铺作斗栱。与《营造法式》中最高等级的八铺作斗栱完全吻合，且是国内唯一的孤例。下檐外观似为三间，当心间用垂柱形成。当心间用双补间，次间用单补间。上檐圆顶不再分间。

2．正定隆兴寺慈氏阁

慈氏，是佛教中弥勒佛的另外一种译法。慈氏阁，就是弥勒阁。正定隆兴寺内供奉一尊弥勒的立像。故其室内空间通贯上下，但外观却是一座二层的楼阁，造型与其对面的转轮藏殿十分接近（图4–57）。

其阁主体部分亦为方形，面广与进深各为三间（图4–58），但是，其下层柱网中，省去了前两根内柱，两根后内柱则直接贯通两层。但是，在第二层上，则出现了两根前内柱，前内柱立在位于首层柱头标高位置的两根通梁之上。结构显得大胆、洗练（图4–59）。与转轮藏殿一样，首层前檐用了一个抱厦，从而增加了室内礼佛空间的深度。

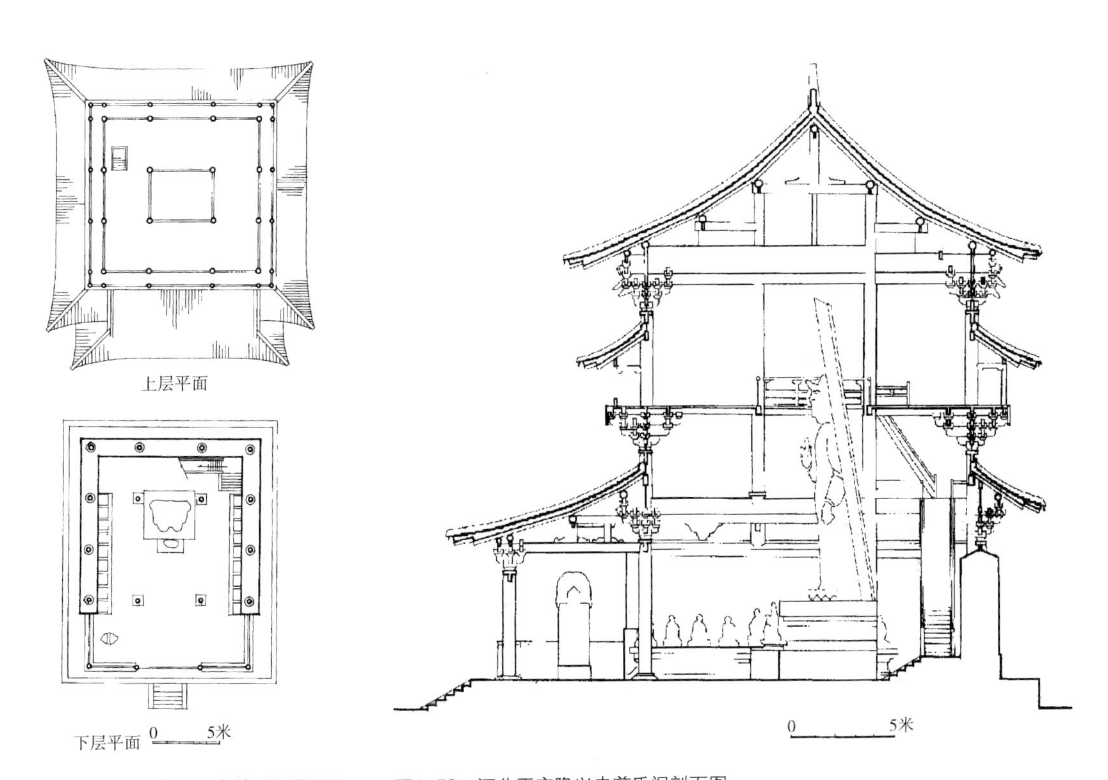

图4–58　河北正定隆兴寺慈氏阁平面图　　图4–59　河北正定隆兴寺慈氏阁剖面图

其上檐斗栱用五铺作单杪单昂，但却是假昂。并用了昂形耍头。这种做法可能是后世重修的结果，从梁架看，上檐做法也非宋式结构。

二、金代木构楼阁建筑

1．大同善化寺普贤阁

大同善化寺内最具特色建筑物，就是金代遗构普贤阁。这是一座二层木楼阁，阁平面三开间，上层楼阁坐落在首层屋檐上的平坐上。屋顶为九脊厦两头造，整座楼阁显得端庄、挺拔。

普贤阁虽是一座金代楼阁，却与尚存的正定隆兴寺内的两座北宋楼阁遗构转轮藏殿与慈氏阁在结构与造型上大相径庭。如果说正定隆兴寺的两座北宋楼阁，在造型上更加曲婉，在结构上更加大胆，而大同善化寺普贤阁，则显得更为端庄与质朴，结构上似乎也更为保守。客观地说，善化寺普贤阁在造型上，似更接近比其时代更早的辽代风格，气韵上与建于984年的蓟县独乐寺观音阁似有异曲同工之妙，带有某种古拙、厚重意味（图4-60）。

造成这一特点的原因，一是，善化寺是在辽代既有寺院遭到火焚之后重建的，很可能借鉴了原有辽代楼阁的结构与造型；二是，大同地区处于雁门关之外，其文化气质上，与代北文化的粗犷与质朴更为接近，故尽管可能受到两宋文化影响，但其直接

图4-60　山西善化寺普贤阁外观

承袭的辽代建筑与文化痕迹，可能更多一些。

2．晋城陵川西溪二仙庙梳妆楼

除了善化寺普贤阁之外，可以称道的金代楼阁，当属山西晋城陵川西溪二仙庙的两座梳妆楼了。二仙庙，又称“真泽宫”，是以地方信仰为特征的庙宇。显然，这两座楼阁无法纳入佛教建筑的范畴。但事实上，从建筑的造型与结构，很难将佛教寺院建筑与地方信仰中的祠庙建筑加以区分。至少，透过这两座保存尚好的金代楼阁，可以略窥金代佛寺中楼阁建筑的结构与外观。

二仙庙创建于唐乾元年间（758—759年），于北宋崇宁年间（1102—1106年）被加封为真泽宫，金皇统二年（1142年）庙宇进行了扩建。庙内现存金代遗构后殿与梳妆楼，应是这次扩建中的产物。

后殿前东、西梳妆楼，均为两层三檐式楼阁建筑，梳妆楼面阔三间，进深三间，平面略呈方形。上下两层皆设回廊，因其柱网为内外两圈，且皆为三开间见方，内外当心间间广相同，但内圈柱两稍间间距较小，从而形成内外柱间的回廊（图4-61）。二层则在平座檐柱间设勾阑，形成二层回廊。梳妆楼二层用重檐屋顶，阁顶为九脊厦两头造形式（图4-62）。

图4-61　山西陵川西溪二仙庙右梳妆楼外观

图4-62　山西陵川西溪二仙庙梳妆楼二层平坐

第四节　两宋时期佛塔建筑遗存

中国古代建筑遗存中，尤其以佛教塔幢为多，且时代跨度也最大。

最早的佛塔，可以追溯到南北朝时期；隋唐时期佛塔遗存也很多，而两宋、辽、金，甚至西夏，都有佛塔建筑遗存。佛塔在建筑材料的应用上也不拘一格，结构形式多样；造型上，更是千变万化。

据统计，10世纪至13世纪的建筑遗存中，砖石塔幢的数量最多，较为著名的就有80多座。而已经列为国家级文物保护单位的就有20余座。

这一时期的佛塔，从材料上分，有木塔、石塔、砖塔、砖心木檐塔，甚至铁塔、陶塔；从造型上分，有多层楼阁式塔、多层密檐塔，以及造型比较奇特的华塔；从平面上分，多为八角形平面塔，但也有少量方形平面塔。

一、宋代木构佛塔

尽管史料记载中有过许多木造佛塔，特别是自南北朝至隋唐时期，木构佛塔的建造达到了一个很高的水平，但两宋时代建造的木塔，却因为历史的不幸而没有一座留存。但这并不能证明两宋时期，没有木构佛塔的建造。我们从史料中，常常可以窥见两宋时期高层木塔那渐渐隐去的影子。

如宋人欧阳修提到的汴梁开宝寺塔："开宝寺塔在京师诸塔中最高，而制度甚精，都料匠预浩所造也。塔初成，望之不正而势倾西北，人怪而问之。浩曰：'京师地平无山，而多西北风，吹之不百年，当正也。'其用心之精盖如此。"[①]这座木塔不仅十分高大，而且在建造之时，还考虑到了气候及风荷载等因素的可能影响，而做了事先的结构处理，这一点也说明了北宋时代在木构技术上所达到的水平。

然而，令人感到不解的是，在两宋建筑实例遗存中，却没有能够保存下一座这一时期建造的纯木构佛塔。实例中所建两宋佛塔，除了砖石塔之外，还有一些砖心木檐塔，其外观虽然像木构佛塔，但其真实结构却是砖石筑造的，只是用了木构的塔檐。现存实例中没有发现两宋木构佛塔，这不能不说是一个极大的遗憾。

---

① ［宋］欧阳修．欧阳修集．卷126．归田录卷一．

二、宋代砖石塔

如果说辽代砖塔，兼有楼阁式与密檐式两种形式，金代砖塔，几乎都是密檐式塔；而宋代塔，除了少量分布在四川地区的方形密檐塔，如宜宾旧州白塔、乐山灵宝塔外，多为楼阁式塔。且材料选择上，有砖筑楼阁式、石筑楼阁式，以及琉璃饰面式楼阁式塔等多种砖石楼阁式塔做法。

（一）砖筑楼阁式塔

宋代砖筑楼阁式塔，在造型上，与辽人所建的砖筑楼阁式塔比较接近。如四川大足北山的多宝塔。但最为重要的，是建造于辽、宋边界附近，具有军事瞭望性质的河北定州开元寺北宋料敌塔。

1. 定州开元寺料敌塔

据地方志载，定州料敌塔，因定州开元寺僧人会能去天竺取经归来，宋真宗咸平四年（1001年）下诏建塔，至仁宗至和二年（1055年）全塔落成，前后经历了55年之久。虽然说是为纪念天竺取经之事，但定州位处辽、宋边界，建塔可能兼有瞭望敌情之功能，故称“料敌塔”。也许正因为这一功能，这座塔建造得特别高，其总高达到了84米，且内部有楼梯可以登临到最高一层。从所存古塔遗存看，这是中国境内所存历代佛塔中，最高的一座砖塔（图4–63）。

料敌塔平面为八角形（图4–64），高为11层。首层较高，在叠涩短檐上，用了一层叠涩式平坐。以上各层只用叠涩短檐，而不用平坐。但各层塔四个正面，都辟有拱券洞门。其余四个面，则为砖砌假窗的形式。每层假窗的砖雕几何形式也各不相同。

塔内各层用砖砌叠涩式回廊，通过回廊可以到达各层的门洞券口。故塔中央并没有塔心室空间。只是在各层间，穿过这个塔心结构来布置斜向的楼梯。楼梯呈纵横交错十字交叉的布置形式，从而使荷载更均匀地分布在塔身的各个方向上。二、三层回廊内是用砖砌斗栱，其上用砖砌平棊顶。四至七层，斗栱之上的平棊改为木制。八层以上回廊内，不再用斗栱、平棊，而为砖筑拱券顶的形式（图4–65）。

站在高出地面70多米的空旷平原上，如果对方有大规模的军事动向，无疑是可以观察得十分清楚的。因而，这座佛塔，也兼有了军事的功能。

2. 安徽蒙城万佛塔

安徽蒙城万佛塔，位于一个湖心岛的兴化寺旧址上。塔建于北宋崇宁七年（1108

图4-63　河北定州开元寺料敌塔

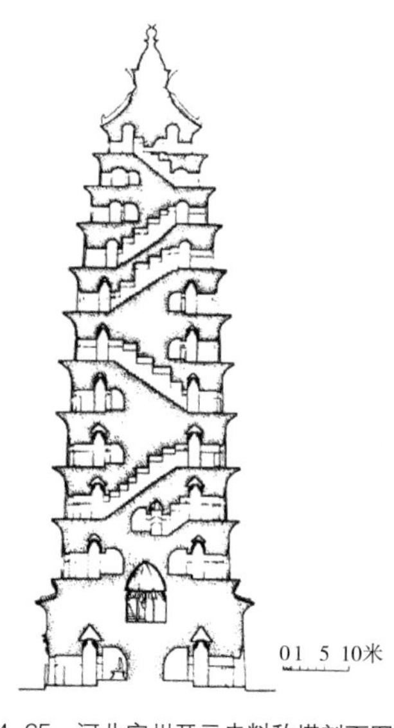

图4-65　河北定州开元寺料敌塔剖面图

图4-66　安徽蒙城万佛塔外观

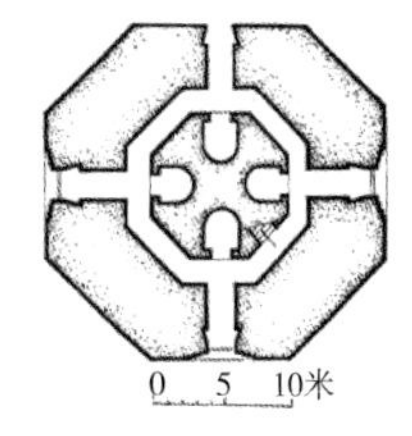

图4-64　河北定州开元寺料敌塔平面图

图4-67　安徽蒙城万佛塔塔身及塔檐细部

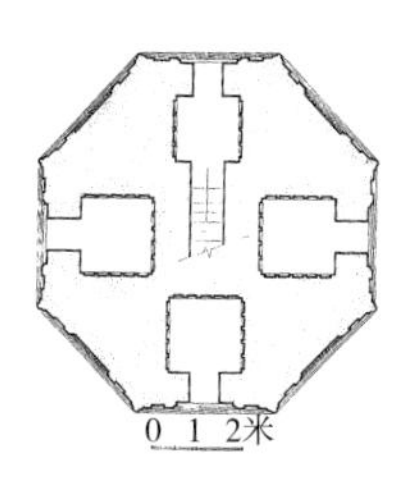

图4-68　安徽蒙城万佛塔首层平面图

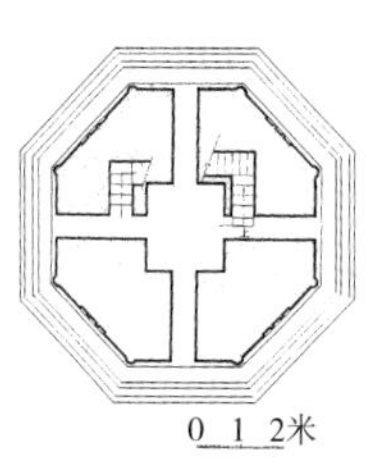

图4-69　安徽蒙城万佛塔七层平面图

图4-70　安徽蒙城万佛塔剖面图

年）。此塔所在的寺院，在宋代时称兴化寺，故称“兴化寺塔”。元代时，在塔西建有慈氏寺，又改为“慈氏塔”。今仅存塔，且塔内外有琉璃砖面佛像近万尊，故称“万佛塔”（图4–66，图4–67）。

塔为楼阁式，平面为八角，高13层。底层每边的长度为3.1米，总高42.5米，各层的平面也有不同，有带回廊的，有中央方形或八角形塔心室的（图4–68，图4–69）。塔身立在一个基座之上，外观有较明显的收分，第一层塔身稍高，并在北面设有一个塔门。以上各层逐层高度递减。塔内外壁以雕有佛像的砖镶砌，大部分镶嵌的雕砖都是琉璃砖，琉璃砖色分黄、绿、褐三种。多为一佛二弟子，或一佛二菩萨的造型。粗略统计，全塔大约镶嵌有8000余尊佛造像。塔内的楼梯也比较灵活，在塔身较粗的一、二层，楼梯中塔心斜穿而过；在上部塔身较细处，楼梯则沿方形塔心室环绕而上（图6–70）。

3．苏州罗汉院双塔

在大殿前设双塔的做法，在唐代寺院中就有，宋、辽、金时代渐多见。苏州罗汉院双塔就是一个例子。塔创建于宋初的天平兴国七年（982年），虽经后世修缮，但基本保持了宋代的风格与形制（图4–71）。

双塔位于苏州东南定慧巷罗汉院内原罗汉院大殿前院，分别称“功德塔”、“舍利塔”，但两塔形制相同。塔为八角7级，空筒楼阁式塔。塔的高度略有不同，但都在30米左右。首层塔身四面各辟一门，可以通到塔心室。塔心室除二层为八角形外，其余各层为方形。每层以45° 交错布置，因而使塔身结构受力均匀（图4–72）。

塔为砖筑结构，但外观为木结构形式。塔檐亦为砖构叠涩而出，檐上覆瓦，其上用石砌平坐。各层塔檐上用了瓦顶、翘角，塔身亦用倚柱、门洞、直棂假窗、阑额、斗栱等，外观与木构塔十分接近（图4–73，图4–74）。

罗汉院双塔的塔刹十分巨大，刹座是一个须弥座，其上用7重铁制相轮，刹顶覆宝盖，其上再宝珠、宝瓶叠合而成。整个塔刹的高度接近全塔的1/4高。

（二）砖筑琉璃饰面塔

宋代时开始较大量使用琉璃，蒙城万佛塔上镶嵌了大量琉璃佛像雕砖。而开封祐国寺铁塔则是一座砖筑全琉璃贴饰的楼阁式，因其琉璃色接近铁红色，故俗称“铁塔”。例如开封祐国寺铁塔就是一例。

图4-71　江苏苏州定慧寺巷宋代罗汉院双塔

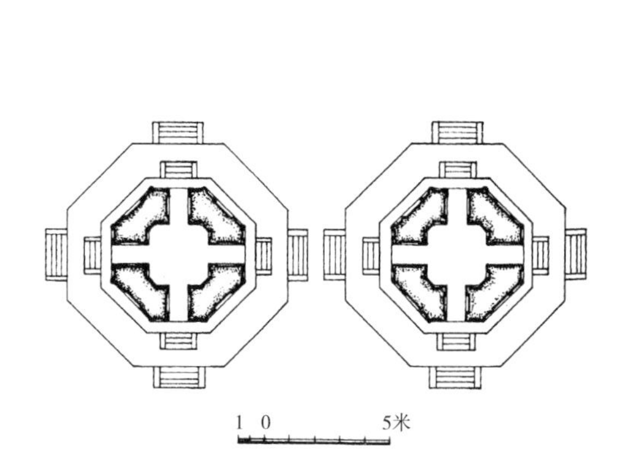

图4-72　江苏苏州罗汉院双塔平面图

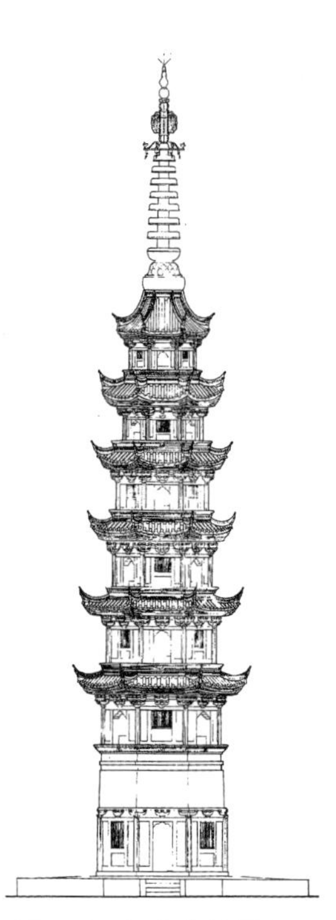

图4-73　江苏苏州罗汉院双塔东塔正立面图

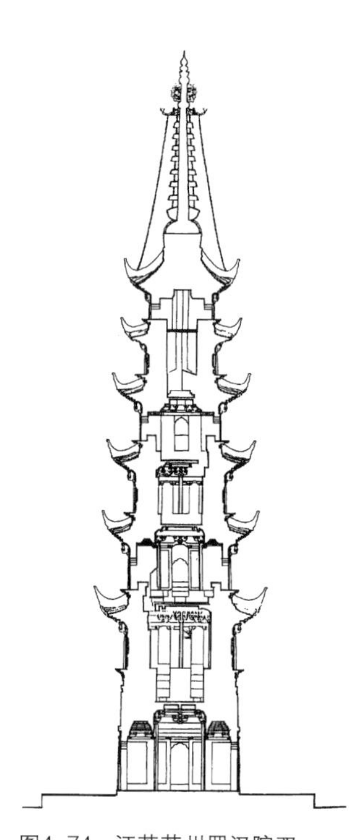

图4-74　江苏苏州罗汉院双塔东塔剖面图

开封祐国寺塔位于开封城内，这里宋初时是著名的开宝寺，寺内曾经有一座高大的木塔，称“开宝寺塔”。木塔遭焚后，北宋庆历年间（1041—1048年），重建了这座琉璃饰面的砖筑塔（图4–75）。

塔高13层，高度为54.66米，平面八角形（图4–76）。由于塔身细挺，故仅在第一层和顶层设置可供人停留的塔心室，其余各层仅容塔梯空间。塔首层北面设一塔门。塔身四面辟窗，但仅有一面为真窗，其余各面为假窗。假窗内则安有佛龛。真窗位置随楼梯旋转方向而变化。

塔身及塔檐均为琉璃砖包砌。塔身四个正面饰为圭角形塔门及佛龛。佛龛中的佛造像，都是整体烧制而成的琉璃造像。塔表面饰佛像、菩萨、飞天、麒麟、龙、宝相花等。塔檐用琉璃砖瓦，檐下用琉璃斗栱。斗栱的形式，已经比较细密，每面的补间斗栱有六朵之多。

由于要整体镶嵌，所以，塔身的建筑构件必须要标准化、定型化。其外立面所镶砌的仿木构门窗、倚柱、斗栱、阑额、塔檐、平坐等，均由28种不同的标准型构件拼砌而成。这种预制标准化构件的思路，应该是从木结构的拼装中积累出来的经验，但琉璃砖镶嵌技术也能够达到如此高的标准化程度（图4–77），反映了北宋时代建筑构件在设计与生产方面的工艺水平已经很高。

（三）石构楼阁式塔

宋代还建造了一些石塔。石塔多为小塔，但也有大体量的石筑佛塔，如泉州开元寺双石塔。

1．泉州开元寺双石塔

泉州开元寺，应该是唐代就有的寺院。五代后梁贞明二年（916年）时，闽王王审知曾在这里建有两座木塔。南宋时因火而遭焚，后改为砖塔，又改为石塔。

塔为仿木楼阁式，两塔分立于大殿前两侧，两塔的距离大约有200米。西为仁寿塔，东为镇国塔（图4–78）。两座塔的平面都为八角形，筒体带塔心柱结构。外观仿木构。塔心用实心八角形石柱体（图4–79）。

西塔仁寿塔高45.066米，须弥座高1.2米，八角形边长7.6米，对角长22米。首层外围周长44.48米。塔身上下有收分，沿对角线方向，每层收进1米，至第五层，收进1.6米（图4–80）。

东塔镇国塔高48.27米（图4–81），八角形平面，其基座为须弥座形式。塔身首层

图4-75　河南开封祐国寺铁塔

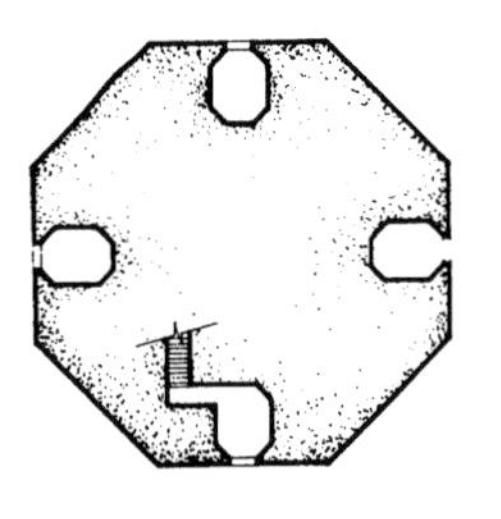

图4-76　河南开封祐国寺铁塔平面图

图4-77　河南开封祐国寺铁塔琉璃饰面细部

图4-78　福建泉州开元寺双石塔（南宋）

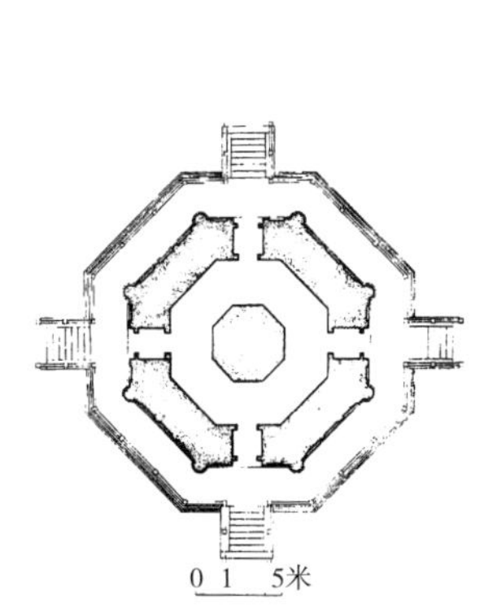

图4-79 福建泉州开元寺仁寿塔平面图

图4-80 福建泉州开元寺仁寿塔

图4-81 福建泉州开元寺镇国塔

每面边长7.5米，须弥座对角线长18米。首层外围周长46.4米。故比西塔略粗，亦略高。两塔在细部处理上也略有不同（图4-82，图4-83），两塔的塔刹都是金属塔刹，有覆钵，及7层相轮和火焰纹饰及宝珠组成。塔刹周围用八条铁链将刹尖与塔顶八角拉结在一起（图4-84）。

2．四川邛崃石塔寺石塔

另外一座南宋时代所建的石塔为四川邛崃石塔，称“释迦如来真身宝塔”。位于四川邛崃高兴乡石塔寺内。寺原称“大悲寺”，为南宋乾道五年（1169年）创建。塔亦同时建造。但寺内其他殿堂，因是木构，已非原物，仅石塔仍是南宋时初建之物（图4-85）。

塔位于寺山门前，在沿寺院中轴线向前的延伸线上。塔平面为方形（图4-86），为13级密檐塔，高约17米。由棕红色砂岩砌筑而成。塔下是在一个方形基座上，雕有须弥座。须弥座上为首层塔身，但首层塔外加了一圈副阶。副阶仿木构柱廊形式，用柱础、柱子、阑额、屋顶等，但皆为石筑。塔身首层四面各设假门。门上有石制匾额，额上有“释迦如来真身宝塔”字样。

首层以上再用12层塔檐，但上部塔形呈梭形，上下均收分，中间偏下部分较粗。造型十分优雅。各层檐下有三个小佛龛，内有石刻佛像。檐为石刻叠涩造型。塔刹亦为石筑，用两重覆钵，顶上冠以宝珠（图4-87）。

图4-82　福建泉州开元寺仁寿塔台基细部

图4-83　福建泉州开元寺镇国塔塔基细部

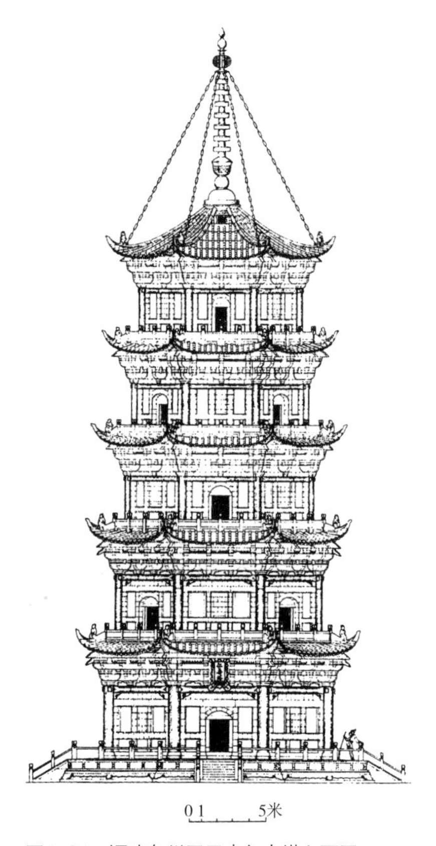

图4-84　福建泉州开元寺仁寿塔立面图

图4-85　四川邛崃石塔寺石塔外观

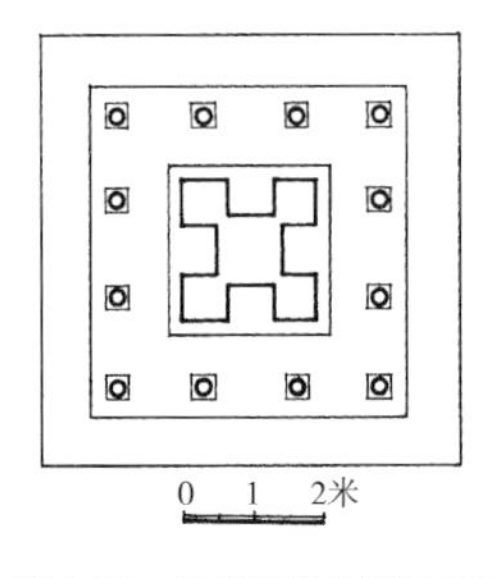

图4-86　四川邛崃石塔寺石塔平面图

图4-87　四川邛崃石塔寺石塔立面图

（四）砖心木檐塔

南方地区的宋代塔中，较为多见的一种佛塔形式，为砖心木檐式塔。这是一种外观与木楼阁式塔十分接近的佛塔造型。且这种塔多为可以登临的高塔。这与两宋汉文化中，包含有更多儒家实用理性思想的影响可能有所关联。

1. 江苏苏州瑞光塔

苏州有两座宋代所建的砖心木檐塔，苏州报恩寺塔与苏州瑞光塔。报恩寺塔塔心仍为宋构，但外檐已经因为后世的维修，而改为清式做法，风格上已非宋代佛塔造型，其塔檐、角翘，更像一座清代南方塔的形式（图4–88）。相同的例子，还有著名的杭州钱塘江畔的六和塔。这也是一座宋代砖心木檐塔，但其塔外檐，经过清代的重修以后，变得臃肿、粗拙，远没有依其砖筑塔心而建的宋代原构那么秀丽（图4–89）。

苏州瑞光塔，原为苏州瑞光寺塔，但寺已毁，仅余此塔（图4–90）。寺在三国吴时就有，初称“普济禅院”，宋代改称“瑞光寺”。从现存塔内塔心室所刻北宋佛像题记及其他文物，可知塔建于宋大中祥符二年（1009年）至天圣八年（1030年）间。塔平面为八角形（图4–91，图4–92），外观为7层楼阁。首层塔檐下有副阶，副阶之上用平坐，但并无重檐的处理，故外观仍为7层檐（图4–93）。

各层塔身都用了塔檐与平坐两层。塔身各层腰檐下用五铺作斗栱，为单栱计心卷头造的做法。扶壁栱为砖筑塔心上所用的砖刻斗栱形式。平坐斗栱也用五铺作。出跳斗栱与塔檐为木制。如平坐华栱，其长约1.35米，嵌入砖墙之内的长度为0.51米，挑出的部分，就有0.84米。嵌入墙内的部分约占木构件的1/2或2/5左右。如此处理的外观，与木造楼阁式塔十分接近。室内则在厚墙之内，采用中空回廊式的做法，有一个中心塔柱。第五层以下的塔中心柱为砖砌实心柱，顶上两层用木制中心柱。塔内回廊也用了砖刻仿木斗栱、梁方的做法。如二、四层回廊内的月梁，如同木构月梁一样。

2. 浙江湖州飞英塔

另外一座宋代南方砖心木檐塔为浙江湖州的飞英塔（图4–94）。这座塔有内外两座塔组成。其外是砖心木檐楼阁式塔，塔内另有一座石雕小型舍利塔（图4–95）。据地方志，飞英塔创建于唐咸通五年（864年），寺内有舍利石塔。曾在舍利塔外建木塔。南宋绍兴十二年（1142年），因遭雷击而毁，复建一砖心木檐塔。从塔内的题记看，这座塔大约在南宋绍兴至嘉泰间建造的。

塔虽为宋建，但明、清及近代多有维修。最初塔为佛教舍利塔，但后来随着风水

图4-88　江苏苏州报恩寺塔外观

图4-89　浙江杭州六和塔外观

图4-90　江苏苏州瑞光塔外观

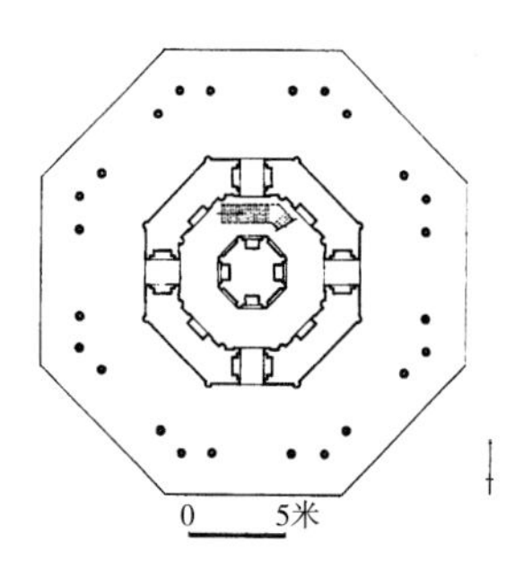

图4-91　江苏苏州瑞光寺塔首层平面图

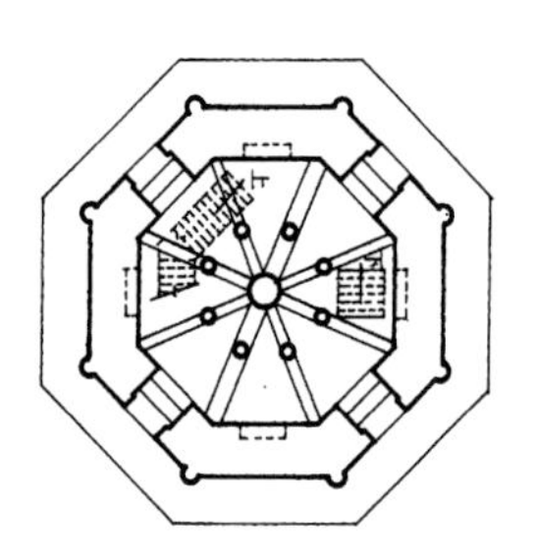

图4-92　江苏苏州瑞光寺塔六层平面图

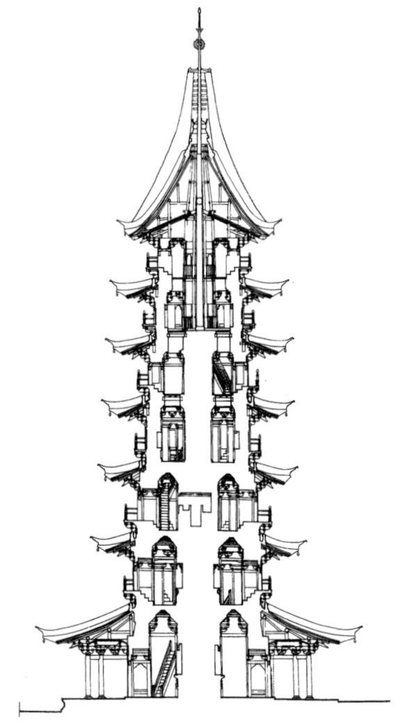

图4-93　江苏苏州瑞光寺塔剖面图

图4-94　浙江湖州飞英塔内的小石塔

图4-95　浙江湖州飞英塔外观

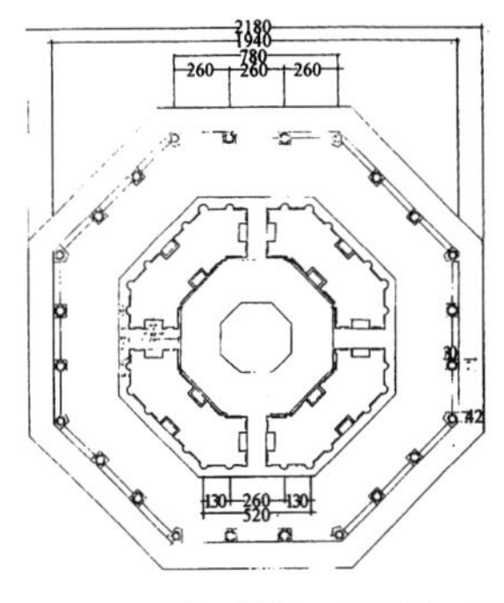

图4-96　浙江湖州飞英塔平面图

图4-97　浙江湖州飞英塔立面图

观念兴起，有被地方之人视作“风水塔”，认为该塔有“实主文运”的风水功能。

塔为八角7层。采用厚壁筒体式结构，底层亦有副阶（图4-96）。副阶上不设重檐，只设平坐，与苏州瑞光塔的做法十分接近。外观为7层塔檐。并有6层塔身平坐。塔檐、平坐都为木结构做法，用腰檐、斗栱，及平坐勾阑等等。塔顶十分高峻，顶上复有比例修长的塔刹（图4-97）。副阶木构是20世纪80年代修复时复原修缮的结果。塔身各层用倚柱分为三间，首层当心间宽2.5米，次间宽1.3米。四个正面有门洞，洞宽0.91米，高2.83米。门洞上部为壶门式造型。其余四面则雕成壶门式壁龛，宽0.91米，高1.99米，壁龛也为有方柱、阑额、地栿的仿木构形式。

塔内中心所存5层八边形塔，残高14.55米，底层边长0.75米。也是一个楼阁式塔造型。在第五层设有天宫，并有刹柱。内塔中有佛涅槃、一佛二弟子、西方三圣，及小佛龛等雕刻。

第五节　金代佛塔建筑实例遗存

1．正定临济寺澄灵塔

河北正定临济寺澄灵塔（图4–98）与山西浑源圆觉寺塔（图4–99）都是较为典型的金代所建密檐塔。

正定临济寺是禅宗临济宗的祖庭。始创于唐咸通八年（867年）。原塔是为收藏临济宗创始人义玄禅师的衣钵所建。现存塔为金大定二十五年（1185年）重建的遗物。俗称“青塔”。塔平面为八角形，造型为砖筑实心密檐塔。塔高30.37米，塔下为一个八角形石砌台基，基高1.3米，每面宽5.3米。台基之上用双重须弥座塔基。须弥座的束腰部分雕刻有花鸟图案，其上为仿木构砖雕斗栱、平座、栏杆；并雕有三层仰莲承托塔身。塔身第一层较高。首层正面刻有拱形门，及棂窗。转角用圆形倚住。

首层以上用8层密檐，除第一层椽飞和各层角梁为木制外，其余各层檐下斗栱和平座栏杆均为砖仿木构形式。塔顶为砖雕刹座，铁铸塔刹。塔刹由相轮、仰月、宝珠组成。

2．山西浑源圆觉寺塔

山西浑源县城内北部尚存一座金代砖构密檐塔，称“圆觉寺塔”，说明寺曾位于圆觉寺内。塔创建于金正隆三年（1158年），在明代成化五年间（1469年）、万历四年（1576年）及清咸丰九年（1859年）曾经做过维修。塔平面为八角形，有9重密檐，塔高约26.7米（图4–100）。

塔身下用八角形台基，上承一个须弥座。台基与须弥座的总约为4米。须弥座束腰上用角柱、中柱加以分割，其间凿有壶门，内用团窠造型。团窠内有砖刻舞乐人物等浮雕造型。须弥座上用砖雕两跳仿木砖斗栱承平座，其上用砖叠涩内收为台，其上承首层塔身。首层塔四面辟有拱券式门，但仅在南面设有可以进入塔内的真门（图4–101）。

首层塔内有内室空间。塔内正中塑有释迦牟尼佛造像，内室四壁绘有壁画。其余三个假门，或做半开状，或做虚掩状，或做紧闭状，颇具空间想象的意匠。除四个正面之外的四个面，则雕作直棂窗的形式。

首层塔身八角形，各有倚柱，柱头上用砖雕阑额、普拍方，上置砖砌仿木斗栱。斗栱为五铺作出双杪，上用令栱，承砖刻替木、檫风槫，其上为首层塔檐。除转角铺作斗栱外，每面逐间各用一朵补间铺作。其上各层塔檐较为简洁，仅为砖叠涩出檐。第九重檐下用角柱、壁柱，形成一段塔墙，其上塔檐也比较高翘，形成塔顶部的收

图4-98　河北正定临济寺澄灵塔外观

图4-99　山西浑源圆觉寺塔

图4-100　山西浑源圆觉寺塔

图4-101　山西浑源圆觉寺塔基座

束。第九层塔檐之上为上为仰莲式受花，其上用覆钵式刹座承铁制塔刹。刹为仰莲上施覆钵、相轮，及宝盖、宝珠等。刹尖上有一只凤首向西的铁制翔凤，也是其刹的一个特征。

3．北京银山塔林金代高僧墓塔

北京昌平区天寿山东北海子村西南的银山南麓有一组塔林建筑群，是辽金时代燕京银山法华寺的高僧墓塔。据称法华寺创于金天会三年（1125年），寺内高僧圆寂后，往往建塔瘗葬，渐渐形成了一组塔林建筑群。现存银山塔林中尚存的7座砖塔中，有5座为金代的遗构，另有2座为元代砖塔。所存金代墓塔的形制比较接近，造型皆为八角密檐式砖塔，高度约在20—30米（图4-102）。

这5座金代墓塔，在造型上，与常见的金代密檐塔十分接近，均为在塔基座上施须弥座，其上用砖雕仰莲，上承首层塔身。首层塔身在四个正方向上凿拱券式门，其余四个方向上则凿为方窗。首层塔身八角形，各用倚柱，上用阑额、普拍方，承斗栱。其中主要的3座金代墓塔上，用了13重密檐。另外两座这仅有7重或9重密檐。除首层塔檐外，其上各层塔檐为砖筑叠涩出檐。塔顶为八角形屋顶，上用砖筑塔刹。各塔的塔刹在造型上有明显区别。

这一组金代塔林的特点是，规模尺度比一般墓塔高大，且彼此之间似有整体的布局考虑，从而表现出与寺院中的舍利塔或佛塔截然异趣的建筑空间特征。

4．河北昌黎源影寺塔

河北秦皇岛市昌黎县城内西北隅存有一座金代砖筑密檐塔，称“源影寺塔”。从塔名可知，其塔原为源影寺中的一座佛塔。关于源影寺史的详细资料，无从了解。塔为砖木混合结构的八角密檐造型，高约36米，有13重塔檐（图4-103）。

从形制上看，塔明显为辽金时期的造型。据称有专家将塔确定为金代的遗构。整座塔由塔身基座、平坐、仰莲座、首层塔身、13重密檐、塔刹等部分组成。塔身为砖构，但各层塔檐则为木制的檐椽与飞椽。

源影寺塔是在两层八角斜坡状基座上用须弥座，须弥座为角柱与隔间版柱及上下枋。须弥座之上用斗栱承砖筑勾阑。勾阑之上用仰莲。仰莲之上承首层塔身。源影寺塔的首层塔身在造型上十分奇特。塔身的每面为一座城楼的造型。两侧转角处，处理成为左右两阙的形式。阙之转角处凿有龛，龛内各有一座小型密檐塔。城门及角阙上有砖筑楼阁造型（图4-104）。使塔之八面如同天宫楼阁的样子，其上的塔身，就如从天宫楼阁上冲天而起。

图4-102　北京银山塔林中的五座金代密檐砖塔

图4-103　河北昌黎源影寺塔

图4-104　河北昌黎源影寺塔细部

结语

两宋与金代，在文化上既有传承与影响，又有各自独立的特征。两宋时代其实本身就可以区分为两个阶段，北宋早期与中期的建筑，表现为较为敦厚与朴实的特点。特别是北方地区的宋代建筑，在圆柔中，其实也多少透露出质朴与坚毅的品格。

到了北宋晚期，以及南宋时期，建筑与艺术，更多地浸润了江左文化中儒雅与文弱的氛围。建筑更显曲折、细腻，装饰开始变得繁缛、精美。从宋元界画中透露出来的南宋时代的楼阁建筑，更显得造型奇巧，装饰繁缛（图4-105）。

金代的建筑与艺术，既有可能多少承续了北方辽代的艺术传统，又在相当程度上，受到两宋文化的浸染与影响，当然，金人固有的放浪与不拘一格，也会深深地影响到其建筑、装饰与艺术。

金代建筑在大的结构与造型上，多少与同时代的南宋建筑相接近，例如，金代建筑的门窗雕刻的纹样，就显得十分多样与繁缛，颇有南宋建筑的影响的痕迹。但是，金代建筑室内结构的移柱与减柱做法，金代木构梁架的简单与大胆，其檐下斗栱中大量使用斜栱的做法等，都显示出了金人特有的放浪不羁的艺术趣尚与风格特征。

图4-105　元画《金明池图》中表现的宋元楼阁造型

第五章　放浪不羁元蒙风

引子　元代艺术一瞥——包容放浪

有元一代的佛寺建造，尽管基本上沿袭了前代宋、金的大略手法，但因为元统治者对于藏传佛教的特别青睐，元代皇家或官造寺院中，藏传佛教寺院开始占有了较大比重，元代兴起的喇嘛塔造型，也开始出现在京师及地方寺院中。元代佛造像艺术，无疑也受到这种倾向的影响，如在杭州飞来峰尚存的元代石刻造像（图5-1），就多少带有一些藏传佛教影响的痕迹。

从艺术角度观察，藏传佛教佛造像，体态比较壮硕，面部在威严、慈悲中，多少显出一点现世人物的真切感。佛造像的面部多为上额方阔，面颊圆润，细目纤眉，口角深陷，眼睑厚重，耳垂偏大（图5-2）。其中除了藏传佛教佛造像本身的影响之外，可能还有元代时来自中亚地区工匠与艺师们，对于造像艺术的种种理解与发挥。

尽管现存元代寺院保存的不多，寺院中的元代佛造像也极其罕见，但从已知的一些资料，可以看出元代在艺术上的开放与包容。在元统治区的各地，不仅有佛寺、道观，也不仅有藏传佛教寺院，还有来自欧洲的十字寺，来自中亚的清真寺，以及来自波斯的祆教、摩尼教（明教）寺院，其在宗教上的包容与开放，几乎是有史以来最为明显的。

文化的开放性，从元代京师大都城的城市与建筑上也可以略窥一二。一座新起的宏大都市，竟然将大片水面扩入城市中央，且允许各色商船，顺着贯穿城区的水路到达这水域的北部进行交易。城市的

图5-1　浙江杭州飞来峰石刻佛造像（元）

图5-2　浙江杭州飞来峰石刻佛造像（元）

中央，不再如之前宋金时代那样布置皇家宫殿，而是布置了一座标志性的中心台与中心阁，并一改北面为尊的传统，将代表帝王至上尊严的皇家宫苑，布置在城市中心点的南侧（图5-3）。

更为不可思议的是，在当时的元大都及五台山，还建造了在汉地佛寺中前所未见的喇嘛塔——今日尚存的北京妙应寺白塔，及五台山塔院寺大塔（五台山大塔，经过了明代的修缮）。试想一下，这种毫无中原传统背景，造型奇异的高大砖构建筑，刚刚矗立在京城中那以丛丛落落低矮四合院为主的街巷之中，突兀地划破了当时的京师天际线时，会引起人们怎样的好奇与惊骇！当时的元代大内宫殿中，还耸立有诸多前代很少见到过的建筑造型，诸如盝顶殿、棕毛殿、斡耳朵殿，甚至，汉地人会以为有不祥之感的白琉璃瓦屋顶的巨大殿堂。这是怎样的前所未有，大胆开放！又是怎样的无所顾忌，孟浪无羁！

这就是元代建筑与艺术。元代的佛教寺院与建筑，无疑也具有这种放浪不羁，开放包容的艺术品格。

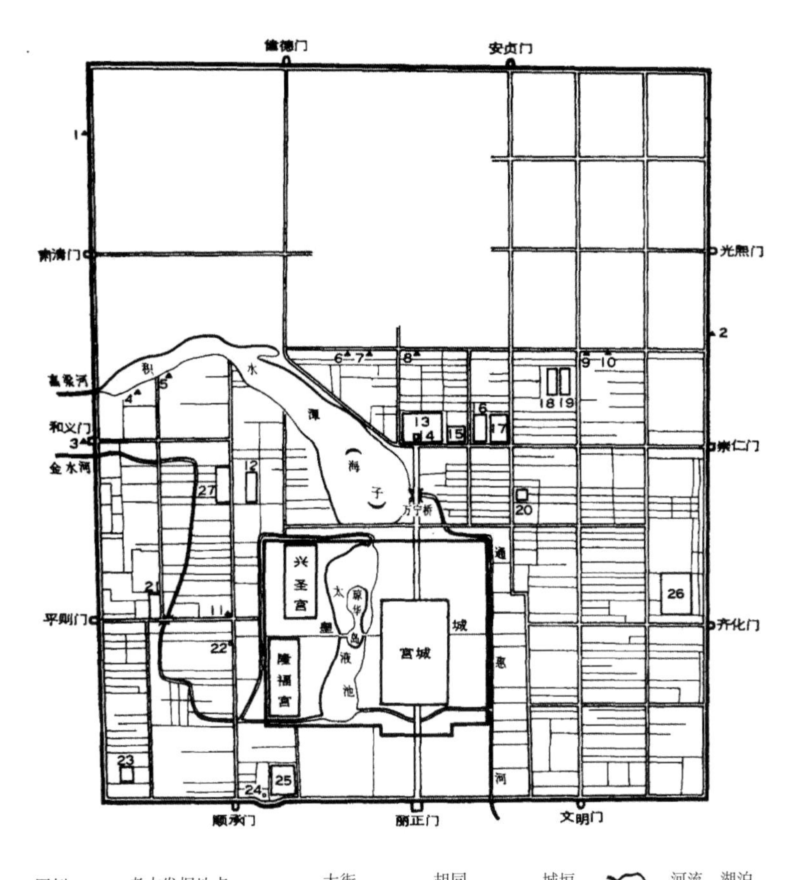

图5-3　北京元大都平面示意图

第一节　元代佛寺殿阁简说

早在蒙古人入主中原之前，佛教已经开始在漠北蒙古游牧草原上流布。如法国人鲁布鲁克的威廉（William of Rubruk，图5-4），于1253年从欧洲前往蒙古草原觐见蒙古大汗，并于1255年返回的黎波里（今利比亚首都），写下一本名为《东行纪》的书（图5-5）。这本书中披露了入主中原之前的蒙古人，已经出现佛教信仰，并且在其生活区域建有佛教寺院。书的第二十五章，用了“和尚的寺庙和偶像，以及礼拜仪式”的标题，其中写道：“所有（偶像徒的）和尚都剃光了头，穿上红色袍子，同时他们从剃头那天起就戒绝肉食，一百或二百成群居住。……他们到任何地方都手拿一串有一百或二百的念珠，像我们的念珠一样，口里总是不断地念：‘阿弥陀佛’。其中一人向我解释说，那意思是：‘神，你知道。’”[1]这或许是欧洲人对于东方人所持佛教信仰的最早一次接触。

《新元史》中提到蒙古都城哈剌和林城内的建筑情况：“……亦名哈剌和林，本乃蛮故地。……有大街二，……二街之外，为朝贵之大邸第。又佛堂十二，回回教寺二，基都教寺一。四围以土为城，开四门。傍城外有大离宫，内有殿，又有仓廪库。定宗、宪宗皆都之。”[2]显然，在这座主张宗教包容的城市中，佛堂建筑在所有宗教建筑中所占的比重，似乎是最高的。

综观元蒙时代佛教及其建筑的发展过程，其实是一个将藏传佛教及其建筑引入中原地区的过程。换言之，蒙古人最早接触的佛教，很可能是藏传佛教。早在蒙哥汗时期，藏传佛教已经开始影响蒙古宫廷，至1253年，吐蕃高僧八思巴（图5-6）亲赴忽必烈潜邸晋谒。中统元年（1260年）忽必烈敕封八思巴为国师。至元七年（1270年），又晋封其为帝师。由此奠定了藏传喇嘛教在蒙元一代的特殊地位。然而，仍然不能忽略元代中原汉地既有汉传佛教的影响力。据韩儒林的观点：“元代佛教各派当中，吐蕃佛教在朝廷的地位最高；而就全国而言，最为流行的仍是禅宗。”[3]

《元史纪事本末》中提到：“若夫天下寺院之领于内外宣政院，曰禅，曰教，曰

① 鲁布鲁克东行纪．何高济译．第250页．北京：中华书局．1985.
② ［民国］柯劭忞．新元史．卷46．志第十三．地理一．
③ 韩儒林．元朝史．下册．第339页．人民出版社．1986.

图5-4 鲁布鲁克的威廉

图5-6 元代高僧八思巴

图5-5 蒙古大汗宫殿——《鲁布鲁克东行纪》(17世纪版本的《鲁布鲁克东行纪》版画插图)

律，则固各守其业，惟所谓白云宗、白莲宗者，亦或颇通奸利云。”[①]也就是说，元代佛教分禅、教、律，此外，还有带有民间宗教色彩的白云宗、白莲宗等。再加上自元

① [明]陈邦瞻. 元史纪事本末. 卷十八. 佛教之崇.

代渗入中原的藏传佛教，呈现一种与唐宋时代迥异的杂乱纷纭的面貌。

元代人刘仁本撰《送大璞玘上人序》中谈道："佛宗有三：曰禅、曰教、曰律。禅尚虚寂，律严戒行，而教则通经释典，作其筌蹄者也。自入中国，历代以来，三宗之传，齐驱并驾。至我朝世皇因嘉木杨喇勒智来希旨，升教居禅之右，别赐茜衣，一旌异之，实予其能讲说义文，修明宗旨也。"①

据《续资治通鉴》，嘉木杨喇勒智是一位吐蕃僧人，至元十四年（1277年），朝廷"以西僧嘉木杨喇勒智为江南总摄，掌释教，除僧租赋，禁扰寺宇者。"②自嘉木杨喇勒智总领江南释教以来，将江南佛寺中的教寺，提到了比禅寺、律寺更高的地位。

这里透露出一个信息，元代统治者，为了巩固自己的统治，将更多面向广大信众，具有社会教化功能的教寺，提高到了比僧人自己专事修行的禅寺与律寺更高的位置。但在元代宗教的整体架构中，藏传佛教具有比汉传佛教之禅、律、教诸宗更高的地位，因而，才会任命一位藏传佛教僧人，统领汉传佛教影响十分鼎盛的江南佛教。

有元一代，在对待佛教上，持了积极护持的态度："故自有天下。寺院田产二税尽蠲免之。并令缁侣安心办道。"③故而使遭到金末或宋末战争摧残的汉传佛教，在元初的几十年间，得到迅速恢复，据《佛祖统纪》："（至元）二十八年宣政院上天下寺院四万二千三百十八区。僧尼二十一万三千一百四十八人。"④《续资治通鉴》卷一百九十，"元纪八"中也有相同的记载："是岁，宣政院上天下寺宇四万二千三百一十八区，僧尼二十一万三千一百四十八人。"⑤

清代阮葵生撰《茶余客话》也提到了这一数字："北方寺庙多建于元、明时妃嫔太监等，一寺之费至数十万。帝师受戒，其令与诰敕并行。……元设宣政，掌天下释教，天下寺宇共四万二千余所，僧尼二十一万余人。"⑥这里说到"北方寺庙多建于元"，虽然是推测之语，但也可以知道，在清代人眼中，北方较为古老的寺院，也几乎只能追溯到元代了。

元统治者，对藏传佛教有着特别的兴趣。正是从元代始，藏传佛教逐渐蔓延到蒙

① 钦定四库全书. 集部. 别集类. 金至元. [元] 刘仁本. 羽庭集. 卷五.
② [清] 毕沅. 续资治通鉴. 卷一百八十三. 元纪一. 至元十四年.
③ [宋] 沙门志磐. 佛祖统纪. 卷第四十八. 法运通塞志第十七之十五.
④ [宋] 沙门志磐. 佛祖统纪. 卷第四十八. 法运通塞志第十七之十五.
⑤ [清] 毕沅. 续资治通鉴. 卷一百九十. 元纪八. 至元二十八年.
⑥ [清] 阮葵生. 茶馀客话. 卷十四.

古地区，并开始大规模渗入中原汉地。统治者特别青睐藏传佛教的这一传统，一直延伸到明清两代。元明清以来，许多原本汉传佛教寺院十分鼎盛的地区，渐渐出现许多藏传佛教寺院及其塔阁的身影。

从寺院空间配置来讲，中原地区汉传佛教寺院，大体保持了宋、金时期寺院基本格局，但寺院规模，比较宋金寺院，似乎更为紧凑。从汉传佛教寺院发展的大历史角度观察，元代的佛教寺院，在寺院规模上，继续了两宋、辽金时期已经出现的日渐缩小的趋势。

如元代镇江丹阳普宁寺，在“大德间，重建大殿；泰定甲子，增创法堂。（翰林待制冯海粟记）丁卯，又建方丈。寺旧有十六院，宋嘉定中，尚余其半，曰释迦、曰三圣、曰华严、曰尊圣、曰大圣、曰地藏、曰药师、曰炽盛光。今止存释迦、大圣、三圣而已。”[①]可知，寺院原有16座子院，到了南宋嘉定年间（1208—1224年），仅余下8座子院，分别是释迦院、三圣院、华严院、尊圣院、大圣院、地藏院、药师院和炽盛光院。到了元代中叶，仅余释迦、大圣、三圣三座子院。这里十分明显地展示一种寺基规模渐趋缩小的发展趋势。

第二节　元代佛教寺院建筑遗存

元代建筑群遗存中，能够称得上大体上保持了元代建筑原有布局与空间特征的，恐怕只有山西芮城永乐宫了。这座道教宫观中，沿中轴线布置的主要殿堂，都是元代遗构。可惜的是，保存如此完整的元代佛教寺院，却未曾发现。

也就是说，很难找到一座以元代建筑遗构为主的现存汉地寺院，只能从一些包含有元代遗构的寺院中，推想其可能保存了元代时某种基本的空间特征。如著名的浙江武义延福寺，其主殿为元代遗构（图5-7），其前为天王殿、山门，其后为观音阁，左右两侧有东西厢房。这一空间格局，可能是延续宋元时代基本布局而有所变化。

北方寺院中，保存元代原构较多者，是山西洪洞广胜下寺。寺院内中轴线上尚存山门、前殿与后殿三座元代遗构。元代时，这三座建筑是一个更大建筑群中的主要组

---

① ［元］俞希鲁. 至顺镇江志. 卷九. 僧寺. 寺. 丹阳县.

图5-7　浙江武义延福寺大殿外观

成部分，其后及两侧还应该有一些建筑配置，但由于缺乏文献与考古资料支持，很难厘清这座寺院在元代时的空间样貌。

因此，只能将元代佛教寺院建筑遗存的关注重点放在那些散落在寺院中的个别元代遗构之上了。

一、尚存元代佛教木构殿堂

尽管元代木构建筑实例保存极为稀少，除了尺度与规模较为宏大的河北曲阳北岳庙德阳殿，以及山西芮城永乐宫内诸座殿堂之外，主要还是零星散见于个别佛教寺院中的元代木构殿堂。

1．山西洪洞广胜寺下寺山门、前殿与后大殿

山西洪洞广胜寺下寺，保留了较多元代遗构。其寺沿中轴线上的三座主要建筑：山门、前殿、后大殿是元代所建的木构建筑（图5–8，图5–9）。山门三开间，单檐九脊屋顶。在屋顶之下，前后还各增加了一个披檐，既合乎穿越门殿时多需避雨的特征，也丰富了山门的外观形象（图5–10）。

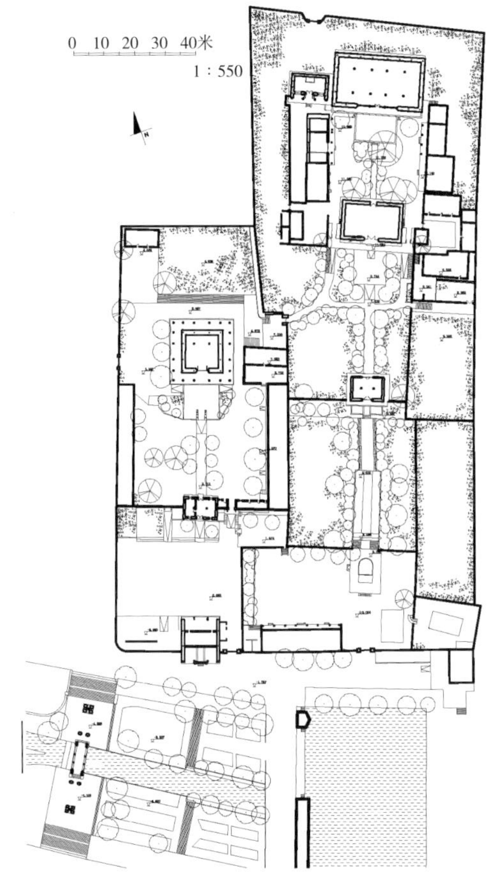

图5-8　山西洪洞广胜寺下寺总平面图

图5-9　山西洪洞广胜寺下寺鸟瞰外观

图5-10　山西洪洞广胜寺下寺山门

尽管山门采用等级较高的歇山式屋顶，其寺院中主要建筑，如前殿与后殿，却都采用悬山式屋顶做法。前殿面广五间，进深三间，但在进深方向的两次间，采用了减柱造与移柱造的处理手法，使殿内平面显得比较灵活。

下寺后大殿，面广七间，进深三间。室内采用减柱与移柱处理，前内柱仅有当心间两根（两次间有后世所加的两根柱子），后内柱当心柱与前后檐柱对位，左右两次间柱与前后檐柱并不完全对位，而是向两山做了一些移动，从而省略了两根梢间柱。如此处理，使室内空间显得较为宏大空敞。此外，殿内两山内壁曾绘满壁画，却在1928年被盗卖出国，现藏于美国堪萨斯纳尔逊艺术馆，

后殿通面广约28.1米余，通进深约近15.7米（图5-11）。当心间面广稍大，约为5.2米，以1尺为0.313米计算，折合宋尺，其面广约为16.6尺；左右次、梢、尽间间广分

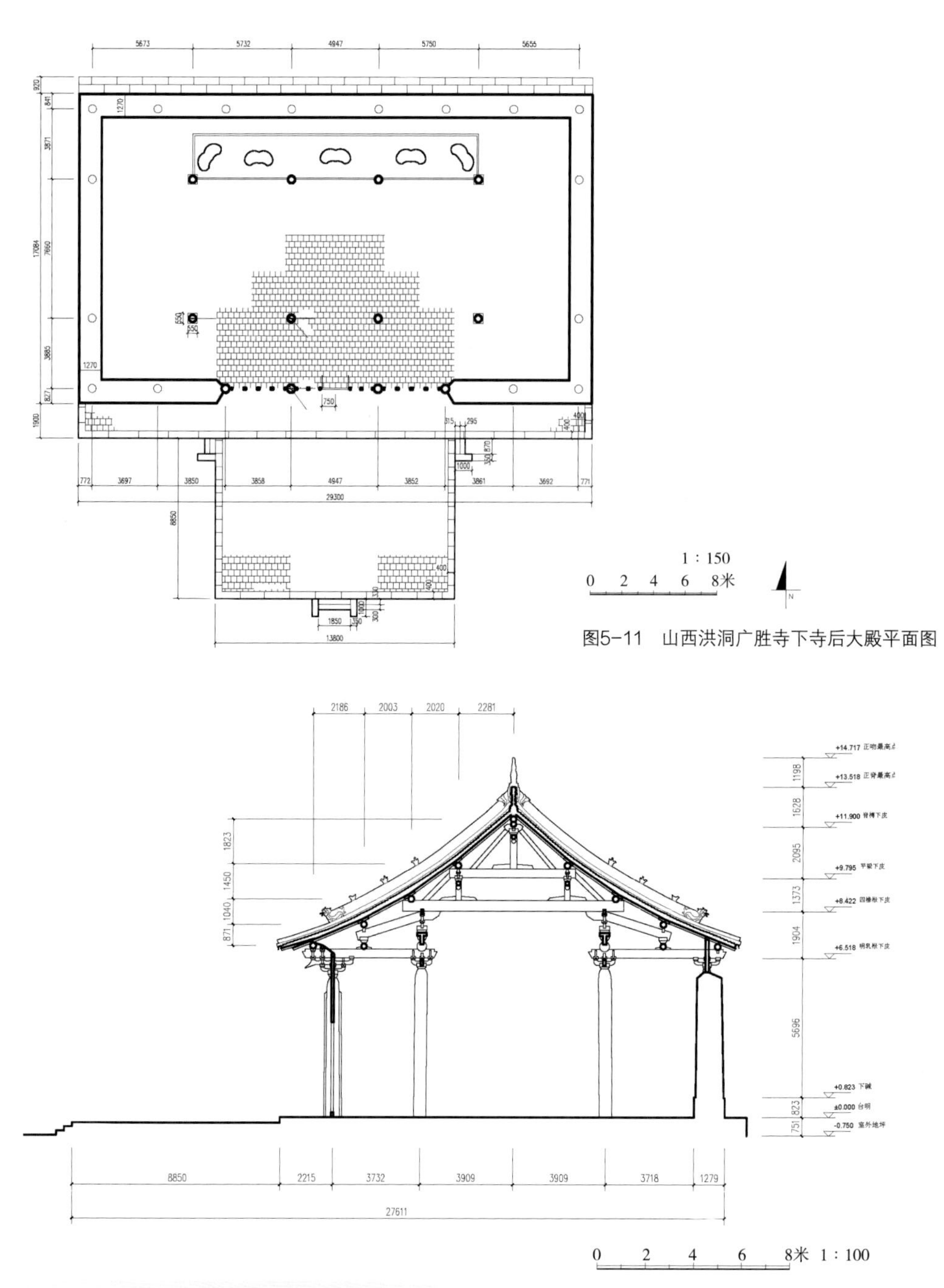

图5-11 山西洪洞广胜寺下寺后大殿平面图

图5-12 山西洪洞广胜寺寺下寺后殿剖面图

图5-13 浙江武义延福寺大殿外观

布均匀，各约3.8米，折合宋尺约为12尺。进深方向的中间两柱间距较大，前后柱间距约为7.6米，折合宋尺约为24尺余；前后两间间距各为约4.1米，折合宋尺约为13尺余。这些开间尺寸，都是两宋辽金时期较为常见的柱间距尺寸。

殿内梁架形式极为大胆、明快。其形式为《营造法式》中所谓“前后乳栿对四椽栿用四柱”做法。乳栿呈弯曲状，头部伸入檐柱柱头铺作内，尾部却搭在内柱柱头上的内额之上。弯乳栿上又用了一个类似的弯形构件，构件外端承下平槫，内端却伸至四椽栿下，通过巧妙的杠杆原理，既减小了四椽栿的跨距，又解决了由于弯乳栿截面过小，难以承托由下平槫所传递的屋顶荷载的问题。四椽栿以上的梁架趋于规整，用蜀柱、托脚承其上平梁。平梁之上用叉手、蜀柱，承托脊槫（图5-12）。

后殿前后檐檫檐方距离约为17.6米，脊槫上皮距离檫檐方上皮的垂直高度差约为5.2米，说明这座大殿的举折比例为1：3.385，较之宋代殿堂结构的起举高度略为平缓，却有比宋代厅堂结构的起举高度稍微陡峻一点。

2．浙江武义延福寺大殿

地处浙江金华市武义县城西南33公里桃溪镇陶村的延福寺内，尚存一座元代木构殿堂（图5-13）。1934年，梁思成、林徽因曾远赴浙江武义县考察、测绘延福寺大殿，并根据碑刻与梁架特征等，判断出这是一座元代遗构。寺在元、明两代曾有大规模重建修葺，据学者研究[①]，寺内主要建筑，除大殿仍为元代遗构外，天王殿、观音殿当系清代重建后的遗构。

延福寺大殿外观为重檐九脊形式，殿身部分，面广为进深各为三间；周匝副阶，形成一个面广与进深皆为五间的方形平面殿堂。通面广11.7米，通进深11.75米。面广方向开间尺寸：当心间间广4.54米，左右次间间广1.95米，左右梢间间广1.63米。进深方向开间尺寸，心间间广3.64米，前次间间广2.9米，后次间间广1.95米，前后梢间间广1.63米。说明下檐副阶与殿身檐柱的进深距离为1.63米（图5-14）。殿身与副阶柱网十分规整，没有出现北方元代建筑常见的减柱或移柱的做法。殿身柱的柱子截面较为粗拙，而副阶柱的柱子截面较为细挺。

从梁架断面看，延福寺殿身为“八架椽屋前三椽栿后乳栿用四柱”厅堂式梁架形式，三椽栿与乳栿均为月梁形式，其上也都使用了经过雕凿处理的造型圆润的劄牵。副阶柱与殿身檐柱之间亦用乳栿连接，乳栿之上不设劄牵（图5-15，图5-16）。

---

① 参见．黄滋．元代木构延福寺．北京：文物出版社．2013.

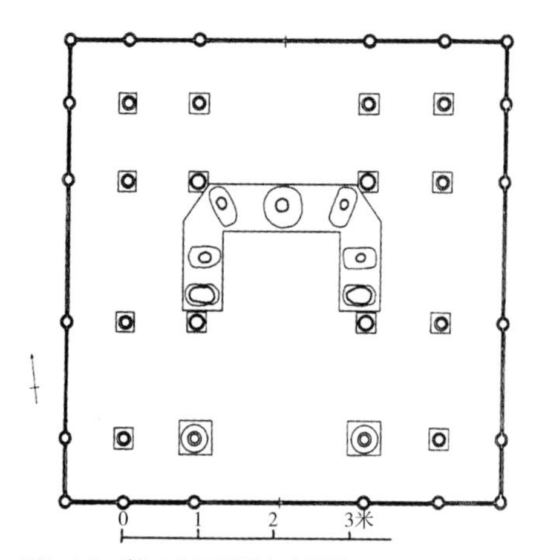

图5-14　浙江武义延福寺大殿平面图

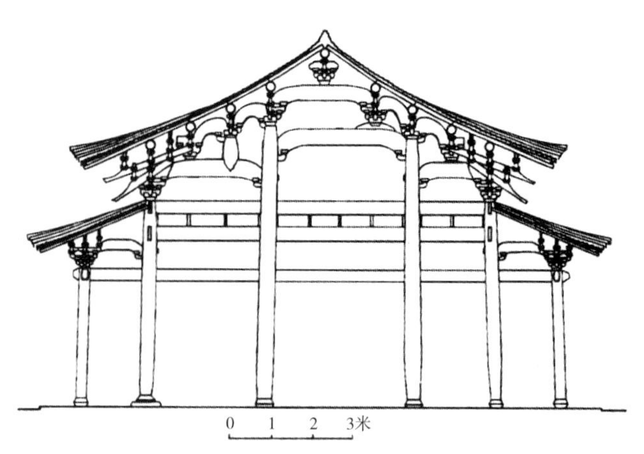

图5-15　浙江武义延福寺大殿剖面图

图5-16　浙江武义延福寺大殿室内

图5-17　浙江金华天宁寺大殿外观

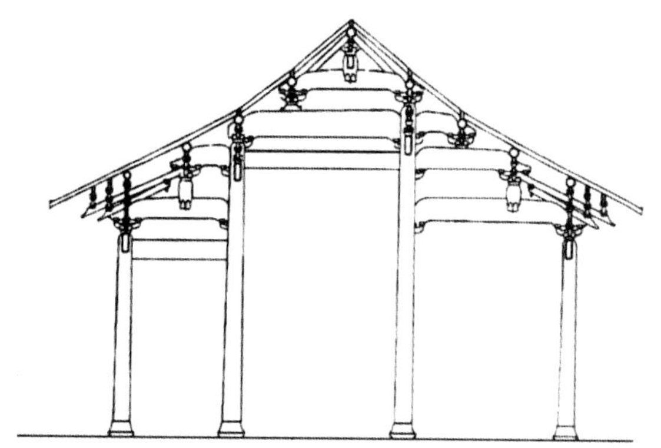

图5-18　浙江金华天宁寺大殿剖面图

图5-19　浙江金华天宁寺大殿室内梁架

大殿上檐用六铺作单杪双昂，昂上承令栱，但不用耍头。下檐用五铺作出双杪，上承令栱与橑檐方，亦不用耍头。上檐当心间用三补间，次间用单补间，进深方向心间亦为三补间，前次间用双补间，后次间亦为单补间。上檐斗栱单材断面为广15.5厘米，厚10厘米；下檐斗栱的单材断面为广11.5厘米，厚6.5厘米。折合宋尺，上檐斗栱用材高4.94寸。略大于《营造法式》的八等材高。下檐斗栱用材3.67寸，已明显小于《营造法式》最低等级材高了。这应该反映出了元代时木构建筑斗栱的基本用材特征。

3．浙江金华天宁寺大殿

浙江金华天宁寺始创于北宋大中祥符年间（1008—1016年）；北宋政和年间（1111—1118年）敕赐“天宁万寿禅寺”额，南宋时改额“报恩光孝”。元延祐五年（1318年）寺院重修，之后又经历多次修缮。现存大殿东侧三椽栿下有“大元延祐五年岁在戊午六月庚申吉旦重建”题字，可知为元代遗构（图5–17）。

大殿平面方形，平面柱网十分规整，由16根柱子组成，面广与进深均为三间。通面阔12.72米，通进深亦为12.72米。面广方向，当心间间广6.16米，折合宋尺约近20尺，两次间间广各为3.28米，折合宋尺约为10.5尺。进深方向心间间广4.733米，前次间间广亦为4.733米，合为15.1尺。而后次间间广则为3.254米，合为10.4尺。

大殿为单檐九脊顶，内部梁架为与延福寺大殿十分接近的“八架椽屋前三椽栿后乳栿用四柱”厅堂式结构梁架（图5–18，图5–19）。檐柱高度为5.472米，橑檐方上皮距离殿基顶面的高度约为6.95米。再来看其殿顶举折，大殿脊槫上皮的标高约为11.4米。

屋顶起举高度为4.45米，大殿前后檐柱距12.72米，斗栱总出跳约0.975米，其前后橑檐方总距离14.67米，如此可以推出天宁寺大殿屋顶举折比例为1∶3.297，与洪洞广胜寺下寺后大殿（1∶3.385）与武义延福寺大殿（1∶3.59）的屋顶举折比例十分接近。其举折峻缓程度，大约是控制在宋代殿堂结构举折比例与厅堂结构举折比例之间。

4．上海真如寺大殿

上海嘉定真如寺，寺名来自佛经《成唯实论》中“真实”“如常”之意，取其“谓此真如，于一切位，常如其性，故曰真如”[①]之意。清代时曾改为重檐五开间，即在原有结构屋顶之下，增加了一圈副阶廊，形成周匝副阶式重檐结构。在后来的重修中，又恢复了其原初三开间的造型。在1979年大修中，发现在大殿内额底部，题有“时大元岁次庚申延祐七年癸未季夏乙巳二十一日巽时鼎建”字样，可知殿创于元延

① ［唐］玄奘．成唯识论．卷第九．大正新修大藏经本．

祐七年（1320年）（图5–20）。

殿平面为方形，面广、进深均为三间，通面广与通进深均约为13.1米。面广方向，当心间间广约为5.2米，两次间间广约为3.95米；进深方向，前间间广约为5.3米，第二间间广约为5.2米，第三间间广仅为2.6米。单檐九脊屋顶，梁架为“十架椽屋前四椽栿后乳栿用四柱”的厅堂式结构。折合宋尺，其面广方向的当心间间广，及进深方向的前二间间广均在16.5尺左右，面广方向两次间间广约为12.5尺。进深方向后间间广约为8.5尺。

大殿檐柱高4.28米，约合13.7尺；内柱高6.45米，约合20.5尺。柱头上用斗栱，其斗栱橑檐方上皮距离殿基顶面高度为5.8米。屋顶梁架脊槫上皮距离殿基顶面高度为11.2米。说明大殿起举高度为5.4米。而其前后橑檐方的距离为14.4米，可知其屋顶举折的比例约近1∶2.7。显然，这是一个十分陡峻的屋顶举折曲线（图5–21）。

斗栱为四铺作出单昂，昂上承令栱，并与耍头相交。耍头上承既高又薄的橑檐方。昂为假昂形式，斗栱里转为一跳华栱上承上昂，上昂之上再用上昂，第二跳上昂尾承下平槫（图5–22，图5–23）。当心间用补间铺作四朵，左右次间各用补间铺作二朵。斗栱用材的断面十分小，单材高度17.5厘米（合5.6寸），材厚9厘米（合2.9寸），大约接近《营造法式》七等材的断面。

5．山西五台广济寺大殿

广济寺位于山西五台县城内西门附近，当地人称为西寺。据清乾隆间编纂的《五台县志》载，广济寺，位于县治之西，元至正年间，已接近倾圮。乾隆四十三年（1778年）五台县知县王秉韬曾加以修葺。

现存广济寺空间尚完整，沿中轴线布置山门、文殊殿、大雄宝殿。文殊殿两侧对峙钟、鼓二楼，山门内两侧为左右配殿及厢房，很像宋元时期“三门两庑”的布局。除了主殿大雄宝殿外，其余建筑多为清代重建。大殿前檐柱柱头上，用了山西地区常见的“鬼头”装饰。这种源于早期祆教寺院殿堂上的柱头“鬼头”装饰究竟是元代就有，还是清代修葺时添加，尚不清楚。

广济寺大殿面广五间，进深三间，六架椽，单檐悬山顶（图5–24）。大殿矗立在高近2米的砖筑台基上，台基前部有大略呈方形的月台。殿内结构用“减柱造”做法，室内仅在殿身内后槽左右梢间处设两根内柱，大殿空间显得相当宏敞。在有殿身内柱的位置上，大殿结构呈“六架椽屋四椽栿对乳栿用三柱”的梁架结构形式，其上再用四椽栿、平梁承托屋顶，但屋顶举折十分平缓。室内为彻上露明造做法。

图5-20　上海真如寺大殿外观

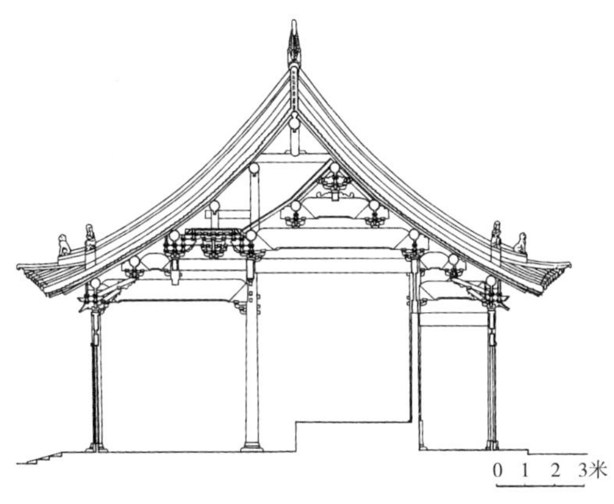

图5-21　上海真如寺大殿剖面图

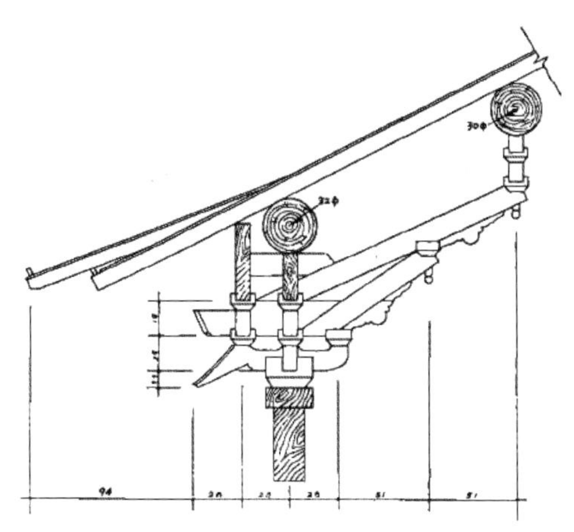

图5-22　上海真如寺大殿外檐斗栱示意图

图5-23　上海真如寺大殿外檐斗栱里转

图5-24　山西五台广济寺大殿外观

两根殿身内柱的结构处理十分特别，其中一根柱头直抵平梁之下，另外一根柱头仅达四椽栿下。这应是“因材适宜”的结构处理模式。在不设殿身内柱的当心间位置上，则采用四椽栿对丁栿的构架形式，丁栿与四椽栿尾部，都落在两根内槽柱之间的粗大内额上，显然是一种十分大胆的结构形式。殿内供奉的释迦牟尼佛与文殊、普贤菩萨（图5–25），仍然保持了辽金时期五台地区寺院多见的华严三圣造像格局，佛坛两侧塑十八罗汉像。

6．山西襄汾县普净寺大殿

普净寺位于山西襄汾县西南35公里赵康镇史威村，寺内尚存沿中轴线布置的山门、通明宫、罗汉殿、关帝殿与大佛殿，及药王殿、献亭、钟楼和后世所建厢房。其中仅正殿大佛殿（图5–26）为元代遗构，其余为明代建筑。

大殿平梁底部有“维大元国大德柒年闰叁月拾捌日……重修”题记，可知大佛殿建于元大德七年（1303年），面广五间，进深三间，六架椽屋。造型原为悬山形式，后改为硬山。殿内供奉华严三圣造像。其大体的平面配置与面广、进深，与五台广济寺大殿十分接近。

其殿前檐柱头用四铺作单昂，里转五铺作出双杪偷心的做法，其昂为真昂。当心间用双补间，两次间与两梢间均用单补间。

与广济寺大殿一样，殿内采用了减柱造的做法。由于减柱做法，使得殿内横额不得不落在前后通檐的六椽栿上。当心间则为“四椽栿对乳栿用三柱”做法，不同的是，在内柱上用了由后檐乳栿形成的绰幕方承托其上的四椽栿。这两种做法，在结构处理上，都是十分鲜见的大胆手法。

7．山西高平定林寺雷音殿

定林寺位于山西高平市区东南 5 公里七佛山南麓，寺侧有泉名定林。寺院基地，南北长约90米，东西宽约87米。寺始创于唐，但现存建筑，有山门、雷音殿、七佛殿，及东西配殿，多为明清建筑，仅主殿雷音殿为元代遗构。

雷音殿面阔三间，进深三间，六架椽，平面近方形，坐落于一个高约0.81米的石筑台基上（图5–27）。通面阔10.1米（合宋尺约32.3尺），通进深10.65米（合宋尺约34尺），是一座小尺度木构殿堂。殿外观单檐九脊顶，上覆筒板布瓦，殿脊部分用琉璃饰件。殿后门枕石上刻有“元延祐四年四月二十日记”字样。

大殿梁架为“六架椽屋四椽栿对乳栿通檐用三柱”做法。外檐柱头斗栱为五铺作单杪单昂，补间铺作为简单的一斗三升做法，逐间仅用一补间。

图5-25　山西五台广济寺大殿室内

图5-26　山西襄汾普净寺大殿外观

图5-27　山西高平定林寺雷音殿

至于檐柱与内柱的高度，或殿顶梁架的举折比例，由于缺乏相应的数据，这里不作进一步的叙述。

二、尚存元代佛教木构楼阁

已知元代木构遗存中，曾有木构楼阁建筑，如河北正定阳和楼（现已毁圮），但现存实例中，佛教寺院中的元代楼阁，却极其罕见。较为确定者，仅有山西陵川崇安寺西插花楼与河北定兴慈云阁。

1．山西陵川崇安寺西插花楼

陵川崇安寺内的主要建筑，多是明清时代遗构，但位于寺院主殿当央殿右（西）侧，尚保留一座元代楼阁——西插花楼（图5-28）。与之相对应的主殿东侧，原本也应该有一座对称配置的楼阁，可惜已经不存。

笔者主持了崇安寺的测绘，同时参加测绘的贺从容老师撰写的《陵川崇安寺西插花楼探析》①一文，对这座楼阁作了专题研究。楼平面面广与进深均为三间，外观二层，其首层所用方形截面的柱子断面比较细挺，却用了厚重的砖墙，可能是为了节约木料缘故。首层上用平坐斗栱，上承平坐。二层屋顶为重檐，二层殿身檐柱与首层檐柱上下相对，只是在平坐外缘加了一圈缠腰檐柱，支撑二层殿身柱头下所加的周匝缠腰。缠腰檐柱与栏杆，构成二层回廊围栏。

首层通面广6.52米，通进深6.47米，约为正方形，面广与进深方向柱子间距大略相当，当心间间广2.63米，两次间间广1.95米，周回一圈厚达约1.5—1.6米的砖墙，墙正面（东）开门窗洞口。柱子紧贴墙之内侧（图5-29）。

首层柱高4.458米，首层总高，或者说，二层平坐顶面距离楼阁台基顶面的高度为5.527米。二层殿身柱柱顶标高为9.097米，则二层柱子高度为3.57米。二层柱头以上，沿东西进深方向用两根未加修斫的大梁，南北方向则各用两根弯曲的丁乳栿，丁乳栿头部插入外檐斗栱中，而丁乳栿尾部落在横梁之上。屋顶为六椽栿上直接用蜀柱承平梁，其上用叉手、蜀柱承脊槫。

从高度方向看，其脊槫上皮距离楼阁台基顶面的高度差，即这座楼阁的结构总高为12.891米。正脊上皮标高13.879米。脊槫上皮与正脊上皮的高度差为0.988米。屋顶脊饰最高点，即中央宝瓶顶点高度为15.604米。

除了首层柱头之上承托平坐的部位，在前后及左右当心间各用了一铺补间铺作外，二层殿身斗栱柱头之上，仅有柱头铺作与转角铺作，并没有设置任何补间铺作，应该也反映出这座建筑所具有的元代特征（图5-30）。

插花楼屋顶为重檐九脊形式，覆黄琉璃筒瓦，在檐口部位加彩色琉璃剪边。脊饰

---

① 贺从容．陵川崇安寺西插花楼探析．中国建筑史论汇刊．第8辑．第91—130页．北京：中国建筑工业出版社．2013.

图5-28　山西陵川崇安寺西插花楼外观

图5-30　山西陵川崇安寺西插花楼上檐斗栱（元）

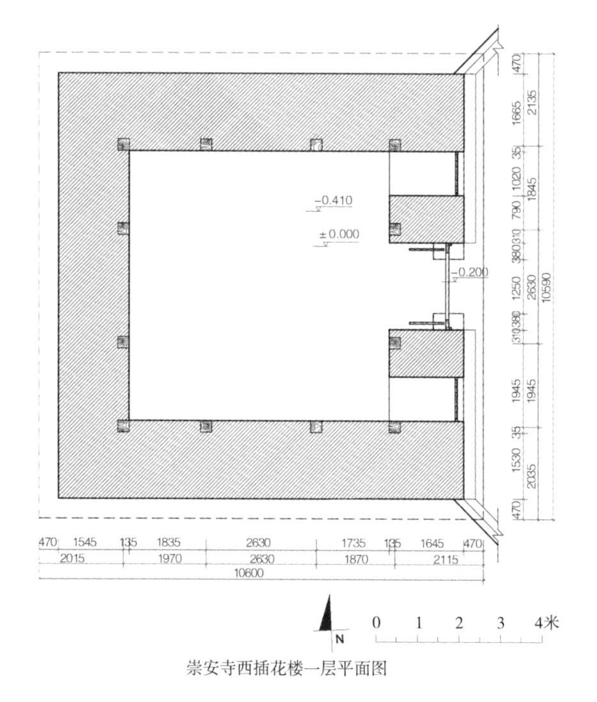

崇安寺西插花楼一层平面图

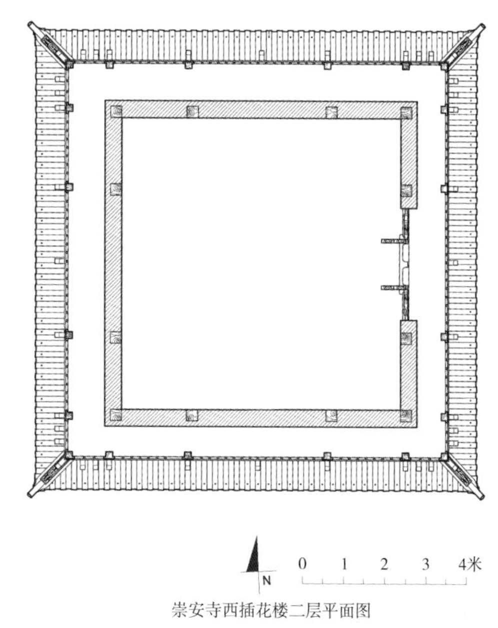

崇安寺西插花楼二层平面图

图5-29　陵川崇安寺西插花楼平面图

琉璃件十分繁密，似乎已是后世重修的效果。但其屋顶两山用悬鱼、惹草及曲脊的做法，又多少保有宋代遗风，这一点也透露出其元代建筑所特有的过渡性特征。

2．河北定兴慈云阁

宋元时代曾一度流行在城市空间中布置一些独立的宗教建筑，特别是佛教建筑的趋势，较为常见的是在城市某个较为中心部位，设置用于供奉大悲观音菩萨的大悲阁。河北定兴县城老街十字路口矗立着一座二层楼阁，名为“慈云阁”（图5-31），其前身就是一座大悲阁。

慈云阁为元代遗构，据《定兴县志》所收《大元保定路易州定兴县创建大悲阁记碑》的描述，现存慈云阁，是元代大德十年（1306年）时，由一位名叫德宝的僧人在现有旧址上重建而成的。虽然，经过了明清两代的多次修葺，但其结构的主要部分仍然是元代的原构。

也许因为是一座位于城市中心地带的小寺院，受到地形的限制，故慈云阁所在寺院，最初是一个略呈船形的建筑组群，由山门、前殿、慈云阁及后殿组成。慈云阁前后还各有两座小型配殿或厢房，而慈云阁居其中。现存遗址中，阁之前后的建筑早已

图5-31　河北定兴慈云阁外观

不存，仅余中间的慈云阁。以其阁重建于1306年计，至今也有700余年的历史，却仍然屹立在一个世事纷呈、尘嚣袭扰的繁闹街市空间中，不能不说是一个奇迹。

慈云阁平面略近方形，阁面阔三间，进深亦为三间。柱网平面为东西面阔8.98米（合宋尺为28.7尺），下檐柱当心间间广3.9米（约12.5尺），左右次间间广2.54米（约8尺余）；而上檐柱当心间间广亦为3.9米，两次间间广为2.0米（约6.4尺）。南北进深7.66米（合宋尺为24.5尺），其下檐柱心间间广2.58米（约8.25尺），前后间间广各为2.54米；上檐柱心间间广为2.58米，前后间间广为2.0米。

若从首层外墙算起，则其东西通面阔为11.9米（合宋尺约为38尺），南北通进深为12.6米（合宋尺约为40尺）。外观为重檐九脊式屋顶。脊槫距离阁基顶面的高度为10.98米（约合宋尺为35尺），而阁身外观通高却为13.3米（合宋尺约为42.5尺）。如此可以大略地看出，这是一座长、宽、高均为4丈左右的元代木构楼阁。柱间结构间广尺寸，则大约维持在次间0.6—0.8丈，心间1.2丈左右的尺度上，显然这是一个尺度较小的楼阁结构尺寸。

其下檐柱高3.78米（合宋尺约12尺），其上用普拍方及斗栱，两者合计高1.02米。上檐柱高7.08米（合宋尺约22.6尺），其上用普拍方及斗栱，两者合计高1.29米。①也就是说，上层檐柱柱头高度，接近下层檐柱柱头高度的2倍。

阁上檐斗栱为五铺作双下昂重栱计心造，第一跳为假昂，第二跳为真昂，里转则将昂尾直抵下平槫下的襻间。槫之上可承平梁，及其上蜀柱与脊槫。下檐斗栱仅为四铺作出单昂。补间铺作昂亦用真昂，里转昂尾承罗汉方。但柱头斗栱所用昂，却为假昂形式。这种真昂与假昂同时使用的做法，恰好表现了元代木构建筑，上承两宋辽金，下启明清的时代特征。

斗栱材广18厘米（合宋尺5.75寸），材厚12厘米（合宋尺4.15寸）②，接近宋《营造法式》六等材断面。上檐前后柱距为6.58米，上檐屋顶前后橑风槫距离7.78米，上檐斗栱出跳距离前后檐各为0.61米（近2尺）。屋顶起举高度为2.61米，举折比例为1：2.98，接近宋《营造法式》殿堂式结构起举高度为前后橑檐方距离之1：3的举折比例。

由于没有用周匝副阶的做法，上檐檐柱与下檐檐柱之间的距离比较近，故两者都

---

① 以上相关基础尺寸均引自聂金鹿．定兴慈云阁修缮记．文物春秋．2005年．第3期．第37-43页．

② 参见．聂金鹿．定兴慈云阁修缮记．文物春秋．2005年．第3期．第37-43页．

被隐藏在首层的砖墙之内，阁内不设柱子，仅在四隅用抹角梁，上承蜀柱与上部梁架相接。其结构形式堪称大胆、洗练。

三、尚存元代佛塔

也许因为元代建造的佛塔数量较少，实例中大型元代佛塔遗构，除了几座大型喇嘛塔外，汉传佛教中常见的楼阁式或密檐式塔比较少见，较为多见的是寺院僧人墓塔群中的元代墓塔，以及元代特有的过街塔。

（一）喇嘛塔

尽管喇嘛塔在概念上属于藏传佛教的建筑范畴，但元代时由于藏传佛教在内地的影响较大，即使一些汉传佛教寺院，特别是帝王敕建的寺院中，也采用了喇嘛塔形式。

据元代世祖至元年间的如意祥迈长老所撰《大元至元辨伪录》："至元八年三月二十五日，帝后阅之，愈加崇重，即迎其舍利，立斯宝塔，取军持之像……金盘向日而光辉；亭亭高耸，遥映于紫宫，岌岌孤危，上陵于碧落，制度之巧，古今罕有。"[①]这里所说的"取军持之像"的舍利塔形式，当是蒙古骑兵行军时随身携带的瓶状装水容器，同时，也多少有一点印度窣堵坡的造型意象，从而成为元代喇嘛塔原型。

1. 北京妙应寺白塔

虽然肇始于蒙古军队所使用的军持之像，但喇嘛塔造型，很可能与元初时来华的尼泊尔工匠阿尼哥（1243—1305年）有着千丝万缕的联系。据《元史》："阿尼哥，尼波罗国人也，其国人称之曰八鲁布。……中统元年，命帝师八合斯巴建黄金塔于吐蕃，尼波罗国选匠百人往成之，得八十人，求部送之人未得。阿尼哥年十七，请行，众以其幼，难之。对曰：'年幼心不幼也。'乃遣之。帝师一见奇之，命监其役。明年，塔成，请归，帝师勉以入朝，乃祝发受具为弟子，从帝师入见。"[②]

这里仅提到阿尼哥参与建造了吐蕃的黄金塔，未提及位于大都的妙应寺塔（元时

---

① ［元］释祥迈. 大元至元辨伪录. 卷五. 元刻本.
② ［明］宋濂. 元史. 卷二百三. 列传第九十. 清乾隆武英殿刻本.

称“大圣寿万安寺”)，但《元史》中却特别提到：“凡工匠隶吕合剌、阿尼哥、段贞无役者，皆区别为民。”[①]说明阿尼哥负有执掌工匠事务的大权。另据《元史》，由于阿尼哥造像技艺也十分超群：“金工叹其天巧，莫不愧服。凡两京寺观之像，多出其手。为七宝镔铁法轮，车驾行幸，用以前导。原庙列圣御容，织绵为多，图画弗及也。至元十年，始授人匠总管，银章虎符。”[②]曾经有过在吐蕃造塔的经历，又在两京主持佛造像工程，及负责工匠管理事务，而大圣寿万安寺浮图于至元八年（1271年）始建，于至元十六年（1279年）建成，其间阿尼哥正活跃于两京，故这座大塔与阿尼哥之间有着密切关联是毋庸置疑的。

妙应寺塔为一座典型的藏式喇嘛塔（图5-32），其造型既结合了印度窣堵坡原型的基本特征，又融入了中国佛教建筑，特别是藏传佛教建筑的某些特征，从而是一种全新创造。塔由塔基、塔身、相轮、伞盖、宝瓶五部分组成。塔基为三层，平面均为“亞”字形。上层与中层基座采用了汉地佛教建筑中常见的须弥座形式。基座之上仍然用了汉地佛教建筑中常见的覆盆莲华式造型，其上承巨大的塔身，塔身平面为圆形。

塔身之上再施一个“亞”字形须弥座，上承圆锥形相轮。相轮之上覆以青铜伞盖，伞盖上原为宝瓶，后世改为一个小尺度的喇嘛塔，相当于汉地佛塔顶端塔刹的刹尖。塔总高约为50.9米，约合宋尺16.3丈。“亞”字形塔基座约为30米见方，覆盆式莲华座底直径约为22米，塔身底直径约为19米。其上相轮底直径约为12米。

妙应寺塔造型浑厚、端庄、凝重，塔基、塔身、相轮与伞盖、宝瓶等各部分之间的比例，优雅而协调，可以算得上是喇嘛塔中造型最为完美的（图5-33，图5-34）。

2．山西五台山塔院寺白塔

据元人程钜夫《雪楼集》所收《凉国敏慧公神道碑》文中载：“（至元）十六年（1279年）建圣寿万安寺浮图，初成，有奇光烛天，上临观，大喜，赐京畿良田亩万五千。……又建万圣佑国寺于五台，裕圣临幸，赏白金万两，……大德五年建浮图剎于五台，始构，有祥云瑞光之异。”由此可知，五台山塔院寺白塔，创建于元大德五年（1301年）。

从时间上推算，五台山塔院寺白塔的建造时间，距离北京妙应寺塔的建成时间之

① ［明］宋濂．元史．卷十六．本纪第十六．清乾隆武英殿刻本．
② ［明］宋濂．元史．卷二百四．列传第九十一．清乾隆武英殿刻本．

图5-32　北京妙应寺白塔

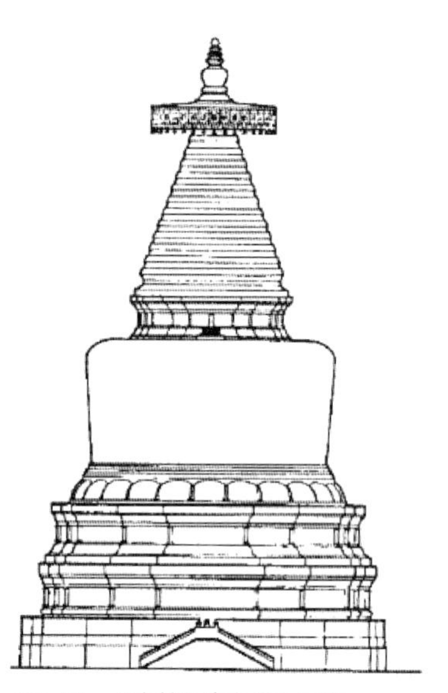

图5-33　北京妙应寺白塔立面图

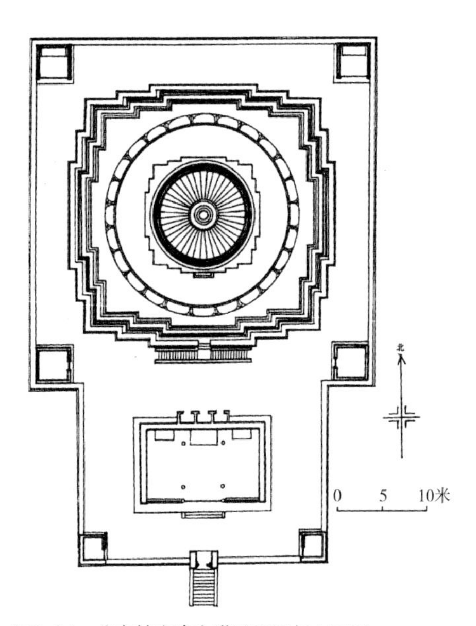

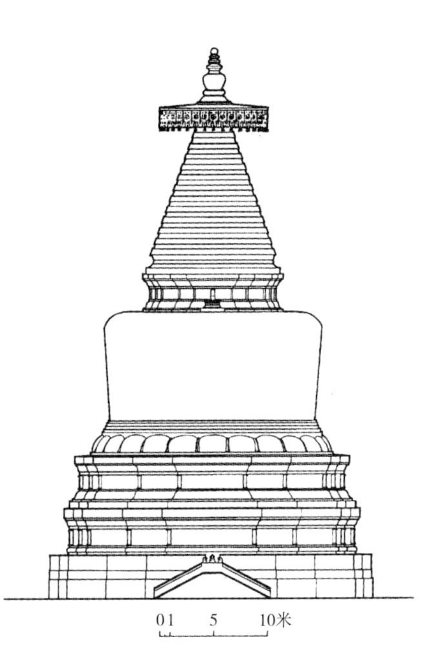

图5-34　北京妙应寺白塔平面图与立面图

间，仅仅相差22年。从如上行文中，可以看出，两座塔之间可能存在某种关联。虽然五台山浮图建成之时，已接近阿尼哥生命的最后阶段，但也不能排除他参与了这座大型喇嘛塔的设计与建造的可能。

然而，五台山塔院寺白塔在造型上，虽与妙应寺塔有着诸多相似之处，但比例上，似乎又有一些不同，如其塔身显得瘦削挺拔，相轮反而显得有点臃肿，从而，使其上的伞盖显得又有点小。这很可能肇始于明代永乐、万历年间对这座大型喇嘛塔的两次大修，但也有可能是，在最初的设计上，已经出现了一些细微的区别。

从造型尺度上观察，五台山塔院寺白塔基座平面为方形，方形塔基上另有一个八角形台基，八角形台基四周设有腰檐，檐下设有一圈藏传佛教的转轮。方形基座的四角，设有四座八角亭。八角亭与底层腰檐，以及腰檐下所设藏式转经轮，很可能是后世重修时所加。

八角形台基之上，则是与妙应寺塔接近的两重“亞”字形须弥座式基座（图5-35）。只是这两重基座，在收分上没有妙应寺塔那么明显。两层“亞”字形须弥座之上，仍然用了覆盆式莲华座，其上承塔身。塔身之上再用一重“亞”字形须弥座，上用相轮、伞盖，及一个小喇嘛塔形式的刹尖。

五台山塔院寺白塔方形基座，东西长31.41米，南北宽31.32米，其上八角形基座边长约为12.9米。塔身总高54.1米，约合宋尺17.3丈。[①]约比北京妙应寺白塔高出1丈。说明两者在最初的设计上，还是存在某种关联性的。只是五台山塔院寺白塔，在造型比例上，显得较为瘦削而隆耸；然而，其相轮部分，却又显得有一点粗拙与臃肿。这很可能并非原初的设计，而是明代重修之后的结果，亦未可知？（图5-36）

3. 湖北武昌蛇山胜象宝塔

武汉市武昌蛇山西首黄鹤楼故址前的黄鹤矶头之上，曾经有一座喇嘛塔形式的白塔，称为“胜象宝塔”，又称“宝像塔”，因其塔身通体色白，故又称“白塔”。20世纪50年代，塔因武汉长江大桥的修建而曾迁移至蛇山西部，80年代又重新迁回黄鹤楼公园内，距离新建黄鹤楼正前方约150余米处，从而更好地保护下这座中南地区罕见的元代佛塔建筑。

① 以上数据引自王贵祥、贺从容、廖慧农主编. 中国古建筑测绘十年——清华大学建筑学院测绘图集（上）. 第265-270页. 清华大学出版社. 2011.

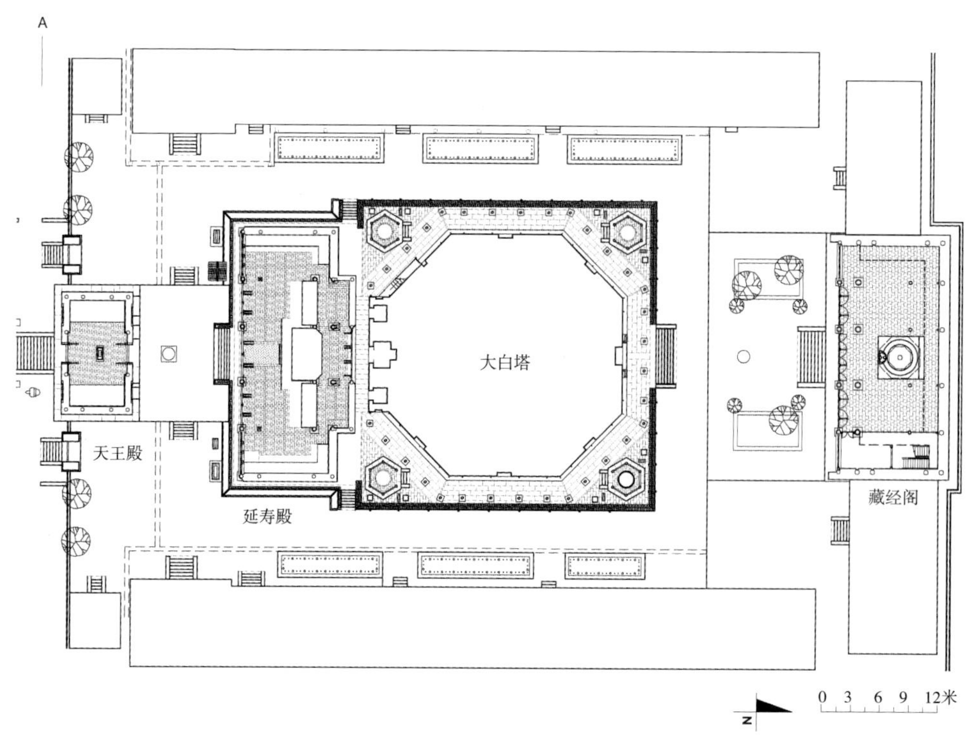

图5-35　五台山塔院寺白塔平面图

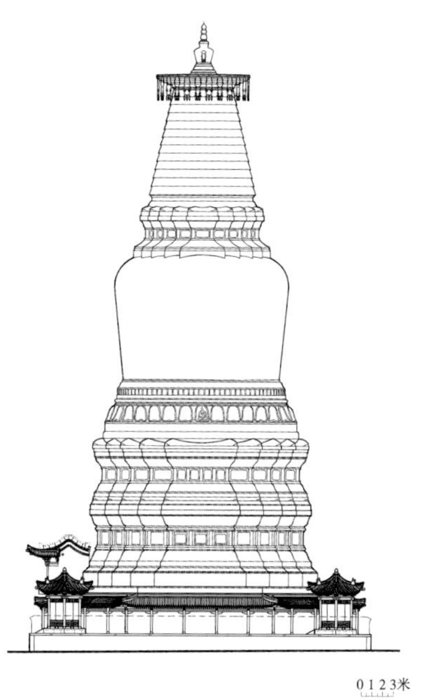

图5-36　山西五台山大白塔东立面图

图5-37　山西五台山塔院寺大白塔外观（元）

塔为喇嘛塔形式，在造型上与北京妙应寺塔、五台山塔院寺塔十分接近，但建筑尺度上却明显小了很多。塔通体高约9.36米，采用内以砖砌，外包以石的做法。塔底层为三叠式平台式砖筑基座，平面“亞”字形，基座宽度约为5.68米，基座上雕有山海纹、云水纹、金刚杵、梵文等纹样。基座之上是两重“亞”字形须弥座，须弥座下有汉地寺院建筑中常见的三叠覆式宝相莲华雕刻。二层须弥座上再覆以石刻双叠宝相莲华，形成塔身的底托。须弥座的束腰部分，亦有丰富的雕刻，转角处还用了圆柱形角柱。每层须弥座上沿之下，还雕有佛龛、佛像，及金刚力士等雕刻。基座与须弥座上沿转角部位，多呈如角翘形式的造型，似乎有将汉地建筑屋檐角翘融入塔基造型的意象，此外，须弥座上还雕凿有笙、箫、琴、瑟等古代乐器，表现了汉地文化与藏传佛教文化相互融合的特征。

胜象宝塔在原址时，其周围曾有护栏，护栏南向有一石牌坊，其上所悬匾额上横书“胜象宝塔”，上款题有“威顺王太子建”，下款题为“大元至正三年”。按《元史》载，威顺王宽彻不花为忽必烈之孙，曾经受命镇守湖广地区，其子为后来继承其位的威顺王普化。故这座塔应该是元中叶时镇守湖广地区的威顺王宽彻不花的世子宽彻普化所建，创建时间为元至正三年（1343年）。

塔之上部与北京妙应寺塔、五台山塔院寺白塔一样，也用了圆锥形相轮，其上用伞盖，伞盖之上再用宝瓶（图5-37）。只是这里的塔刹顶所用宝瓶，造型确实接近一个瓶状的器物，而非妙应寺塔，或五台山白塔那样的小喇嘛塔造型。这个瓶状的金属造刹顶装饰，很可能更多地保留了这种喇嘛塔最初创立时所借鉴的蒙古骑兵所随身携带的“军持之像”的原初形象。

4．河南安阳白塔

河南安阳白塔是一座石筑小尺度喇嘛塔，位于安阳老城西南隅冠带巷路南，相信小白塔原来与该寺位于一座古代佛教寺院的内部，但是，由于历史久远，白塔所在寺院早已湮没不存，塔址所在的院落现在是一座幼儿园，塔周围几乎没有任何古代寺院痕迹。据文物部门的判定，这是一座元代建筑遗存，塔通高约为12米，也是由塔基、塔身，及相轮、刹尖等部分组成。

不同于常见喇嘛塔造型的是，这座塔的基座平面并非“亞”字形，而采用了汉地佛塔常见的八角形平面。塔基为两层低矮的八角形平台，其上用了两层同样也是八角形平面的须弥座，八角形每面的边长约为2米。二层须弥座的八个转角上，各雕有一尊力士造像。力士造像所呈托的上层须弥座上沿，用了仰莲雕刻。两层八角形须弥座的四个正方位上，还雕有16幅浮雕，其中包括诸如“二龙戏珠”、“送子观音”等汉地佛教建筑中常见的故事题材。

第二层须弥座之上，用宝相覆莲华雕刻，上承瓶状的塔身。塔身略近常见的藏传佛教喇嘛塔形式，但形体显得瘦长，似有刻意拔高的意向。塔身一侧凿有洞室，但洞室之内的雕刻与陈设已经不存。塔身之上又通过一个类似须弥座的八角形塔脖，须弥座之上，即是喇嘛塔中常见类似圆锥状的相轮。只是这里的相轮似也采取了类似八角形的平面形式。相轮之上似乎有石制伞盖，但因塔体剥蚀严重，伞盖形象已经很难辨认。

小白塔之顶部，仍如一般喇嘛塔一样，用了一个类似小喇嘛塔的宝瓶状刹尖。只是由于剥蚀严重，其基本的轮廓已经很难辨认了。但无论如何，这座安阳小白塔，为我们保留了一座较为典型的元代汉地佛教寺院中的喇嘛塔实例（图5–38）。重要的是，其中融入了大量汉地佛教建筑的造型理念与装饰题材，可以说是汉藏佛教文化结合最为典型的建筑案例之一。

除了上面提到的几座喇嘛塔之外，由于藏传佛教的地位在有元一代是比较高的，故这一时期喇嘛塔在各地的建造应该是不会少的，现存实例也不会仅为上述的三个例子，相信现存喇嘛塔中，很可能还有元代时所建的遗构。例如，山西忻州代县县府东北不远处，曾有一座果园寺，寺址之内尚存一座元代至元十二年（1275年）所建高约40米的喇嘛塔，称为“代县果园寺塔”（图5–39），就是一个典型的例证。

（二）过街塔

元代佛教建筑中出现了一种特殊的形式，就是过街塔。这是一种设立在主要通道上或大街上的门楼式佛塔，或者说是在一座通过式门道结构的上部，设置有佛塔的建筑。

这样一种全新佛教建筑类型，其实是受到了元代时传入内地的藏传佛教影响的产物。藏传佛教在礼佛方式上，为了方便普通信众，创造了许多十分便捷的礼佛或诵念佛经的方便法门。例如，人们熟知的转经轮，即通过信众转动手中嘛呢轮，或转动设置在寺院中的嘛呢筒，由于这些嘛呢轮或嘛呢筒上刻有，或内部储有佛经经文，每转动一次，就相当于念诵了一遍佛经。这样一种理念极大地方便了普通的，特别是不识字的佛教信众。

基于这样一种理念，元代时人们在一些通道或街道上，建造了过街塔，并且相信，每当人们从塔下通过一次，就象征着对代表着佛祖的佛塔进行了一次膜拜。当然，由于历史的变迁，我们很难弄清究竟元代时建造了多少这样的过街塔，但现存的过街塔实例虽然不多，却是极有代表性的。

图5-38　河南安阳白塔外观

图5-39　山西代县果园寺塔外观

图5-40　北京居庸关云台外观

1．北京居庸关云台

北京居庸关，在元代时是进入大都城的一处重要关隘。元人就在这里建造了一座过街塔，这就是所谓的居庸关云台（图5-40）。“云台”之谓，其实是后世之人的叫法，出入京城之人，远远望见半山中的一座高台，如在云中，才有了云台的称谓。这座云台，最初就是一座过街塔。

据元人熊梦祥《析津志辑佚》的记载：“居庸在直都城之北，中断而为关，南北三十里，古今夷夏之所共由定，天所以限南北也。每岁圣驾行幸上都，并由此涂，率以夜度关，跸止行人。到笼烛夹驰道而趋，南龙虎台，北棒槌店，皆有次舍，国言谓之纳钵关。置卫领之以司出入。至正二年，今上始命大丞相阿鲁图，左丞相别儿怯不花创建。过街塔在永明寺之南，花园之东，有穹碑二，朝京而立。车驾往回或驻跸于寺，有御榻在焉。其寺之壮丽，莫之与京。”[①]可知在云台之北，曾经有一座规模宏大的寺院，称为“永明寺”，是元朝帝室往来京城的驻跸之所，在寺院之南，就是这座过街塔。今仅存塔之基座——云台（图5-41）。

云台上原有三塔，但在元末明初的一次大地震中，塔遭毁圮，现在仅存过街塔座，其形式类如一个城关。云台是用青灰色汉白玉石砌筑而成的。台高约9.5米，台底部东西长约20.84米，南北宽约17.57米。台身中央是一个折角梯形的券门门洞，这显然是沿袭了唐宋时期梯形城门门洞造型的一个实例。

台顶四周有石栏杆，栏杆根部设有螭首形排水孔。更为珍贵的是，在券门的两侧，及门洞之内的左右两壁上，布满了精美的石刻浮雕，浮雕内容包括天王、力士的造像，装饰纹样，以及包括汉文、蒙古文、藏文，以及西夏文等在内的六种文字的佛教经咒。

尽管云台上的塔已不存，但从现存云台可知，元代时的过街塔，规模可以是很大的，位置也可以是包括官道在内的重要关隘道路之上。相信这样的过街塔，在元代时，不会仅仅布置在重要城市的一个方向上，只是现在多已没有遗迹可寻了。

2．江苏镇江云台山过街塔

位于江苏镇江城西的云台山麓，有一处以江岸渡口为依托的古街，称为“西津渡”，这里曾经是古代去江北瓜洲与江中金山的主要渡口，同时也是自三国以来，来往于大江南北的重要渡口之一，从而也是镇江地区历史遗迹较为丰富的地区之一。其中也有一座元代建造的过街塔，或许因其像一个城关关隘，又地处南北交通的津渡要口，故其塔座城关上的题额是“韶关”，这显然是借喻了中原进入岭南的重要关隘“韶关”之意蕴而题的。

镇江西津渡古街上的这座所谓的“韶关”，是一座过街塔（图5-42）。据说这座塔是在元代武宗至大年间（1308—1311年）所建造的，因其塔基东西两面都刻有“韶关”两字，故又称“韶关石塔”。

塔高约5米，塔座是一个可以容人通过的门洞，横跨于一条狭长的街巷之上。佛教信徒们前赴金山寺进行礼佛仪式时，这里恰恰是一个必经之地。塔座之上仍然是一个喇嘛塔的造型，即在一个两重的“亞”字形须弥座上，通过一个覆莲塔座承托了一

---

① ［元］熊梦祥. 析津志辑佚下. 属县. 昌平县. 山川.

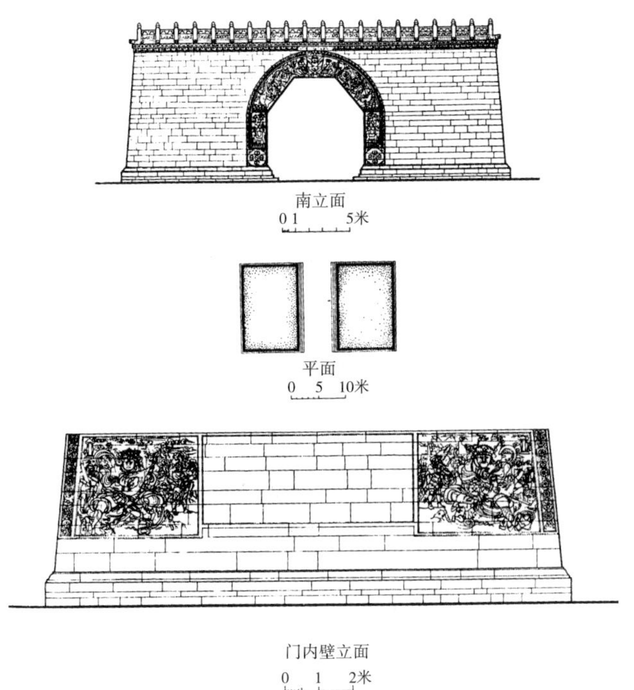

图5-41 北京居庸关云台平面、立面及内侧立面图

图5-42 江苏镇江云台山过街塔

个瓶状的塔身，塔身之上是一个圆锥形相轮，其上覆以伞盖，伞盖之下有仰莲雕刻，伞盖之上亦刻有八宝纹饰，其上再立一个瓶状的塔刹刹尖。

塔通体为石头筑造，其塔形及细部，更接近武汉胜象宝塔那种较为细腻、丰富的处理模式，而不像北京妙应寺塔或五台山塔院寺白塔那样粗犷、敦厚与庄重的效果。在近世对塔的修缮中，发现塔内有塔心室，其中有雕刻有佛教“曼荼罗”图形与造像的铜质器物。

由于缺乏相应的测绘资料，这里很难将塔各部分的主要尺寸加以描述，但在基本比例上，这座塔与南方的另外一座元代喇嘛塔——武汉胜象宝塔有诸多相似之处，只是尺度要略小一些。

（三）楼阁式砖石塔

楼阁式砖石塔的建造，在两宋、辽金时期一度达到了其建造史上的顶峰，这一时代楼阁式砖石塔的留存数量，也相当可观。相比较之，元代时并非楼阁式塔的建造高潮期，元代楼阁式塔的留存数量十分寥寥，其基本形态也多延续了两宋楼阁式砖塔的基本特征。

1．浙江宁波阿育王寺西塔

著名的宁波阿育王寺中有东西二塔。其中的西塔是一座元代楼阁式砖塔实例。由于宁波阿育王寺是一座古寺，相信寺内很早就曾有佛塔建筑。一种说法认为，阿育王寺初创于唐玄宗先天二年（公元713年），元代至正二十四年（1364年）曾经加以重建，现存遗构当是元代至正年间的建筑。

阿育王寺西塔在20世纪初时已经十分凋敝，著名的德国建筑史学者鲍希曼（Ernst Boerschmann）曾经在其著作中提到过这座塔。由鲍氏当时所拍摄的照片可知，当时这座塔的各层塔檐几乎无一留存（图5–43）。1979年文物部门曾对这座古塔进行维修，并在塔刹内发现一座方形青铜舍利塔，塔底刻有“大元至正丙午年记”，这一年是元至正二十六年（1366年），同时还发现多块有“大元至正廿五年四月初八重记”字迹的砖块，从而验证了其塔重修于元至正二十四年的说法。

阿育王寺西塔的平面为六边形，这在两宋楼阁式塔中似为罕见。塔高7层，通高约36.6米（图5–44）。塔身每侧的边长约为7.1米，塔之室内有空间，内径约为4.0米。与两宋时期塔接近的是，这座塔的底层也设有副阶层，现存副阶所用石柱及副阶塔檐，副阶檐下用了五铺作出双昂的斗栱。这些处理当为1979年进行修复工程时，根据柱础及塔檐遗迹复原而成的。

塔之南向设有入口可以通入塔内，门内首层设龛，龛内供奉有佛像。塔内环绕内室逆时针方向设有楼梯，可以抵达塔之顶层。逐层塔室都设有一个可以用来采光的窗洞，透过窗洞，光线还可以照亮各层楼梯。塔各层的六个面上，各以砖砌出壁柱、阑额，以表现楼阁式塔特征，每面为三开间。当心间两柱间，各有向内凹入的佛龛，龛内供奉有石刻佛像。

塔身为黄色，塔身二层以上各层塔檐为砖砌叠涩檐，檐下阑额上置涂成红色的木制斗栱，更为重要的是，各层塔的起翘，采用了南方常见明清建筑中常见的嫩戗发戗做法。相信文物部门修复时，对这些做法是进行过严格考证的。

各层塔檐之上，另外设有平坐檐。平坐檐为青砖叠涩砌筑而成，没有再用木制斗栱等构件。平坐上有栏杆痕迹，但近世修缮时未加复原。六角攒尖塔顶的起举十分陡峻，似乎有明清南方塔顶做法的痕迹，但从100余年前的塔之旧影中，可知这应该是其原构的本来做法，或也可以说明，这座塔顶处理方式，或可称为南方晚期常见的明显隆耸陡峻之塔顶做法的早期案例之一。塔顶之上用宝瓶式塔刹，形如宝葫芦状，似也是南方佛塔中较为常见的做法。

图5-43 浙江宁波阿育王寺西塔外观，民国七年（1918年）

图5-44 浙江宁波阿育王寺西塔外观（修复后）

图5-45 广东潮州饶平镇风塔外观

2．广东潮州饶平县镇风塔

广东潮州饶平县柘林镇东北约1公里处的风吹岭西侧滨海处有一座石塔，称为“镇风塔”（图5-45），仅从塔名就可以看出，这应该是一座风水塔。但其塔采用了常见的佛塔造型，且其意义上，似也内涵有以佛之威力，震慑海边台风所可能造成之灾害的内涵，故这里仍将其纳入佛教建筑的实例中加以讨论。

塔创建于元代顺帝至正年间。其依据之一是，在塔西侧的岩石上，雕刻有一行“岁次癸巳至正十二年二月造”的题刻，可知塔的创建年代应该是元代至正十二年（1352年）。而据广东文物部门的考证，塔建成的时间可能是至正十三年（1353年）的二月。这几乎是岭南地区尚存的唯一一座元代石塔。

塔平面为八角形，高为7层。塔体通高约22米。塔基周回长度为16米，也就是说，塔基每面边长约为2.0米，塔基之上有一圈石制栏杆。塔身似为东西向布置，但其入口却是朝北向布置。塔首层高约3.14米，以上逐层高度递减，至第七层的高度仅为1.52米，因而是一座玲珑瘦削的小尺度石塔。但因为是一座建造于海边，需抵御海风的石塔，因此其结构还是十分坚实的。例如，其首层高度与面宽虽然都不很大，但其首层塔身石墙的厚度就达到了1.6米，第二层塔墙厚1.5米，以上逐层的塔墙厚度呈递减趋势。

各塔层之间用石板条覆盖，石板楼面上留出一个洞口，与塔身内的石头阶级相接，以利于塔内各层之间的上下联系，游人可以在塔内沿螺旋形石阶登上各层。各层塔并无塔檐，却在每一层都设有平坐。平坐之下用石刻斗栱承托，斗栱形制十分简单，使用的是仅出一跳华栱的斗口跳式做法。平坐向塔身之外悬挑，在各层形成一个可以绕塔一圈的挑台，其上四周则用石栏杆环绕，以供人登塔凭栏眺望。第七层塔顶之上，设有石制塔刹，刹为葫芦状宝瓶式塔刹，似乎没有相轮。虽然没有塔檐，但塔在整体比例上，仍然觉得很协调，也显得十分玲珑剔透。

首层塔身墙上除了设置一个出入塔的门洞之外，并不设置窗洞。第三层设有一门二窗，第四至第七层则各开二门二窗。首层与三层的门洞之上还有石刻的题字，首层题有“汉义书星”，三层刻有“福魁挂子”，此外还有诸如“福德书桂寿辰星，万里江山富贵长”之类的楹联，楹联的横批为“八峰福位三宸星”，看起来像是一些似乎非佛非道的吉祥语，其中既有一点趋吉避凶的风水意味，也有一点象征“文昌星君”的意蕴。当地人也认为，这座石塔瘦削细挺的造型，很像是一支笔，故这座塔在当地人的传说中，似还有“文笔峰”之称谓。这很可能也反映了自元代开始，佛教与道教、儒教，甚至民间信仰之间，出现了某种相互融合的倾向。

3．山西平遥积福寺塔

山西平遥岳壁乡梁村积福寺内有一座元代所建砖筑楼阁式塔，即积福寺塔（图5-46）。积福寺是一座小寺，现存建筑大约布置在南北约40余米，东西约30余米的范围内，而塔位于寺院的正北方向，似乎是在寺院中轴线的延伸线上，但寺内大殿的距离约有50米之远。这可能说明寺之基址范围，原来还是比较大的。

积福寺塔平面呈八角形，外观为5级楼阁式造型，塔身通高仅约10米，塔身直径约1.5米。如此精妙小巧的一座楼阁式塔，虽然布置在一座寺院内，但却不像一般寺院中矗立的高大佛塔或舍利塔，很可能是一座高僧墓塔。

当地人亦称积福寺塔为“渊公宝塔”，这也说明此塔应该是一座墓塔。据当地文物部门的研究，塔始建于元代元贞二年（1296年），塔内很可能藏有“渊公”的舍利。但可能由于寺志遗轶，地方志也不载，有关这位渊公的事迹不详，大约曾是积福寺历史上一位曾经较有影响的大和尚。首层塔身上镶嵌有一块石头，上刻大字“文慧塔”，两侧再刻小字“文笔塔”和“渊公宝塔”。但不知这石刻是何时之物。

但因为这座塔造型优雅，比例和谐，是元代北方楼阁式塔中的佼佼者，故这里将其列入砖筑楼阁式塔的范畴内进行讨论。而当地人将这座塔称为所谓“文慧塔”或“文笔塔”的做法，其意向亦可能与广东饶平镇风塔有相似之处，应是将佛教与儒、道思想及民间信仰相互融合的结果。

塔为用砖砌筑，似为实心塔，塔身上既未设门窗洞口，亦未凿刻佛龛，甚至没有

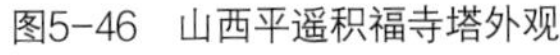
图5-46　山西平遥积福寺塔外观

图5-47　浙江普陀山多宝塔

隐出的壁柱。5层塔檐，塔檐为砖叠涩出檐，但塔檐之下却用了砖砌五铺作出双杪的斗栱，补间则用一个砖砌斗，承托砖刻的罗汉方，形制十分简单。因为只在柱头部位有出跳斗栱，使檐下的感觉显得十分舒朗、大方。一至四层塔檐之上，另外用砖叠涩出挑，从而形成类似平坐的部分，平坐之下不用斗栱，其上也没有平坐栏杆，只是一种造型比例上的装饰性意向。

塔顶起坡，但不像同一时代所建的宁波阿育王寺西塔塔顶般陡峻。八角攒尖塔顶之上再用宝瓶。但现状琉璃宝瓶似乎是近世重修的结果，其原来的塔刹形式是否就是用了琉璃宝瓶，似已不详。

4．浙江普陀山多宝塔

据佛教《妙法莲华经》卷四，“见宝塔品第十一”中的说法，多宝塔，又称“七宝塔”：“尔时佛前有七宝塔，高五百由旬，纵广二百五十由旬。……今多宝如来塔，闻说法华经故从地涌出。”[1]历史上最著名的多宝塔是唐代长安城内千福寺内的多宝塔。唐代岑勋撰文、颜真卿书写的《大唐西京千福寺多宝塔感应碑文》，对这座多宝塔进行了一些描述。

普陀山上现存最古老的建筑，就是一座多宝塔，因其塔在创建过程中，得到了元代太子宣让王及江南诸藩的捐施，故这座塔也称为“太子塔”，位于浙江舟山普陀山普济寺东南的海印池附近。塔建于元代的元统二年（1334年），塔为石头雕凿而成，平面为方形，实测总高度为32米，塔身外观3层，塔身下有高大的石头台基（图5-47）。

---

① ［后秦］鸠摩罗什译．妙法莲华经．卷四．见宝塔品第十一．

首层与二层塔身的上部，各出平坐及石勾阑，但平坐下却不设塔檐，顶层塔顶出如山花蕉叶般的宝箧印式屋檐造型，其上有四坡屋顶，上覆宝顶式塔刹，形式十分奇特。塔身各层的四个面上，各凿佛龛，龛内各有一尊佛或菩萨造像。其中尤以第三层四周观音三十二应身小像，神态温和凝重，雕凿得十分精美。佛与菩萨造像之前，还刻有神态各异的十八罗汉，有护法诸天的造像和狮子、莲华、山海纹等雕刻。四周勾阑底部雕刻有龙头形吐水螭首，使塔在造型上，极端庄稳重，又有精雕细刻的感觉，反映了元代江南地区的石刻艺术水平。

塔在后世有所修葺，部分造型及装饰处理中，可能包含了一些晚期修缮的痕迹。但在总体造型上，应该未失元代初创时的基本风貌。

第三节　元代西藏桑鸢寺

元代是一个藏传佛教及其寺院渐次兴起的时代，创建于8世纪，并在元代时得以较大规模修复的西藏桑鸢寺（现称桑耶寺）是藏传佛教寺院布局的一个典型例证。这座本属藏传佛教宁玛派（红教）的重要寺院一度也受到元代兴起的萨迦派的影响。这是所知藏传佛教建筑中最早的寺院之一。寺位于西藏拉萨东南方向山南地区的扎囊县境内。相传寺址是由莲花生大师选择与测定，并由寂护大师设计建造的，寺初创于公元762年，建成于779年，堪称藏传佛教史上第一座佛法僧俱全的寺庙。

桑鸢寺基址面积接近5000平方米，寺内建筑群，是按照佛教宇宙观中的世界建造并布置的。寺院的中心为隆耸高大的乌策大殿，这象征了佛教宇宙观中的世界中心——须弥山（图5-48）。乌策大殿两侧布置象征日月二轮的日殿与月殿两座殿堂。大殿四角则设置有四座佛塔，分别代表护持须弥山四个方向的四大天王。

主殿乌策大殿是一座楼阁，殿四周为大回廊，廊内绘制有丰富的历史、民族与宗教题材的壁画，其中包括桑鸢寺落成典礼、莲花生传、世界始创过程，甚至五台山等重要内容；还绘有佛本生故事、佛传故事，以及多达35尊的佛祖释迦牟尼造像、五世达赖像和众神与菩萨的造像。主殿的二楼与三楼的殿内及回廊内，也都绘制有精美的壁画。主殿楼下大经堂的天花上，则绘有如藻井一样的图案，多少反映了中原汉文化对寺殿建筑的影响。

图5-48 西藏山南扎囊县桑鸢寺外观（元）

图5-49 西藏山南札囊县桑鸢寺鸟瞰（元）

乌策大殿四周还布置有四座大殿与八座小殿，分别代表须弥山四周咸海中的四大部洲与八小部洲。而环绕寺院周围而建的圆形围墙，则象征了位于世界周围的铁围山（图5-49）。

这种象征佛教宇宙观的寺院空间配置，深刻地影响了藏传佛教在中原汉地的建筑，如清代帝王在承德创建的普宁寺，就是参照了这座桑鸢寺的做法，将整座寺院布置成为一个佛教宇宙世界的象征性缩影。

结语

元代佛教及其建筑，在中国汉传佛教建筑史上，其实是开启了一个新的时代。随着藏传佛教的传入，并得到元，以及其后明清两代统治阶层的提倡，使得藏传佛教寺院在中原汉地有了较大规模的建造。尽管尚存的元代寺院不多，但尚存寺院中，无论是北京，还是五台山，以及清代帝王的避暑之地承德，规模最大、最重要、最隆重，也最为辉煌的寺院，无疑都是藏传佛教寺院。位于北京城内的妙应寺白塔，迄今为止，仍然是京城内最为高大的佛塔建筑。五台山中的主要寺院，也多已纳入藏传佛教体系，而五台山塔院寺白塔，迄今也依然是五台山最具代表性的建筑形象。

尽管元代寺院及其建筑，存世者不多，但其巨大的影响力，却给中原地区的佛教与寺院，留下了深深的烙印。也就是说，元代，不仅是多元文化包容与发展的时代，也是中土汉传佛教文化与藏传佛教文化充分交汇与融合的时代。与藏传佛教文化同时进入中土地区的，还有伊斯兰文化与基督教文化。正是从元代始，中华文化的巨大接纳性、兼顾性与包容性，才得以充分地展现，从而使原本脱胎于儒、释、道三教文化的伟大中华文化，更增添了西来的藏传佛教文化（其中也包括蒙古游牧文化的内涵）、伊斯兰教文化，以及在元代开始渐次传入的基督教文化，从而变得更加宏伟、宽容与博大。这或许就是元代佛教及其建筑的真正意义所在。

第六章　雍容端庄大明风

引子　明代艺术一瞥——端庄洗练

经历了元代文化的放浪不羁与多样开放，明代是一个希冀传统回归的时代。明代在文化上，有回归唐宋时代文化的趋向。这首先表现在明太祖朱元璋为制度重建作出的一系列努力。如明代大规模城市建设运动，将城市按照京师，及府、州、县不同等级，区分了各自的城市尺度规模，还对城市中各种不同类型的建筑，如衙署、学校、文庙，以及包括乡贤祠、忠孝祠等在内的一系列地方祠祀建筑，各自在城市中的空间方位、建筑等级，都加以明确，从而使明代城市出现了“纲维布置，环列分布”，规模有差、等级有序的制度化状态。

在艺术上，明代人也十分崇尚唐宋时期。如果说明代细木家具，代表了明代艺术的基本意向与好尚，则现存明代家具中所显露出来的简单、洗练、明快、端庄的效果（图6-1），几乎就是有明一代文人士大夫，或艺术家们的审美趣好。更早时代的家具，保存数量几如凤毛麟角，明代家具几乎代表了古代中国人在家具造型与结构艺术创造上的顶峰。那简约的效果，凝练的风格，端庄和谐的外观造型，精致华美的艺术趣尚，恰到好处的装饰处理，几乎代表了古代中国人审美意趣的精华。

明代的寺院建筑，在试图努力回归唐宋传统的基础上，其实也是在走一条渐趋简明化与制度化的路。寺院的基本空间配置，趋于规整、简单、明快，没有唐时的宏大，亦无宋时的繁缛。简明的中轴线，规矩有序的左右对峙，基本上确定了其后数百年佛教寺院建筑的基本格局。由于其寺院配置的简单明确，规矩整齐，几乎令其后有清一代的寺院空间，即使再简单、规正，也难有大的突破。

明代佛造像也是一样，尽管明代统治者，十分青睐藏传佛教，但大量明代地方寺院，仍然以汉传佛教为主。寺内的佛造像，主要传承了汉传佛教寺院内造像的艺术遗风，其形式略近宋代佛造像，庄严慈悲，雍容大度，规矩有度。换言之，明代佛造像，有规有式，比例恰到，形态端庄肃穆，造型轮廓简单洗练。其中除了令人能够多少感觉到唐代艺术的端庄有力，与宋代艺术的柔美典雅之外，其丰润饱满的面相，慈眉善目的容貌，似乎少了一点彼岸世界的神秘感，而多了一点现世之人的亲切、祥和与慈悲（图6-2）。

图6-1　落落大方的晚明椅子造型

图6-2　北京智化寺明代佛造像

第一节 摇摆不定的明代佛教政策

明太祖朱元璋出身贫寒，幼年时曾经有过出家为僧的经历，这使他既深谙佛教对于普通民众的教化与引导作用，又深知宗教可能具有的某种煽动与蛊惑作用。因此，他对佛教，以及其他宗教，采取的是一种既充分利用，又加以限制的政策。

同样，虽然永乐帝朱棣对佛教，特别是藏传佛教，采取了十分优渥的政策。然而，这位成祖皇帝同时也对佛教采取了一系列限制措施。永乐六年（1408年），帝诏"令军民子弟、僮奴，自削发为僧者，并其父兄，送京师，发山做工，毕日就留为民种田，及庐龙牧马。寺僧擅容留者，罪亦如之。……十六年，定天下僧道，府不过四十人，州不过三十人，县不过二十人。"[①]永乐之后的明朝历代皇帝，大约延续了太祖与世祖这种既纵容、扶植，又约束、限制的佛教政策。

自元代始，藏传佛教渐渐渗透到中原汉地。明代帝王对于藏传佛教的崇奉现象不仅没有减弱，还甚至有所强化。早在永乐朝，对藏传佛教僧徒的崇信与礼遇已经达到极致。即使在主张排佛的嘉靖皇帝时代，藏传佛教法王前来朝觐者也未曾中断。这样一种趋势，在后来的清统治者中，也产生了一定的影响，从而影响了清代佛教及其寺院建筑。

有趣的是，自明代始，还一度出现了试图将儒释道三教合一的倾向，这一倾向导致了明清时期的一些民间祠祀建筑中，往往同时将佛、道，及中国传统神灵造像的合并在一座庙堂中进行祭祀的做法。

与隋唐，或两宋、辽金时代不一样的是，明代似乎并没有对于佛教之一以贯之的连续性政策，当然，也没有出现如唐武宗灭法那样酷烈的事件。但每一位在位皇帝，对于佛教与道教，以及对于佛教中的不同宗派，如汉传佛教与藏传佛教，却表现出不同的喜恶亲疏的态度，这种态度无疑会影响这位皇帝在位期间的宗教政策，及其建筑发展。

在明代较为明确的制度性规定里，对佛道二教有着十分明确的限制性措施，这一限制首先从僧尼与道士的数量来控制。一个府可以有僧（或道）40人，递而减之，一个州有僧（或道）30人，一个县可以有僧（或道）20人。这显然不是一个很大的数量。

---

① ［明］何孟春. 余冬序录. 志五外篇.

明代人于慎行提到："元设宣政院，掌天下释教，上天下寺宇四万二千余所，僧尼二十一万人，可谓侈矣。方今寺院僧尼不申总数，以一郡邑推之，当亦不下此数。"[①]他认为，明代的相关文献中，虽然没有给出当时全国寺院与僧尼的总数，但以一个州郡的寺院与僧尼数量，推而延之全国，在寺院与僧尼数量上，明代不会少于元代。

第二节　明代佛寺塔阁概说

虽然明代与我们今天的距离不是很遥远，但是，由于中国古代建筑以木结构为主要特征，很难承受长时期的风雨侵蚀，又常常会受到地震、火灾、白蚁，以及战争等自然与人为因素的破坏，所以，史料中所见重要的明代建筑寺院，以及上文中提到的诸多明代寺院单体建筑，也多已灰飞烟灭。

确实有不少寺院中，仍然保留了一些明代单体建筑，但是，作为一座完整的明代寺院而保存下来者，却几乎是凤毛麟角。与唐辽、两宋、金元时代所创建的寺院一样，即使有一些寺院，其中主要殿堂，经过历代修缮，仍然可能是明代原创建筑，但与其相配称的寺内其他建筑，多已是清代，甚至民国时期的遗存。

明代寺院内的主要建筑配置大体上还保持了两宋时期所形成的三门两庑，中轴对称，后阁隆耸，左库右僧的基本格局，只是高峻的三门，已渐渐被低矮的金刚殿所替代；隆耸的后阁，在造型与体量上开始变得简单；左库右僧的配置，开始表现为较为简化的处理。但沿中轴线布置若干座主要殿堂，两侧配置钟鼓楼及配殿、配庑，或连廊，形成一个对称布置的中心空间，两侧辅以生活性、服务性空间的做法，仍与两宋时期比较接近。

沿中轴线布置的主要殿堂有：

1．金刚殿与山门

尽管一般寺院中仍然有山门（或三门）做法，但在明代寺院中，明确出现了金刚殿的布局（图6-3），其作用大致相当于寺院前部的山门。门内塑有左右二金刚，俗

---

① ［明］于慎行．谷山毛尘．志十七．明万历于纬刻本．

称“哼哈二将”。

金刚殿的等级表征还是明确的。据文献的记载，明代大刹的金刚殿，一般为五开间。次大刹中，规模较大者，金刚殿仍为五开间；规模较小者，金刚殿仅有三开间。中刹中的金刚殿，一般为三开间；规模较小的中刹，如果设金刚殿，似仅有一间。小刹的情况更是如此。规模稍大者，可以有三间的金刚殿，一般仅用一间金刚殿，或不设。

换言之，金刚殿，其实是山门的取代形式。因此，有在金刚殿前加山门的，有直接以金刚殿取代山门的。而既不设山门，也不设金刚殿，直接将天王殿布置在寺院最前部的做法，就与清代寺院中，将天王殿与山门合一的做法十分接近了。

2．天王殿

在唐宋时期寺院中，即使在寺院内设有天王堂，也只是在寺内西北隅专设一座建筑，未见在寺院中轴线上设置天王堂的例子。遑论在寺院中轴线前部，设置天王殿了。然而，这种情况在明代出现了一个跳跃性的变化。

明代汉传佛教寺院中，出现一种全新的建筑类型，称为天王殿（图6-4）。这应该是在古代“四天王”信仰，及唐代“北方毗沙门天王”信仰基础上的一个综合。明代天王殿与金刚殿的结合，表现了明代寺院对于佛寺与佛法护持神灵的强化与凸显。明代南京寺院中，无论大刹、次大刹、中刹，在寺院中轴线的前部，都出现有天王殿的配置。只是有的寺院，是将天王殿与金刚殿相配称；有的寺院，是将山门与天王殿相配称；而个别寺院，则直接将天王殿，凸显在寺院的前部，使天王殿同时充当了山门的门径作用与护法功能。

3．正佛殿（大雄宝殿）

所谓正佛殿，当指寺院中的正殿，其中供奉有佛祖释迦牟尼，故被称为正佛殿（图6-5）。正佛殿这一术语主要见之于明代人葛寅亮所撰《金陵梵刹志》，其志中所列大刹、次大刹，其正殿，除了灵谷寺是在天王殿后的正殿位置上布置无量殿与五方殿之外，其余多是在正殿位置布置佛殿。

中小佛刹的正殿，一般只称佛殿，也有所谓大佛殿、后佛殿等称谓。如明代南京中刹苍云崖嘉善寺，前后依序布置天王殿、大佛殿、佛堂、苍云阁，以及方丈。这里的大佛殿，应该是正殿，其后的佛堂，相当于后佛殿。

所谓佛殿，顾名思义，不仅是佛寺的主殿，而且主要供奉佛祖释迦牟尼。但明代

图6-3　青海明代瞿昙寺金刚殿

图6-4　浙江宁波天童寺天王殿

图6-5　浙江宁波天童寺正佛殿

图6-6　明代南京大报恩寺琉璃塔

南京灵谷寺正殿，称为无量殿，其中供奉的可能是阿弥陀佛，或西方三圣造像。其后殿五方殿，供奉的当是以法身佛毗卢遮那佛大日如来为中心的五方佛，其意义相当于两宋时期的毗卢遮那佛殿或佛阁。

明代时佛教寺院中的主殿，可称为“正佛殿”，亦称“大雄宝殿”。两者之间似乎没有太大的差异。而有时将无量殿称为大雄宝殿，则可能是因为，其殿被布置在了正殿位置上。

4．佛塔

自两宋时代以来，佛塔建筑在寺院中的地位，已渐式微，至于佛塔的高低大小，似乎并没有特别规定，也难以辨析各有什么等级上的差异。明代南京大报恩寺内的琉璃塔，当是明代寺院中配置佛塔的典型例证（图6–6）。

明代《明州阿育王山志》特别提到与佛塔相关的规制：“塔庙规制：佛无以住心，函太虚乾坤作殿，是亦蘧庐。芥子可大，须弥可小。帝释树刹植竿已了，殿函宝塔，塔函虚空，惟佛舍利，小大相融。人亦有塔，中藏舍利，……”[①]说明塔只是一种标志，无论大小高低，可以大小相融。这或许也是宋明以来，并非所有佛寺都建造佛塔的原因所在。因为，在明代佛教徒看来，若佛长在人心中存，人亦有塔，人心中亦藏有舍利。这其中颇有一点禅宗思想的意味。

5．法堂

见于记载的明代寺院中，仍然多见法堂的设置，如钟山灵谷寺，寺院主体部分，沿石洞门、金刚殿、天王殿、无量殿、五方殿之后，紧接着就是大法堂，大法堂之后为方丈室。这种配置多少沿用了两宋时代的寺院格局特征。

然而，与如上情况相反，透过文献的观察，可以注意到，在明代南京的寺院中，无论大刹、次大刹，还是中刹、小刹，不设置法堂的情况，更像是一种常例。这或也说明，自中晚唐时代的佛教禅宗特别提出“不立佛殿，惟树法堂”的观念流行数百年之后，至明代又进入了一个转折期。法堂在寺院中的地位，再次趋于式微，而佛殿在寺院中，再一次回归到十分重要的地位上。

明人顾起元《客座赘语》中提到：“守心住弘济寺法堂，戒行精严，人心翕然归响之。……后示寂，就法堂右荼毗之时，西风方壮，青烟一缕，逆风而西，或谓此守心往生安养之验也，塔于寺之傍。”[②]明代僧人守心，在世时住于寺内的法堂之中，圆寂后在法堂之右荼毗，瘗于寺旁之塔内。可知明代时，其寺有法堂，且法堂之内还可以住僧。

6．佛阁

明代以降，寺院中的佛阁，较之两宋时代，有了明显的减少。如在寺院前部设置高阁，既起到山门作用，又兼有五百罗汉阁或千佛阁功能的三门楼，在明代已经比较少见。明代南京城内的寺院中，也似乎仅有一例，即次大刹鸡笼山鸡鸣寺，在天王殿之上，设有千佛阁，应该是保存了宋代在三门楼上供奉千佛造像，或五百罗汉造像的遗韵。

除了利用山门作千佛阁，或五百罗汉阁之外，唐宋寺院中，往往会在法堂之后另设佛阁，或供奉大悲菩萨，称大悲阁；或供奉华严三圣，称华严阁。更多的则是供奉毗卢遮那佛，称毗卢阁。

---

① ［明］郭子章. 明州阿育王山志. 卷三. 明万历刻清乾隆续刻本.

② ［明］顾起元. 客座赘语. 卷九. 明万历四十六年自刻本.

图6-7　江苏扬州法净寺（大明寺）藏经楼

明代寺院建筑配置模式，虽然多少还保存了一些两宋时代特色，但从史料所载的寺院格局描述观察，明代其实是一个由宋代寺院制式，向人们熟知的清代寺院制式的一个过渡性阶段。例如，明代时，除了会将毗卢阁布置在寺院中轴线后部，甚或将其与藏经楼相结合之外，在寺院内的其他楼阁设置上，似乎并没有十分明确的规则。而这一做法无疑影响到了清代寺院的空间配置。

7．藏经阁

除了将藏经楼与毗卢阁、弥勒阁等结合为一座建筑而进行配置之外，在明代寺院中，可能还设有专用的藏经阁，且可能将藏经阁布置在寺院中轴线偏后的部位（图6-7）。

明人刘侗《帝京景物略》中提到了万历时所建万寿寺内的藏经阁："中大延寿殿

五楹，旁罗汉殿各九楹，后藏经阁，高广如中殿。左右韦驮、达摩殿，各三楹。”[①]这里的藏经阁似在寺院中殿大延寿殿之后。其左右分别是伽蓝殿与祖师殿。

8．菩萨殿

辽宋时代的寺院中，已经比较多见菩萨殿，包括观音殿、文殊殿或普贤殿等的设置。明代寺院中，似乎延续了这一传统。也许是因为观音信仰深入人心，明代寺院内的菩萨殿，较为多见者，仍然是观音殿。如明代南京寺院中，多有观音殿之设。在规模较小，等级较低的小刹中，观音殿与佛殿一样，起到了主要提供信仰者日常礼拜与香火供祀的主殿之作用。

除了观音菩萨信仰外，自唐代兴起的地藏菩萨信仰，在明代仍有延续。前文中提到的，明代南京寺院中，将观音殿与地藏殿对称配置的情况，就是一种案例。这种将观音殿与地藏殿对称配置的情况，在明代南京的中刹与小刹中，尤其多见。

明代寺院中，文殊殿与普贤殿渐趋式微，观音殿的普及程度，却比唐宋时期更为过之。在更贴近普通信众的一些小寺院中，观音殿甚至有了与佛殿同等重要的宗教地位。这在一定程度上，反映了明清时期，民间观音信仰的普及程度。

9．五百罗汉殿（阁）

五百罗汉信仰，自五代时期开始流布，两宋时代的一些寺院中，已经出现五百罗汉堂，或五百罗汉殿的设置。在北宋东京大相国寺的第二三门的二层，及相国寺后部的资圣阁上，都供奉有五百罗汉的造像，可知宋代五百罗汉的影响之大。

尽管五代罗汉信仰，在明代时依然十分流行，但明代文献中，有关五百罗汉建筑的记录却十分罕见。清代文献中，提到了苏州戒幢律院内，曾有一座五百罗汉殿：“又载西园，即戒幢律院，在冶坊浜东徐太仆子，工部溶舍为寺，中有放生池，又五百罗汉殿。”[②]这座戒幢律院，在清代时已经成为苏州西园。这里描述的五百罗汉殿，在明代时应该是存在的。

10．钟楼与鼓楼

很可能自两宋时期的寺院中，已经出现了将钟楼与鼓楼对峙而立的做法。五代时人殷元勋辑，清代人宋邦绥补注的《才调集补注》中提到了一则宋林景熙《蜃记》，其中提到：“时城郭台榭忽起，中有浮图老子之宫。三门嵯峨，钟鼓楼翼其左右，檐

---

① ［明］刘侗．帝京景物略．卷五．高梁桥．万寿寺．明崇祯刻本．

② ［清］顾禄．清嘉录．卷一．清道光刻本．

牙历历，极公输巧不能过。”[1]这里虽然描写的是海市蜃楼的景观，但说明作者所在的时代，已经有在寺院前部对称配置钟楼与鼓楼的做法。但是，两宋文献中，寺院内同时设置钟鼓楼的例子，却十分罕见。因为宋代宫廷中仍然沿用钟鼓楼制度，寺院中很难普及这种建筑配置模式。

钟鼓楼在寺院中的真正普及，应该是始自明代。明代寺院中，在寺院前部左右配置钟鼓楼的做法，已经比较常见。

史料中记载的明代南京中刹与小刹，将钟鼓楼对称配置的现象，比较多见。如中刹雨花台高座寺、永兴寺、普德寺、外永宁寺、献花岩寺等，都是在寺院内中轴线两侧，对称配置了钟鼓楼。

但是，明代南京寺院中，仍然有一些中刹与小刹，仅仅保留了钟楼的设置，并无对称配置的鼓楼。这说明，鼓楼在明代寺院中，并非不可或缺的建筑配置，同时也说明，钟鼓楼对称配置的做法，在明代只是刚刚开始普及，远没有达到后世清代寺院中那样随处可见的程度。

此外，明代时各地城市中，普遍有在城市中心地段建造钟楼与鼓楼的习惯。而明代一些地方的城隍庙及道教宫观中，对称配置钟鼓楼的情况，也比较多见。

11．方丈

沿袭了唐代以来重视寺院方丈地位的传统，明代寺院中，在规模较大或等级较高的寺院中，作为寺院主持僧办公及起居之用的方丈院，或方丈寝堂，仍然主要被布置在寺院中轴线的后部。

规模较大或等级较高的寺院中，往往会设置左、中、右三个方丈室或方丈院。也有将方丈室，与寺内法堂结合为一的例子，如南京能仁寺：“法堂七楹，即方丈。”[2]法堂被布置在正佛殿之后，位于寺院中轴线的后部，其功能亦兼有了方丈室的作用。这或也开了一个先例。清代以来的一些寺院，有将方丈室与法堂结合为一的例子，如将方丈室布置在法堂二层。其滥觞可能肇始于此。

明代南京寺院中的中刹，并非都设有方丈室。诸多中刹仅仅设有僧院，寺院主持僧人的寝堂，可能也在僧院之内。文献中所记录的南京小刹中，几乎没有发现有设置方丈的例证。一般只是在寺院中设置一所僧院。寺院主持僧的房间，也在这所僧院之中。

---

① ［五代］殷元勋．才调集补注．卷九．清乾隆五十八年宋思仁刻本．
② ［明］葛寅亮．金陵梵刹志．卷三十二．明万历刻天启印本．

12．禅堂

唐宋时期，随着佛教禅宗的逐渐兴起，出现了专门修持佛教禅宗的禅院，或称禅宗丛林。禅宗寺院中，出现了一系列古代寺院中未曾有的做法，如设立专为禅僧们修禅打坐之用的建筑——僧堂。

两宋时期的寺院中，僧堂成为禅宗寺院中最为重要的建筑类型之一。宋代寺院中，一般会将僧堂设置在寺院的右（西）侧。僧堂室内面积较大，往往成为一座禅宗寺院的日常修持与起居的中心建筑。

明代史料中，有关僧堂的描述，虽然仍较多见，但仔细分析这些史料，都是明人所辑宋元时代人的碑记或笔记之类。而明人所新创或重修的寺院中，僧堂建筑几乎不见踪影，取而代之的，是禅堂，或禅院。

不设僧堂，而只设禅堂，很可能是明代朝廷的一项政策，据《金陵梵刹志》："洪武三十年丙午，命僧录司行十二布政司，凡有寺院处所，俱建禅堂，安禅集众。"[①]禅堂之作用，既是安禅集众，其功能与前文所引专门用于"休处朋徒"的僧堂是一致的。但是，明朝帝王专门下了谕旨，要求凡有寺院处所，都要建造禅堂，这其实也包含有以禅堂取代僧堂的意义于其中。

南京大刹灵谷寺的禅堂中，有护法之韦驮殿，演法之法堂，还有华严楼、斋堂和静室内、厢楼、仓库，厨房茶室之属，俨然一座小禅院。南京中刹内的禅堂布局，就简单得多，或仅仅设置一座禅堂建筑，或是在禅堂旁配属斋堂、厨库、茶寮等休憩服务性建筑。明代南京小刹，基本上不再设置禅堂，只设僧院。

13．律堂

为律僧们独立设置的"律堂"的概念，很可能在唐代时就已经出现。但史料中所见明代南京城内外的律寺，较之禅寺要少了许多，寺中设置律堂的案例也不是很多，大约也仅有个别规模大且等级高的大刹中，才设置有律堂建筑。

南京大刹灵谷寺的律堂与禅堂，恰好布置在寺院中轴线左右两侧。禅堂在寺院大法堂之左（西），律堂在大法堂之右（东）。从而使我们得出一个概念：若在一座寺院中，既有禅堂，又有律堂，则应按照"禅左（西）律右（东）"的模式去配置。

14．戒坛

既有律堂，在一些律宗寺院中，应该也有戒坛。有趣的是，明人撰《金陵梵刹

---

① ［明］葛寅亮．金陵梵刹志．卷二．明万历刻天启印本．

图6-8　北京戒台寺戒坛殿

志》中，并没有特别列出当时南京的哪一座寺院中布置有戒坛，只是在引用前代人的文献中，提到某寺曾经有戒坛之设。这是否说明，在明代南京的寺院中，戒坛的作用似乎没有那么不可或缺？

根据明人的记载，明代北京城寺院中是有戒坛之设的，如北京法藏寺内，就曾设有戒坛。北京现存寺院中，如戒台寺（图6-8）、潭柘寺内，都设置有戒坛，这或也说明，戒坛建筑，在明清时代的寺院，特别是北京的寺院中，仍然具有十分重要的地位。

明代人记录了杭州城内一座寺院戒坛反复兴废的历史："戒坛兴废：……嘉靖三十四年，倭寇至，当事者恐其区广，为贼薮，焚之。旋即修复，后复火。孙织造隆，又复之，壮于前观矣。"[①]显然，戒坛在这座寺院中，是一座十分重要的建筑物，而且其内部空间可能很宏敞，所以才被当时人担心，这座戒坛会成为倭寇的贼薮而将其焚毁。

15．僧院

《金陵梵刹志》中所记录的寺院中，多有僧院之设。如明代南京大刹中，每个僧院都有近百间，或百余间房屋。次大刹中的僧院设置情况与大刹一样，只是规模小了一点，大约十几，二十余间房屋。中刹与小刹中，也几乎各有其僧院的设置，差别只

① ［明］朱国祯．涌幢小品．卷二十八．明天启二年刻本．

是僧院内房屋数量的多少。说明在中刹与小刹中，僧院内建筑物数量，是与寺内所住僧人的多少有关的，而与寺院的等级并无多少关联。

史料中并没有特别给出这些寺院中的僧院所处的空间位置，但是依据两宋时代已有传统，可以推测，僧院一般应是布置在寺院中轴线建筑之外的。至于其方位，则较大可能是被布置在寺院西（右）侧。

原因是因为，僧院或僧舍一般应布置在寺院中较为尊贵的一侧。而按照传统中国人的方位概念，西面为尊，故两宋时期，将僧堂、僧寮等布置在寺之右（西）侧，而将服务性的库司、厨房、斋堂等布置在寺之左（东）侧。这一习惯，也会体现在明代寺院中的僧院布置上。

在一些较小寺院中，僧人寮舍，亦可能随宜布置在寺院后部的中轴线两侧，如明代人记载的北京碧云寺："而僧寮在两庑后，东西向卑列，无幽邃意。"①可知明代碧云寺的僧寮，是布置在寺院中轴线两侧庑房之后的，呈东西向排列。

第三节 明代佛教寺院及其殿阁遗存

现存明清时代寺院中，可能掺杂了若干清代重建或新建的建筑，但主要殿堂仍然是明代原构的较为完整的明代寺院或还可以发现几座。

1．北京智化寺与法海寺

北京尚存两座明代佛寺：智化寺与法海寺。智化寺位于东城区禄米仓东口，是明代太监王振于正统八年（1443年）所建家庙，后舍为寺，明英宗赐额"报恩智化寺"。寺原有东、中、西三路，保存尚好者，是中路部分。寺坐北朝南布置，南北长278.8米，东西宽44.5米（图6–9）。

寺沿轴线设五进院落，前为山门，次为智化门兼天王殿，门前东西对峙钟、鼓楼。门内为智化殿，殿为单檐歇山顶，内供奉三世佛及十八罗汉像，并有精美的藻井（图6–10）。殿前有东西配殿：大智殿与轮藏殿。大智殿内供四大菩萨，轮藏殿内设木制转轮藏。

① ［明］宋彦．山行杂记．

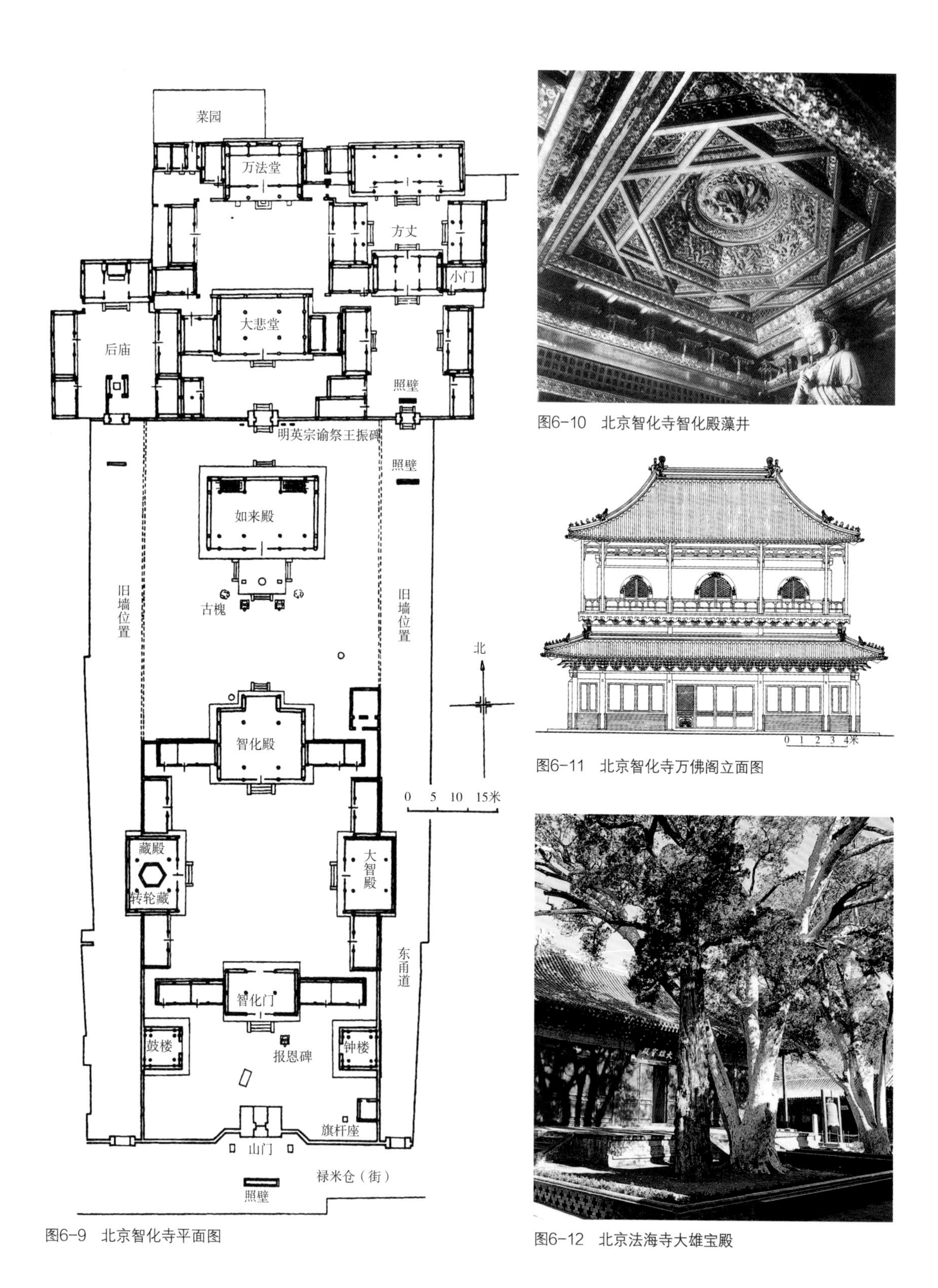

图6-9　北京智化寺平面图

图6-10　北京智化寺智化殿藻井

图6-11　北京智化寺万佛阁立面图

图6-12　北京法海寺大雄宝殿

第三进院是一座两层楼阁——如来殿，首层面广五间，进深三间；二层收为三间；周围有平坐栏杆，四壁用砖砌厚墙，正面开三个拱券门窗洞。室内除门窗外的墙壁上布满佛龛，龛内有九千尊佛像，故称“万佛阁”，屋顶为庑殿式（图6–11）。第四进院内有大悲堂，堂前一座小门，堂后又有一稍大院落，主殿为万法堂，两侧有东西配房。大悲堂与万法堂两侧，保留有东西两路的后部庭院，如方丈院等。

寺内主要建筑，如山门、智化门、智化殿、大智殿、轮藏殿、万佛阁等，均用黑色琉璃瓦顶，使寺院氛围厚重、沉郁。殿堂内部，以色彩华美的彩画、佛造像、藻井、壁画、转轮藏，创造一种佛国世界欢娱场景。万佛阁内原云龙蟠绕的斗八藻井，被盗卖出国后存美国堪萨斯纳尔逊博物馆。

法海寺位于京西模式口村，明太监李童于正统四年（1439年）建，英宗赐额“法海禅寺”。寺内有山门、天王殿、大雄宝殿、药师殿与藏经楼。但仅大雄宝殿为明代原构。大殿面广五间，进深三间，单檐庑殿黄琉璃瓦顶。由于推山较小，正脊较短，大殿显得较为古朴（图6–12）。外檐柱头科斗栱用五踩单翘单昂，明间与次间各布置四攒平身科斗栱，梢间两攒平身科斗栱。两山檐下斗栱，当中一间平身科五攒，前后间各两攒。大殿坐落在石筑台基上，前有须弥座式月台。

大雄宝殿内有三佛与二胁侍造像及精美壁画（图6–13），殿内有三组藻井，左右两个形制较接近，东边藻井绘药师曼陀罗，西边藻井绘阿弥陀曼陀罗。中央藻井中所绘曼陀罗，中心是毗卢遮那佛本尊，外绕八叶莲花与四重菩萨。曼陀罗四方各有门。藻井上有雕刻精细的斗栱。梁枋上的彩画也多保存明代特色，如用青绿二色，并在退晕与花心处点金。

殿内壁画绘有飞天、十方佛、八菩萨，及四时花卉。北壁后门两侧绘有以梵王、帝释为首的二十诸天相向行进行列，场面极其宏大。

2．青海乐都瞿昙寺

瞿昙寺在今青海乐都县瞿昙镇，初创于明洪武二十五年（1392年），次年因院主三罗藏拥戴明王朝统治，太祖朱元璋以佛祖释迦牟尼族姓“瞿昙”御赐匾额。明永乐、洪熙、宣德时钦派太监与匠师参与寺院扩建与重建。寺呈南向偏东布置，背依罗汉山，前有河谷地，河水环绕寺前。

寺布置在一略成方形土垣内，建筑面积近1万平方米。沿中轴线布置山门、金刚殿、瞿昙殿、宝光殿和隆国殿，并分前、中、后三进院落，中院与后院环以廊庑。两侧对称布置御碑亭、护法殿、左右小经堂、香趣塔、大小钟鼓楼等（图6–14，图

图6-13　北京法海寺大雄宝殿内壁画一隅

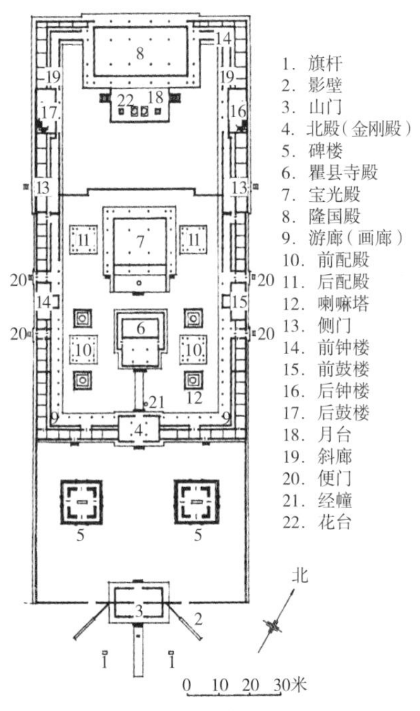

图6-14　青海乐都瞿昙寺平面图

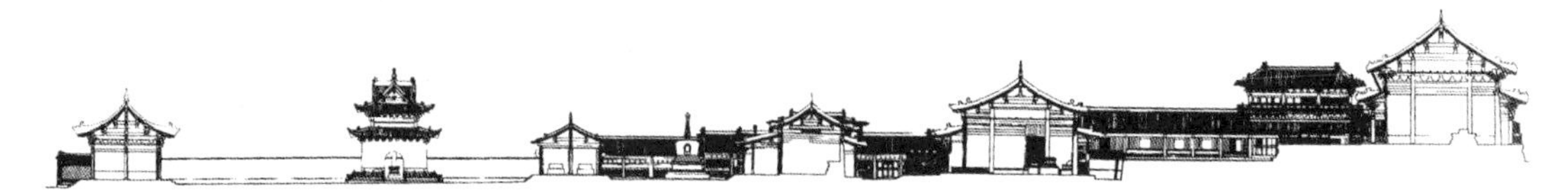

图6-15　青海乐都瞿昙寺剖面图

图6-16　青海乐都瞿昙寺隆国殿外观

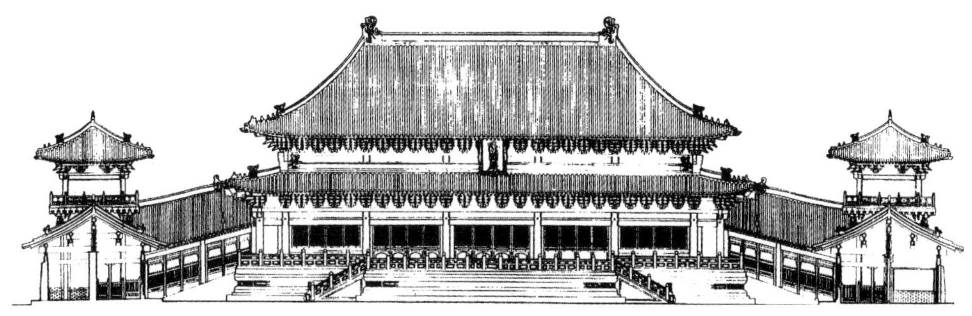

图6-17 青海乐都瞿昙寺隆国殿立面图

6-15）。寺东北方向，有一组两进院青海民居风格建筑群，称“囊谦”，是活佛住所。

山门面广三间。门内左右分立两座方形御碑亭，上用重檐十字脊顶。西侧为金刚殿，恰成前院与中院间过殿。瞿昙殿位于中院前部，宝光殿位于中院后部。殿面广五间，平面均近方形，用重檐歇山顶，高约12米。

主殿隆国殿，位于后院后部一3.2米高须弥座石台基上。殿面广七间，进深五架，重檐庑殿顶，高16米。殿身四面有回廊，殿前有月台。月台正面及左右设踏阶，周围围以红石栏杆。殿前左右对峙大小钟鼓楼。殿两侧与渐升高的庑廊相接（图6-16，图6-17）。

两翼庑廊内绘有壁画，称为“七十二间走水厅”。壁画内容为佛教传说故事，如“忉利天众迎佛升天宫图”、“善明菩萨在无忧树下降生”、“净饭王新城七宝衣履太子体”、“龙王迎佛入龙宫图”、“六宫娱女雾太子归宫图”等。

瞿昙寺原为藏传佛教噶玛噶举派寺院，随明末格鲁派崛起，又改宗格鲁派，历史上的瞿昙寺曾领有13座寺院。寺是一座具有明代宫殿建筑特征的佛教建筑群，如高踞于寺院后部重檐庑殿顶的隆国殿，殿两翼的庑廊、对称设置的配殿等，都有一点北京宫殿建筑的影子。尤其是两侧庑廊间嵌设的楼阁，与明代北京宫殿在主殿前对称布置文楼与武楼的做法十分接近。寺内主要殿堂梁架、斗栱、藻井，较符合明官式建筑特征。

3．山西洪洞广胜寺上寺

山西洪洞广胜寺分上下两寺，下寺主殿为元代建筑遗构。上寺虽然也有元代遗构，但其主殿大雄宝殿，及寺前砖筑琉璃塔——飞虹塔，均为明代建筑。

上寺沿中轴线依序有山门、飞虹塔、弥陀殿、大雄宝殿、毗卢殿，共为四进院落（图6-18，图6-19），大雄宝殿前两侧，有左右庑房，毗卢殿前两侧，则配置有观音殿（左）与地藏殿（右）。寺院左侧有一个禅堂院。而高大的飞虹塔，矗立在寺院前

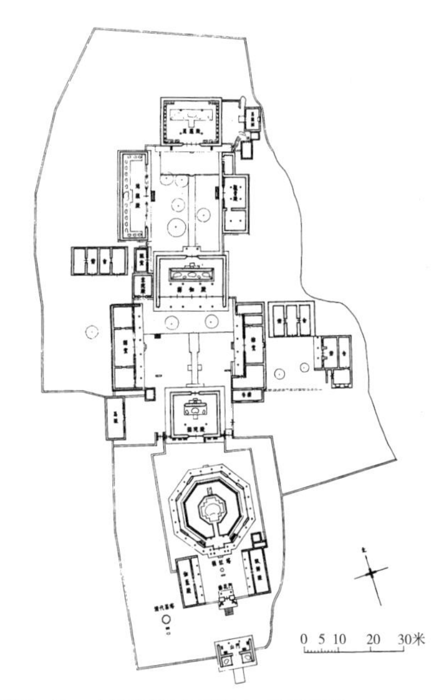

图6-18　山西洪洞广胜寺上寺平面图

图6-19　山西洪洞广胜寺上寺外观

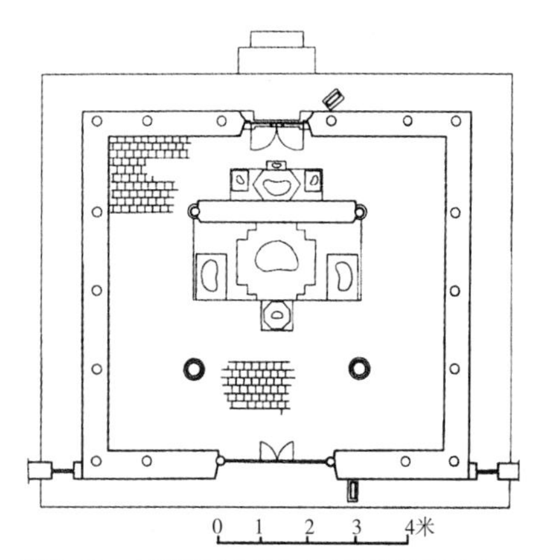

图6-20　山西洪洞广胜寺上寺弥陀殿平面图

图6-21　山西洪洞广胜寺上寺弥陀殿剖面图

图6-22　山西洪洞广胜上寺弥陀殿外观

图6-23　山西洪洞广胜上寺毗卢殿外观

部的庭院中，形成寺院的主要标志。

飞虹塔之后为弥陀殿，殿为五开间，歇山式琉璃瓦顶，殿内供奉有西方三圣，及阿弥陀佛，与观音菩萨、大势至菩萨的造像（图6-20）。大雄宝殿位于寺院的中心位置，殿为五开间，采用了悬山式屋顶（图6-21）。其内供奉木刻释迦牟尼佛，佛像被设置在一个雕凿精美的明代木制佛龛内。殿后壁亦雕有精美的观音造像。

与明代寺院中习惯的做法一样，寺院中轴线最后一座殿堂，为五开间的毗卢殿（天中天殿）。殿为庑殿式造型，由于其推山极小，正脊短小，四条戗脊的曲线十分舒展，在造型上颇具元代古风。毗卢殿为元代结构，虽然经过了明代弘治年间的重修，但仍保存了较多元代建筑的特色（图6-22，图6-23）。殿内供奉有佛教密宗五方佛中的三佛，即中央毗卢遮那佛（大日如来）、东方阿閦佛、西方阿弥陀佛，及与三佛配称的多位胁待菩萨与护法金刚造像。这一雕塑配置，很可能代表了元明以来寺院中轴线后部所设毗卢阁内供奉的佛造像的典型配置。

而殿内沿周围墙壁设置的木雕佛龛与佛阁，则为明代的作品，可以称作是明代小木作中的精品。这些雕刻精美的龛阁内，供奉有铁铸佛像35尊，殿内四壁还绘有壁画。

两侧配殿观音殿与地藏殿亦为悬山式琉璃瓦屋顶造型。其中观音殿为五开间，其右附有一座小殿；地藏殿为七开间，当为在明代重建之后，清代及晚近都有重修。殿内有地藏菩萨造像及地狱阎罗及罗刹的泥塑与悬塑，但不知其中保存了多少明代的原作。

4．山西陵川崇安寺

山西陵川崇安寺是一座古寺，其始创年代无考，但隋唐时就已经成为当地的重要寺院，唐代时曾称丈八佛寺，北宋太平兴国元年（976年），寺更名为“崇安寺”。然而寺内现存建筑，除了一座元代的楼阁建筑——西插花楼①外，山门与佛殿均为明代时的遗构。

也许因为其寺自北宋时代即更名为“崇安”，故寺院仍然保持了两宋时期“三门隆耸”的传统做法（图6-24）。崇安寺山门是一座五开间的楼阁式建筑，进深为六架椽，彩色琉璃剪边。其阁的二层为重檐屋顶，故整座山门楼为“三滴水”式造型，歇山屋顶覆以灰色筒瓦，并有彩色琉璃剪边。因其寺位于陵川县城北的卧龙岗上，地势比较高敞，山门前还有两重高大的台阶，使这座寺院山门显得十分雄伟、壮观。

这座山门的明间是一个石质门框，其上刻有北宋嘉祐辛丑年（1061年）的题记，有可能是宋代旧有的石构件。但从其楼的形制观察，这显然是一座明代楼阁，故这一石门框，

① 贺从容．陵川崇安寺西插花楼探析．中国建筑史论汇刊．第8辑．第91-130页．中国建筑工业出版社．2013.

图6-24　山西陵川崇安寺山门外观

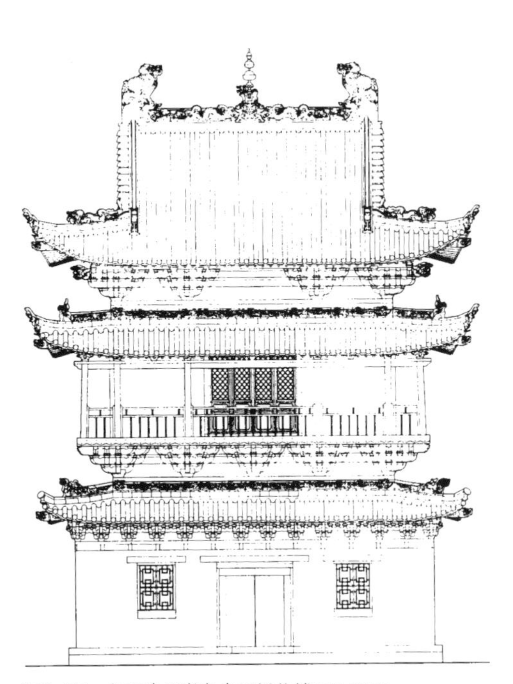

图6-25　山西陵川崇安寺西插花楼正立面图

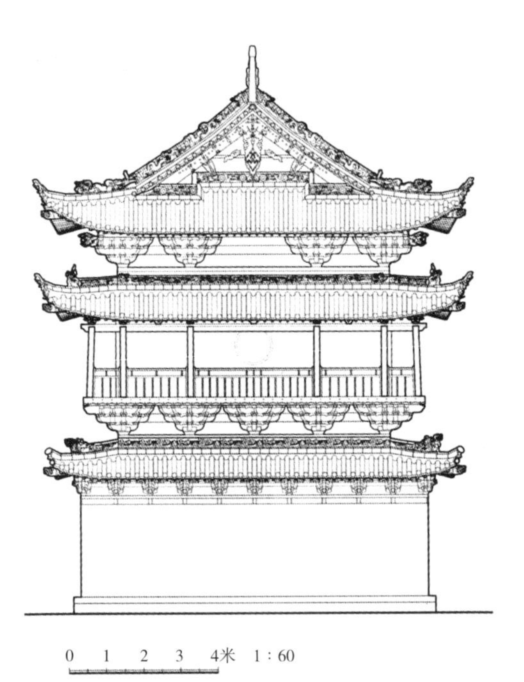

图6-26　山西陵川崇安寺西插花楼侧立面图

当是从宋代建筑中挪用而来的。由此推测，其山门造型，很可能也借鉴了宋代三门旧有的形式。按照当地的俗称，这座山门又被称为“古陵楼”。山门的第二层有内部空间，但不清楚其内曾经供奉有什么。宋代寺院三门楼上，或供奉五百罗汉造像，或供奉千佛造像，故这座山门的二层，很可能也曾经供奉有类似的群组式造像。山门两侧有钟鼓楼，各为一座三开间重檐歇山式屋顶殿堂，坐落在一个高起的砖砌台座之上，殿脊亦有琉璃装饰，从而衬托的山门楼更为庄重与气派。在钟鼓楼与山门楼之间，夹有两座掖门。

进入山门之后，有一座前殿，面阔五间，进深六架椽，单檐歇山屋顶。这也是一座明代建筑。在前殿的两侧，原来对称布置有二座楼阁建筑，称为东西插花楼（图6–25，图6–26）。东插花楼，在20世纪40年代毁于战火，现在尚存的西插花楼，是一座二层“三滴水”式楼阁，其第二层采用了歇山重檐屋顶的造型形式。从殿阁的形制来观察，这应该是一座保留有较多元代做法的楼阁建筑。由于前殿与东西插花楼内的造像早已不存，且缺乏相应的文献考证，故尚难断定这座前殿，及其左右的楼阁，各属于什么类型的建筑。若以宋元时代的配置推测，这两座楼阁，或有可能是两座供奉文殊与普贤的菩萨阁，抑或有可能是对称配置的经藏阁与观音阁?

前殿之后为寺院的正殿——大雄宝殿。殿面阔五开间，进深八架椽，单檐悬山式屋顶，灰色筒瓦，绿色琉璃瓦剪边及方心。这座大殿亦为明代遗构。殿前庭院中的左右两侧，各有配殿七间。前殿之前庭院中的左右两侧，亦配有东西庑11间。配殿及配庑，已经过清代的修缮或重建，从形制上看，这4座配房，更像是清代建筑遗构。

5．山西平遥双林寺

位于山西省平遥县西南6公里桥头村的双林寺，也是一座古寺，其始创年代不详。寺内尚存北宋大中祥符四年（1011年）的古碑一通，其中有“重修寺于武平二年”，可知寺的初创年代不会晚于北齐武平二年（571年）。寺原名为“中都寺”，大约于北宋年间，改名为“双林寺”。到了元代末年，寺貌已经颓圮不堪，之后的明代景泰、天顺、弘治、正德及隆庆年间，屡有修葺，清代亦曾有较大规模的修缮活动，故寺院中的主要建筑为明代遗构，部分建筑则经过了清代的重修。

双林寺为南北向布置，寺四周有一圈明代时修建的夯土围墙，墙上有雉堞，使得寺院外观颇似一座小型城堡。围堡之前有一个敞院，正对堡门是一座后世修建的戏台。堡门起到了寺院山门的作用，堡门以里，沿寺院中轴线依序布置有天王殿、释迦殿、大雄宝殿、佛母殿四座殿堂，与堡门一起形成了四进院落。释迦殿前左右各有4间配殿，左为罗汉、关圣殿，右为阎罗、土地殿。其制略近于明代寺院中渐渐形成的伽蓝殿（供奉伽蓝神关羽）与地藏殿（供奉地藏菩萨与阎罗王）接近，很可能表现了元末或明初时期具有过渡性意义的某种寺院配置特征。在释迦殿两山，前后院的配殿之间，对称峙立有钟鼓二楼，呈东（左）钟西鼓的配置。钟楼之内尚悬有一口明代嘉靖年间的铜钟。

寺院主殿大雄宝殿前的庭院十分宏敞，两侧对称布置有左右两座配殿，左（东）为千佛殿，右（西）为菩萨殿，均为七开间。大雄宝殿之后为寺院最后一进院落，布置有佛母殿，又称“娘娘殿”。佛母殿旁还有一座贞义祠。寺院东侧原有禅院、经房等建筑，亦可能按照明代寺院的空间配置沿用下来的，但现在已成为一座小学的教育用房。

双林寺天王殿为明代遗构，殿面阔五间，进深三间，悬山式屋顶，灰色筒瓦绿琉璃剪边（图6-27）。雕琢精美的琉璃脊饰宝顶上，有“弘治十二年八月二十六日”的题记。殿有前檐廊，廊下配置有四大金刚的塑像，每尊塑像高近3米，殿内同时配置有四大天王，及天冠弥勒菩萨及胁侍其左右的帝释、梵天造像。说明，这是一种将金刚殿与天王殿合二为一的建筑配置模式。而在一座寺院中，同时配置金刚与天王造像，恰好反映了某种明代寺院的特征。

天王殿之内，是寺院的前殿，称“释迦殿”。殿内供奉有释迦佛，及文殊、普贤二菩萨，多少有一点接近于“华严三圣”的意义。但殿内四壁上塑有以释迦牟尼佛本生故事及佛传故事为主题的壁塑，又使得大殿更像是一座释迦佛殿。释迦佛座后壁之后，还塑有一尊精美的渡海观音造像。

释迦殿前两侧的左右配殿，各为四开间，但每座建筑内又被分隔为两个小殿，分别供奉有关圣、罗汉，与阎罗、土地。罗汉殿内供奉有十八罗汉与观音造像。关圣殿，其实就相当于伽蓝殿，而阎罗殿内供奉有地藏菩萨的造像，可知这正是将明代渐

图6-27　山西平遥双林寺天王殿外观

成规制的，将伽蓝殿与地藏殿对称配置的做法，与宋元时期习惯配置的罗汉殿、观音殿，以及宋代以来在一些寺院中出现的土地殿，融合为一的一种寺院空间配置模式。

寺院中的主殿为大雄宝殿，这也是一座明代遗构。殿为五开间，进深三间，单檐歇山式屋顶。殿前有前廊。覆灰色筒瓦绿琉璃瓦剪边。柱头科与平身科均用五踩斗栱。每间各用平身科斗栱一攒，因而显得颇有明代斗栱的疏朗与大方感。殿内供奉有法身（毗卢遮那）、报身（卢舍那）、应身（释迦牟尼）三身佛造像。三身佛左右有文殊、普贤的坐像。三身佛前亦有接引佛造像。大雄宝殿内还曾有明代所绘的壁画《礼佛图》，只是在民国初年，壁画曾遭白灰覆压，现在仅能略窥经清洗后露出的壁画局部。

大雄宝殿前左右对峙有各为七开间的千佛殿与菩萨殿。千佛殿内塑有千佛、韦驮及自在观音的造像，而菩萨殿内则塑有千手千眼大悲观音菩萨的造像。其中自在观音与韦驮造像，是明代雕塑的精品（图6–28）。这两座殿堂，其实是自北宋时代开始的，在寺院中配置千佛殿、大悲殿做法的一个延伸。这两座殿堂，都反映出双林寺所具有的自宋元寺院较为完备、繁复的空间配置，向明清寺院更为简单、紧凑的空间配置的一种过渡形式。

位于寺院中轴线最后部的佛母殿（娘娘殿），为一座面阔五间，进深三间，单檐歇山顶殿堂。殿重建于明代正德年间，仍为一座明代遗构。但殿内的造像，已经经过了清代重妆，且已经改为“送子娘娘”造像。其殿东侧的贞义祠内，亦是十分晚近具有民俗意味的“药婆婆”等造像。反映了明清以来，佛教寺院中，渐渐杂糅进道教及地方民间信仰的一些迹象。

6．福建泉州开元寺

现存佛教寺院木构殿堂遗存中，在南方地区的寺院中，尚能确定是明代遗构者，可以举出泉州开元寺。也就是说，泉州开元寺大雄宝殿，仍然保存了其在明代重建时的基本结构与样貌。

开元寺初创于唐代垂拱二年（686年），初名“莲花寺”，后又先后更名为“兴教寺”、“龙兴寺”，至唐玄宗开元二十六年（738年）时，遂依诏书，更名为“开元寺”。至唐末五代时，据有闽地的王氏统治集团曾有重建。至南宋绍兴二十五年（1155年）寺遭毁圮，之后再次重建。元代时又遭毁坏，明永乐六年（1408年）曾有重建；明万历二十二年（1594年）及明崇祯十年（1637年），亦有大规模修缮。寺院现存建筑中，东西二石塔，是南宋重建时的遗物，而寺内的主殿大雄宝殿，则是明末崇祯十年（1367年），由总兵郑芝龙重建而成的。

图6-28　山西平遥双林寺千佛殿内景

图6-29　福建泉州开元寺鸟瞰外观

图6-30　福建泉州开元寺大殿前檐柱廊

图6-31　福建泉州开元寺大殿屋顶形式

图6-32　福建泉州开元寺大殿内“伎乐飞天”斗栱

图6-33　福建泉州开元寺甘露戒坛外观

尽管历史上，泉州开元寺是一座规模宏大的寺院，这一点从寺内尚存双石塔的尺度与布局，就可以推测出来（图6–29），但现存寺院布局模式，与一般常见的明清寺院没有大的区别。

沿寺院中轴线，依序布置有山门（天王殿）、拜亭、大雄宝殿、戒坛、藏经阁。中轴线之左（东），有檀樾祠、弘一法师纪念馆，及禅院（准提禅院）；中轴线之右（西），则有安养院、功德堂、水陆院等。大致沿袭了两宋时代左为服务区，右为僧寮区的基本布局模式。然而，除了大雄宝殿尚为明代遗构外，其他如东西廊等附属建筑，多为后世重修时所建。

大雄宝殿面阔九间，加上前后檐廊，进深亦为九间，但殿内前部有一排减柱子，佛座部分亦有减柱。其中殿身部分，面阔九间，但主体结构部分，进深实为五间。86根粗大的柱子，多为石柱上墩接木柱的做法（图6–30）。外观为重檐歇山式屋顶，上下檐均覆黄琉璃瓦，大殿高约20米。上檐歇山两际收山有一开间之多，正脊亦通过两侧的明显生起，而呈曲缓的曲线形式，颇具两宋时代屋顶的造型意味，又通过脊饰处理，而透出明清福建地方建筑的特征（图6–31）。

此外，大殿台基须弥座上的青石浮雕，及后檐廊下，有明显印度式样柱子的造型，都更为这座宏伟建筑增添了神秘色彩。据说这些都是明代重建时，从当地元代人所建的印度式庙宇中移用而来的。由此也可以看出，泉州在古代中外交通，特别是海上丝绸之路上所起到的重要作用。

此外，大殿四周檐柱及室内前槽柱子上，皆布置有尺度硕大的斗栱，柱间还有补间斗栱。除了两侧尽间用平身科斗栱一攒外，其余明、次及梢间，均布置有平身科斗栱两攒。故其斗栱配置，比起同时代北方建筑，显得疏朗许多，似保存了宋元时期木构建筑的遗风。此外，在殿内斗栱上，还向外悬塑有24尊“乐伎飞天”人形雕刻（图6–32），从而使得大殿内的宗教艺术氛围更为浓郁。

与一般寺院大雄宝殿中，主要供奉释迦牟尼佛，或三世佛的情况不同，开元寺大殿内供奉的是五方佛。五方佛，又称“五智如来”。大殿中央供奉有法身佛毗卢遮那佛造像。毗卢遮那佛为中央佛，又称“大日如来”。左右分别供奉有东方香积世界阿閦佛，西方极乐世界阿弥陀佛，南方欢喜世界宝生佛，与北方莲花世界不空成就佛。此外，大殿后部还布置有观音及十八罗汉的造像。

大雄宝殿后，是一座八角形平面的殿堂，称“甘露戒坛”。戒坛为重檐八角攒尖使用屋顶造型，四周有副阶环廊，前部亦有前廊（图6–33）。殿内有一座五级戒坛。

坛顶供奉有卢舍那佛的木刻雕像，坛台四周还有立柱、护版，及诸多佛、菩萨，及天王、力士的雕像。室内屋顶下有结构十分复杂精美的藻井。据说，这座戒坛，也是明末时期的遗构。戒坛之后原为法堂，后改为一座二层的藏经楼。但其基本的结构与造型，在民国时已经过了重建。

第四节 明代寺院中的"无梁殿"与琉璃塔

一、无梁殿

中国古代建筑的主流部分是木结构，而木构建筑的基本特点是木构梁柱体系。由四根柱子，支撑柱头之上的梁与额，构成了最为基本的间架，这一结构体系与西方建筑理论史上经典的结构机能主义理论十分契合。然而，随着砖石材料的逐渐普及，砖石结构的建筑物，也渐渐在中国古代建筑中取得了一席之地。早在南北朝，以及隋唐时代，砖石砌筑的佛塔，已经十分多见。

然而，使用砖石结构，建造一个有较大室内空间，在一个重要建筑群具有重要地位的主要殿堂，并将其布置在中轴线上，这样的情况，在明代以前几乎没有先例。明代以前的文献中，未见有所谓"无梁殿"这样的说法。仅有的一个例子，见于清代人的记述："淮渎庙在洪泽湖心，龟山之麓，巫支祈井即在殿前，上封以石，旧有宋金臂禅师所建无梁殿及铁罗汉百余尊，久没于湖。"[①]这几乎是有关明代以前曾建造有无梁殿的唯一记录，但却是清代人所提到的。其可信性并不十分大。

有明一代，是中国古代砖结构发展的一个重要历史时期，著名的砖筑长城，其实就是明代的建筑遗存。而明清时代全国大大小小的城池，包括京城、府城、州城与县城，甚至许多小的村镇城堡，都出现了用砖砌筑的城墙，而砖城墙的普及，正是在明代。同时，用砖砌筑的无梁殿，也是在这一时期应运而生。

1. 南京钟山灵谷寺无梁殿

值得注意的是，明代的砖砌无梁殿，最早也几乎是最重要的例证，恰恰是在皇家敕建的佛教寺院建筑中。现在所知的第一座大型砖构无梁殿，是明初洪武十四年

① ［清］梁章巨. 楹联丛话. 卷三. 清道光二十年桂林署斋刻本.

图6-34　南京灵谷寺无梁殿正面外观

图6-35　南京灵谷寺无梁殿内景

（1381年）所建造的南京钟山灵谷寺无量殿，后因无木梁、木柱，被谐称“无梁殿”至今（图6-34，图6-35）。

这座建筑物被布置在灵谷寺中轴线上，其中轴线上的建筑依序是山门、金刚殿、天王殿、无梁殿、五方殿、大法堂和方丈。显然，这座可能供奉有无量寿佛的无梁殿，恰恰是这座南京敕建大刹的主殿，或正佛殿。

《金陵梵刹志》中多次提到了这座无梁殿，并且特别提到了其结构特征：“洪武十四年敕改今地，赐额灵谷禅寺。……历金刚、天王二殿，为无量殿，纯甃空构，不施寸木。次为五方殿，已圮，今拟重建。”[①]

这座大殿，据说有五开间（无梁殿五楹），但因为是砖结构，其实是由三个连续的拱券结构形成的。《金陵梵刹志》中引用明代大学士吕柟《游灵谷记》：“随至无梁殿，殿皆瓴甋，作三券洞，不以木为梁，只此一殿，费可万金，其规制又多自齐梁时来，国朝虽或补葺，然必不加也。”[②]这里已经使用了“无梁殿”这一术语，而且特别说明了这座殿堂，都是用砖瓦砌筑的，形成一个三券洞的造型，没有任何木质的梁架构件。

吕柟是明代中叶以后之人，他生活的年代距离明初已近百年。葛寅亮生活的年代，甚至已经接近明代晚期。故当时人对于百年之前的一座奇怪的无梁殿，充满了好

① ［明］葛寅亮. 金陵梵刹志. 卷三. 明万历刻天启印本.
② ［明］葛寅亮. 金陵梵刹志. 卷三. 游灵谷记. 明万历刻天启印本.

奇，从而将其始创年代推向古代，也是一件可能的事情。如果没有进一步的资料证明，我们似仍应取其始建于明代洪武十四年（1381年）这一时间点。

明代人对南京灵谷寺内的这座无梁殿，充满了好奇，多篇文字中，都提到了它。如明人王樵《方麓集》中记录了他参观这座建筑的感受："入修廊登佛殿，再重无梁殿，乃纯用瓴甋，如造城闽之法，广深与修，皆以洞相通，无异屋下。殿后有塔，云宝志葬处也。"[①]这里其实暗示了，这座无梁殿的建造方式，如同当时建造城墙的方法是一样的，在面广与进深方向，都以洞相通。

也许直到清代时人，仍然弄不懂这座无梁殿的结构原理，故而想象这是一座如同陶罐一样，被掏挖开凿而成的建筑："灵谷寺：崇闳古招提，背倚钟山麓，……中恢无梁殿，制仿古陶复，累甓代栋隆，穹作层阿屋，……"[②]其意是说，这种穹隆式的结构，仿自古代的陶器。说明清代人对于这种结构仍然充满了赞叹之感。

2．山西五台山大显通寺无梁殿

五台山大显通寺内中轴线上的重要殿堂——无梁殿（图6-36，图6-37），也是明代所创："明成祖赐额大显通寺，万历中又更永明寺。中有无梁殿，架石为之，不设寸木，崇隆深广，疑有鬼工，寺后铜殿一区，铜塔五座，工制俱极精巧。"[③]《明文海》中有关五台山大显通寺的描述中也提到："進為七處九會殿，事光明遍照佛，皆累瓴無柱楝。"[④]其意思是一样的，都是说这是一座没有梁柱的砖石结构建筑。

重要的是，无论是南京灵谷寺无梁殿，还是五台山大显通寺无梁殿，因为是砖石拱券结构，都完好保存至今，为我们保留了两座重要的明代砖构佛教殿堂的实例。

清代人徐世溥《榆溪诗钞》提到了庐山东林寺内的无梁殿："昔大梆僧募造无梁殿于东林，天启丙寅，乞先司空为作寺碑。戊寅余从楚还过寺寻碑礼象，象容大略亦仿灵谷。晤其弟子觉圆子贞，今廿年矣。"[⑤]其文中提到，东林寺无梁殿，创建于明代天启丙寅年（1626年），应该是明代晚期的建筑。

顺便可以提到的是，在清代皇家敕建的佛寺中，也有无梁殿的设置，如清代北京宝相寺："宝相寺，乾隆二十七年建，五台回銮后，御写殊相寺之文殊像，而系以

---

① ［明］王樵．方麓集．卷十一．灵谷寺．清文渊阁四库全书本．
② ［清］赵翼．瓯北集．卷四十四．清嘉庆十七年湛贻堂刻本．
③ ［清］高士奇．扈从西巡日录．清昭代丛书本．
④ ［清］黄宗羲．明文海．卷三百七十三．记四十六．圣光永明寺记．利瓦伊桢清涵芬楼钞本．
⑤ ［清］徐世溥．榆溪诗钞．卷下．清康熙三十年宋荦刻本．

图6-36 山西五台山显通寺无梁殿外观

图6-37 山西五台山显通寺无梁殿室内局部

图6-38 北京宝相寺旭华阁外观

赞，并命于宝谛寺旁建兹寺，肖像其中。殿制外方内圆，皆甃甓而成，不施木植，四面设瓮门。殿前恭悬皇上御书额曰旭华之阁。”①

这座宝相寺内的主要殿堂——旭华阁（图6-38），其制为外方内圆，而且都是用砖“甃甓而成”而成的，这其实也是一座“无梁殿”，故其结构“不施木植”。这应该是清代佛教寺院中无梁殿的一个典型例证。重要的是，这座砖石结构殿堂的“四面设瓮门”。所谓瓮门，其实是拱券门，也就是说，这座无梁殿的四个面上，都有拱券门。这说明其殿内的空间在四个方向都是贯通的。

因为是砖石砌筑的结构，无梁殿比较容易保存，故无论是灵谷寺无梁殿，还是五台山显通寺无梁殿，以及清代香山宝相寺旭华阁，目前保存得都比较完好。

① ［清］于敏中．日下旧闻考．卷一百三．清文渊阁四库全书本．

二、琉璃塔

明代佛教建筑史上另外一个重要现象，是大型琉璃塔的建造。琉璃技术传入中国，大约是在南北朝时期，隋唐时代琉璃技术的应用还十分有限。两宋辽金时期，皇家宫殿，及重要佛寺、道观中的主要殿堂上，已经比较多地使用了琉璃技术。宋《营造法式》中，对于琉璃的烧造及琉璃瓦的施工，都有相当详细的记载。北宋时期建造的开封祐国寺塔，就是一座全琉璃贴饰的高层砖塔。只是，北宋琉璃塔在色调上似乎还比较简单。

1．南京大报恩寺塔

明代南京所创的大报恩寺内，有一座高大的砖筑塔，其外观则全部是用琉璃瓦。明人顾起元《客座赘语》中较为详细地描述了这座琉璃砖塔："大报恩寺塔，高二十四丈六尺一寸九分，地面覆莲盆，口广二十丈六寸，纯用琉璃为之，而顶以风磨铜，精丽甲于今古。中藏舍利，时出绕塔而行，常于震电晦冥夜见之，白毫烛天，自诸门涌出，戛戛如弹指声。……陈太史鲁南《琉璃塔记》曰：'广四十寻，重屋九级，高百尺，外旋八面，内绳四方。'似过其实，而文甚奇丽可重也。"[①]（图6–39）

明人王士性《广志绎》则认为，这座琉璃塔是郑和下西洋返回之后用其所节余的资金建造的："大报恩寺塔以藏唐僧所取舍利，神龙人兽，雕琢精工，世间无比。先是，三宝太监郑和西洋回，剩金钱百余万，乃敕侍郎黄立恭建之。琉璃九级，蜃吻鸱尾，皆埏埴成，不施寸木，照耀云日。内设篝灯百四十四，雨夜舍利光间出绕塔，人多见之。"[②]

两则史料都说，这座琉璃塔在夜间，塔身周围有荧光闪现。这其实可能从一个侧面反映出，这座琉璃塔表面的光洁程度。夜间城市的夜空中，有任何微弱的光亮，都可能会在塔身四周引起反光，特别是雷雨之夜，雷电交加之时，更是如此，从而令人感到"雨夜舍利光间出绕塔"的神秘效果。

无论如何，这是一座十分高大的砖砌琉璃塔，前所引文中提到，其高24.619丈。明代另有文献提到，其高25丈："出聚宝门一里，为报恩寺，有琉璃塔，高二十五丈，永乐年重建，夜每燃灯数十，如星光灿烂，遥见十里之外，寺左为雨花台，台在山冈，可西望大江。"[③]两相印证，则可以认为，所谓24.619丈的记载，应该是接近真实高度的记录。假设以1明尺为0.32米推算，其塔总高约为78.78米，显然是一座十分

① ［明］顾起元．客座赘语．志七．报恩寺塔廓．

② ［明］王士性．广志绎．志二．两都．

③ ［明］张瀚．松窗梦语．志二．南游纪．

图6-39　19世纪西方人绘制的南京大报恩寺塔

图6-40　山西洪洞广胜寺上寺飞虹塔外观

高大的砖筑塔。而在这样高大的砖塔上，全部饰以琉璃，无论是琉璃烧制技术，还是琉璃砌筑或贴饰技术，应该都是相当高超的。

另有资料证明，这座塔外表所用琉璃，主要为绿色琉璃："以故虎丘塔七层外檐有柱，中无木梯层板，若金陵报恩塔，九级全用绿琉璃砖瓦建成，内外上下无一木支持。"[①]一座塔身通为绿色琉璃的高层琉璃塔，其晶莹剔透的效果是可想而知的。

2．山西洪洞广胜寺飞虹塔

现存一座明代琉璃塔，山西洪洞广胜寺上寺飞虹塔（图6–40，图6–41），就是一座无论在造型上，还是在琉璃烧制与琉璃砌筑或贴饰技术上，达到相当高水平的建筑实例。透过这一实例，或也可以令我们对当时更为高大的南京报恩寺塔，有一个想象的空间。

飞虹塔旧址上原有一座木制楼阁式塔，现存琉璃砖塔为明嘉靖六年（1527年）重建；明天启二年（1622年），又在塔首层四周增建了一圈副阶廊；副阶廊正面面对山门的方向，还加有一座抱厦。

飞虹塔主体结构为青砖砌筑而成，塔外观为13层，各层皆有琉璃出檐，檐下有斗栱、倚柱等建筑构件，及雕塑精美的佛像、菩萨、金刚和花卉、盘龙、鸟兽等各种造型及图案。塔通体为黄、绿、蓝三彩琉璃镶贴装饰，尤以首层及第二、第三层的琉璃雕饰最为精致。塔平面为八角形，总高约为47.31米。

---

① ［清］郑光祖．一斑录．杂述六．清道光舟车所至丛书本．

图6-41　山西洪洞广胜寺上寺飞虹塔立面图

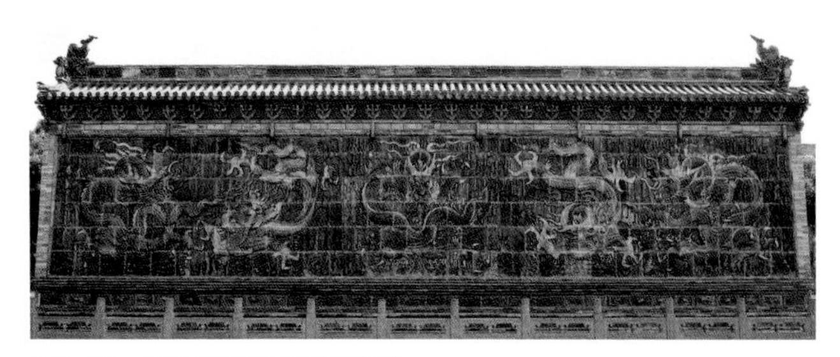

图6-42　山西大同代王府前五龙壁

图6-43　清代北京颐和园内的琉璃多宝塔

结语

尽管明代距离今日不算太远，但明末清初的一系列战争，以及晚清捻军、太平天国诸乱，乃至其后百余年的内外战乱与天灾人祸所造成的破坏，使大量的明代寺院也遭到了重创，即使是保存较为完好的单座明代佛寺殿堂、塔阁也不多见，更遑论较为完整的明代寺院遗存了。这不能不说是一件极其遗憾的事情。

明代同时也是一个制度重建的时代。经历了蒙元时期一度出现的文化多元化发展之后，明代统治者倾向于回归唐宋时代的典章礼仪、祠祀仪轨与建筑制度。同时出现的明代大规模城市建设，对于城市等级，城市内的建筑配置，衙署、文庙、学校、祠宇，以及佛、道等宗教建筑，出现了一些制度性的规定。这在一定程度上，既限制了佛、道等宗教建筑在城市中的建造与扩展，也对佛寺、道观，以及儒教庙学、地方祠祀庙宇与坛壝建筑，起到了一定的普及性作用。

明代也是一个砖与琉璃烧制技术得到快速发展的时代。明代在砖筑建筑的建造上，无论是数量还是质量，都达到了历史上前所未有的水平。明代的琉璃塔，无论从琉璃的色彩、光泽，还是琉璃饰件的造型艺术水准，也都达到了前所未有的状态，故而才有令当时世界都为之瞩目的南京大报恩寺塔的建造。明代各地王府前都建有的雕凿有五龙造型的琉璃影壁，如山西大同的五龙壁（图6–42），以及现在尚存的山西洪洞广胜寺飞虹塔，都是这一时代琉璃烧制技术的一个见证。

清代虽然也有琉璃塔的建造（图6–43），但主要是在皇家园林中，且塔的高度也远不如山西洪洞飞虹塔，更遑论与南京报恩寺塔相比。换言之，明代琉璃塔建造技术，已经达到了中国古代建筑史上的最高峰，清代及以后的琉璃建筑，无论在技术上，还是在艺术上，似乎再也难以望其项背。

除了琉璃塔之外，明清时期寺院中的佛殿屋顶，也多用琉璃瓦覆盖，据明人史玄

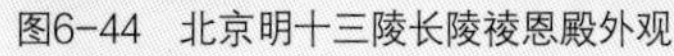

图6-44　北京明十三陵长陵祾恩殿外观

图6-45　山西万荣东岳庙飞云楼外观

《旧京遗事》："京都诸寺俱以碧琉璃瓦为盖，皇居檐层出如重楼，佛殿势虽高敞，然止一檐无层，避至尊所居也。"[①]也就是说，明代寺院中，琉璃瓦屋顶已经比较多见。为了与帝王宫殿相区别，这些佛寺大殿，多仅为单层单檐，以免与帝王的宫殿建筑相抵牾。

仅从这一点，或也可以窥知，明代建筑及其艺术，在中国古代建筑史上的特殊地位。可以提到的一点是，尚存最宏伟的明代木构建筑，是位于北京明代十三陵长陵的九开间的祾恩殿（图6-44）。我们用"端庄华贵"、"精致洗练"、"雍容大度"等等的形容词，来描述这座坐落在由汉白玉栏杆环绕的三重台基之上的重檐庑殿黄琉璃瓦顶楠木结构大殿，应当是不为过的。此外，同样是明代遗构的山西万荣东岳庙中的飞云楼（图6-45），虽然不是佛教建筑，但也多少显露出明代佛寺内楼阁建筑的可能造型。

透过这座外观端庄华贵，室内清雅宁肃的楠木大殿，也透过这座造型玲珑剔透，如翚斯飞，如翼斯展的万荣飞云楼，以及美轮美奂，精致华丽的山西洪洞广胜寺飞虹塔，无疑也可以在一定程度上折射出明代佛教寺院中大量寺塔、殿阁的风格取向与艺术趣尚。

① ［明］史玄．旧京遗事．

第七章　精致细密康乾风

引子　清代艺术一瞥——细密工致

梁思成将明清时代木构殿堂的建筑艺术，定义为“羁直时期”，而将这一时代的佛塔造型艺术，定义为“杂变时期”。这是梁思成对于中国古代建筑艺术风格演变方面的一个重要观点。显然，在梁思成先生看来，明清时期，特别是清代的建筑艺术，因工整、规矩，其建筑的外轮廓线显得“羁直”，而其在形体与细部上的造型手法，又显得有一些繁琐、多变，似乎不拘一格，却又令人感觉其中多少缺乏唐宋时代艺术中的雄硕、大气，也缺乏金元时代艺术中那种放浪不羁的趣味，故称之为“杂变”。

无论如何，用“羁直”与“杂变”来定义清代的建筑与艺术，大略还是恰如其分的。先来看建筑，明清时代的北方官式建筑，应该说是进入了一个凝滞的僵化期，数百年时间，在基本的造型与大致的轮廓上，没有什么大的变化，其屋顶的平直与檐口曲线的僵硬，以及斗栱的细密，台基、墙柱的挺直与工细等等的做法，都延续了数百年时间，这或可归在“羁直”的范畴之下。

然而，如果再来看一看明清时期的地方建筑，情况就大不一样了。特别是现在还大量保存着的清代地方建筑，那真可谓是花样繁多。江南的粉墙黛瓦与曲翘的屋檐（图7-1），闽南的曲线式封火山墙（图7-2），以及那堆满各色琉璃瓦饰的屋顶（图7-3），川滇那平直简单的灰色屋瓦与直接与出挑与斜木支撑的檐口（图7-4），都令人感觉出木构建筑在地方化上所表现出的各具千秋。

然而，如我们所知道的，清代最为繁盛的时代，是延续百余年的

图7-1　粉墙黛瓦的浙江古民居（东阳卢宅）

图7-2　岭南民居的封火山墙曲线

图7-3　闽南民居色彩斑斓的屋顶琉璃瓦饰

图7-4　简单直率的四川民居建筑

图7-5　檐口羁直造型古板的清代官式建筑

图7-6　丛密细腻的清代官式建筑斗栱

图7-7　造型趋于古板的清代寺院佛造像

康雍乾三代，众所周知的是，这一时期的皇家艺术，无论是建筑，还是宫廷工艺品，包括家具、瓷器、器物等，都表现出工艺精制、造型细密、装饰繁琐的趋势。

君不见清代皇家宫殿中的殿堂楼阁，尽管其屋顶的轮廓羁直、古板（图7–5），然而，其檐下的斗栱，虽然其工艺与造型十分工整严谨，但却显得密密丛丛（图7–6），毫无唐辽宋金时代檐下斗栱的舒朗、雄硕与大气之感，甚至也不如明代檐下斗栱的端庄、简洁与明快，反而显得繁密、琐细。也许因为皇家审美趣味的影响，许多清代地方建筑与雕刻艺术，也多少表现出了这种工致、繁琐、细密的艺术趣尚。

在佛造像方面，清代佛造像，即使与明代的佛像艺术相比，都因为过于程序化，而显得古板木讷、匠气十足（图7–7），遑论与艺术造诣极高的晋唐、辽宋时代相提并论。清代寺院中的佛造像、菩萨，以及天王力士的雕像，似乎处处都显得紧绷绷的，身体被各样繁琐的服饰裹得严严实实，几乎毫无艺术上的弛逸、奔放与情感上的宽纵与豪放，只不过是一些细腻的勾勒，拘谨的拿捏而已。

清代寺殿中的造像艺术，大致已经走过了其艺术创造的高峰期，再难有比前代更高、更新、更具活力的创造力。其表情之木讷，形体之精致，服饰之繁细，色彩之斑斓，姿态之呆板，大约已经到了至善至备的状态。那些高坐在佛殿庙堂内的座座金身，似乎只是一些供人顶礼膜拜的佛与菩萨的偶像而已，却再也难见令人可以景仰、欣赏、沉思与赞叹的造像艺术品。

第一节　清代佛教及其寺院与建筑概说

一、清代的佛教政策简述

清代对于佛、道两教的政策，大致延续了明代既接纳与容忍，又加以适度限制的做法。无论是皇太极，还是顺治、康熙皇帝，都对佛、道二教采取了虽有限制，却还算宽容的政策，康熙间又建立并完善了佛、道管理机构：僧录司与道录司。只是，康熙十六年（1677年）时，对僧徒、道士们的宗教聚会活动，加以了适度的管理与限制。

自明代开始，随着佛教的传布与礼佛仪式日渐世俗化，普通民众参与佛教寺院各种活动的机会，也日渐增多，由此也渐渐滋生了一些不太合乎宗教仪范的事例。进入清代以来，很可能这一趋势有增无减，特别是中国传统社会所特别禁忌的妇女成群聚会、扮神赛会等做法，引起了清统治者的反弹。

自康熙时代起，清政府对于寺观、祠庙的建设，及僧道徒众的数量，就有了细致而明确的限定。清代寺庙的规模，已经远不如前代。按照清政府的规定，一座敕建寺院，一般仅有僧、道士10人，私建大寺院也仅有8人。依次递减，次等寺院，仅有6人；小寺院仅有4人，最小的寺院，仅有2人，几乎是勉强维持寺院的日常洒扫与香火供奉。

从规模上观察，据明代人沈德符的《万历野获编》，明代南京的三大寺："盖灵谷、天界、报恩三大刹为最，所领僧几千人，而栖霞等五寺次之。"[①]明代南京寺院的大刹，可以有僧人数千之众。而清代康熙年间敕建的寺院，仅允许有僧10人，私人建造的大寺，亦只允许有僧8人。明清两代寺院规模差别之大，或可以由此略窥一斑。

与明代帝王一样，清代帝王，在佛教信仰的取向上，仍然向藏传佛教做了特别的倾斜。清代帝王敕建的寺院，无论是北京地区的寺院，还是承德地区的寺院，都是以藏传佛教寺院为多。

二、康雍乾时期的佛教发展

康雍乾三代，其实还应该包括康熙之前的顺治时代，属于清代初叶与中叶，前后经历了152年的时间，覆盖了有清一代268年历史的大约57%的时间段，是清代社会经

① ［明］沈德符．万历野获编．志二十七．释道．僧家考课．

济与政治的上升期与发展期。尽管清代帝后，不像其前的明代帝后那样热衷于佛教寺院的建造，但在这一段时期内，仍然有相当一批佛教寺院，特别是藏传佛教寺院，是由清代帝王敕建而成的。

康熙帝为承德地区题写寺额的8座寺院中，溥仁寺（图7–8）就属于著名的承德外八庙之一，是一座藏传佛教寺院无疑。其余有可能是承德地区的汉传佛教寺院。

世宗雍正皇帝的潜邸改建而成的雍和宫（图7–9，图7–10），也是一座典型的藏传佛教寺院："雍和宫在皇城东北，世宗宪皇帝藩邸也。登极后命名曰雍和宫。皇上御极之十年，念龙池肇迹之区，非可亵越，因庄严法相，选高行梵僧司守，以示蠲洁崇奉之意。……乾隆元年，敬安世宗宪皇帝神御，皇上岁时展礼，洎重建寿皇殿，落成遂移奉焉。"[①]这里同时也是雍正皇帝的神御殿。

乾隆皇帝为自己的母亲祝寿，而在其所创建的西郊清漪园万寿山上，建造了大报恩延寿寺（图7–11，图7–12）。而据史料，这座清漪园，正是利用乾隆帝为母亲祝寿建立大报恩延寿寺，同时为了疏通北京西郊的水道，而特别修建的："清漪园在圆明园西万寿山之麓，本名瓮山。乾隆十六年，恭逢圣母皇太后六旬万寿，建大报恩延寿寺，于山之阳，命名万寿山。"[②]而这座大报恩延寿寺，也正是一座典型的藏传佛教寺院。

另外两座类似的神御殿，是雍正三年（1664年）建于北京畅春园的恩佑寺（图7–13），以及乾隆四十二年（1777年）建造于畅春园的思慕宫。此外，清代皇室在承德所敕建的寺院，包括溥仁寺在内，还有溥善寺（已不存）、普宁寺（图7–14）、普陀宗乘之庙（图7–15）、须弥福寿之庙（图7–16）、普乐寺（图7–17）、安远庙（图7–18）、殊像寺、广缘寺，即所谓的"承德外八庙"，创建时间，主要集中在清代康熙五十二年（1713年）至乾隆四十五年（1780年）这68年时间内。这很可能是清代历史上最重要的佛教寺院建造工程。而这一系列佛教寺院的建造，正是发生在清代早、中期的康雍乾时期。

除了外八庙之外，由皇家在承德敕建的寺院，还有避暑山庄中的珠源寺（图7–18，图7–19）。由此或也可以看出，承德地区，在清代康雍乾时期，一度甚至成为能够鳞集全国各地的藏传佛教高僧与蒙藏贵族的佛教中心。这显然是一个非常

---

① ［清］官修．国朝宫史．志十六．宫殿六．雍和宫．清文渊阁四库全书本．

② ［清］官修．清通志．志三十三．都邑署．清文渊阁四库全书本．

图7-8　河北承德溥仁寺山门外观

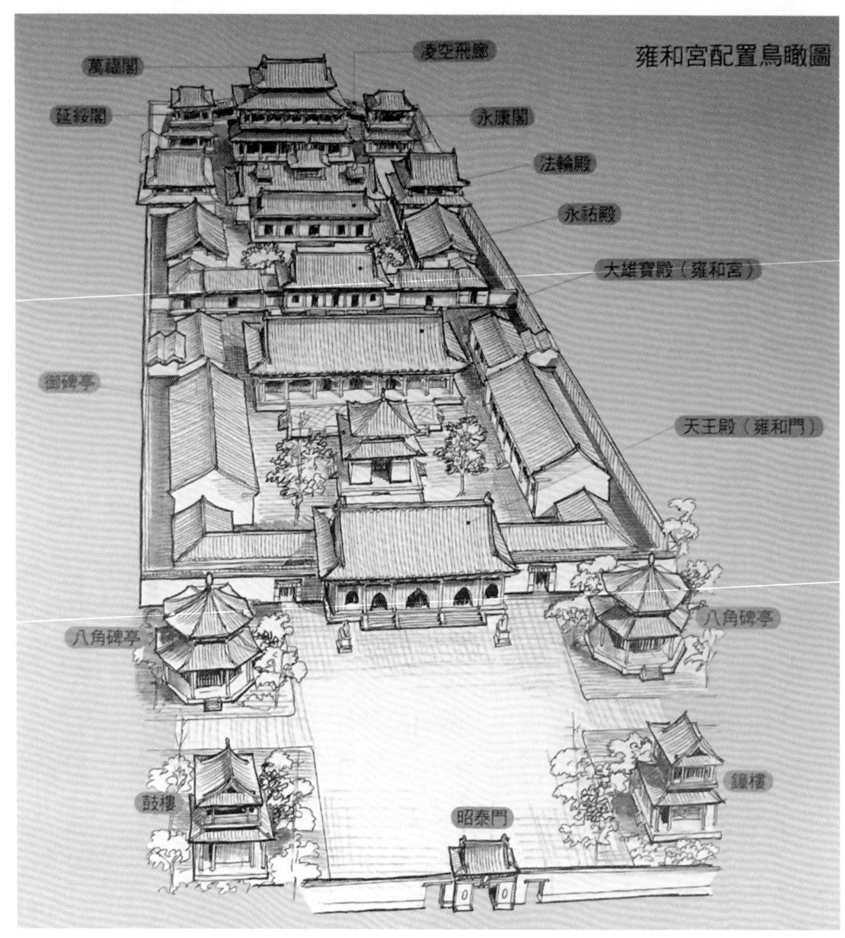

图7-9　北京雍和宫寺院空间

图7-10　北京雍和宫万福阁

图7-11　北京清漪园大报恩延寿寺[康熙帝万寿庆典图（局部）]

图7-12　遭到英法联军破坏的北京大报恩延寿寺旧影

图7-13　清代北京畅春园恩佑寺遗迹

图7-14　河北承德普宁寺大乘阁

图7-15　河北承德普陀宗乘之庙鸟瞰

图7-16　河北承德须弥福寿之庙

图7-17　河北承德普乐寺

图7-18　承德避暑山庄珠源寺宗镜阁旧影

图7-19　河北承德珠源寺钟楼与天王殿旧迹

具有清代特色的佛教文化与建筑中心。而这一中心，为大清帝国的统一，为中央政府与蒙藏等地方僧俗阶层的团结，起到了无可估量的积极作用。

当然，需要特别说明的一点是，明清两代，特别是清代的藏传佛教寺院，包括皇家敕建的北京、承德、五台、盛京等地，以及川藏、甘青、云南、内蒙古等地，其建造数量之宏巨，分布范围之广大，绝非这样一本小书所能够包容得下，故本书中所论及的主要内容，也只能依然限定在人们所熟知的汉传佛教寺院的范畴之内。

第二节　清代佛寺塔阁简说

明清佛教四大名山的形成与建设是一个很长的话题。如果说，在唐宋时人的眼中，似乎只有五台山文殊道场的金色世界与峨眉山普贤道场的银色世界，是佛教僧徒心目中的神圣之地，也是中外佛教僧徒朝圣之旅必须去参拜的地方，那么，至少在明代时，中国佛教史上著名的四大名山，或曰四大菩萨道场的概念，应该已经形成了，这一点正如明代文人董其昌所言：“岁在甲辰，夜台访余南屏，请书牓书三，于五台，曰金色世界；于峨嵋，曰银色世界；于补陀，曰琉璃世界。丁未又书离垢世界，以寘九华。”[①]由此可以清楚地知道，明代时人已经在唐人所谓五台山“金色世界”与峨眉山“银色世界”的基础上，又增加了补陀山（即普陀山）“琉璃世界”与九华山“离垢世界”这两处佛教圣地，从而将中国汉传佛教的菩萨道场增加到为“四大道场”。

1．历代帝王与五台山佛教寺院

早在魏晋、隋唐时代，五台山就已经是一处以文殊信仰为中心的佛教圣地，号称五台山金色世界。隋唐时的五台山，见于史料统计的古寺数量，有64座之多，其中还未将经历会昌灭法、大中复法之后所新创的寺院列在其中。

北宋时的五台山，因为地处辽、宋边界，营建活动无多，但《宋史》中也曾提到为五台山十座重要寺院提供修供之事，而同一时代的西夏人，也曾向宋室表示，要去五台山供佛。金代时，对于五台山佛教寺院，多有维系。至元代时，元代帝室再一次格外关注与五台山相关的事物，五台山也再一次出现了较大规模的寺院营造活动。

① ［明］董其昌．容台集．文集卷七．明崇祯三年董庭刻本．

元代帝后多次亲临五台山，并且亲自参与在五台山建造佛教寺院的事务。除了文献中提到的五台山寺、殊像寺之外，元代时可能还在五台山营建了灵鹫寺，并赋予这座寺院以一些特殊的政治地位，延佑三年“甲申庚寅，敕五台灵鹫寺，置铁冶提举司。”①

明代时五台山的寺院发展，更趋丛密，现存五台山台怀地区的大寺——显通寺，就是明代在古代旧有寺基上重建而成的：“明因旧址建显通寺，近时贼尝据此阻险以守。官军不敢击，盖山溪纠结，出没为易也。”②

据《五台山金刚窟般若寺开山第一代住持嗣裔临济二十四宝山玉大和尚缘起实行功德碑文》，明代时五台山上的名寺已经很多，正是所谓：“崇显通、圆照、文殊，皆敕建，广缘、普恩、万寿 、兴隆、灵境、普救、演教皆敕赐也。”③这里提到的就有3座敕建的寺院、7座敕赐寺额的寺院，可知明代帝王，对于五台山的佛寺建造，同样也十分重视。

清代帝室，同样对五台山表现出了极大的热情。康熙二十二年（1683年），康熙帝曾亲自临幸五台山。之后的康熙三十七年（1698年）四月、康熙四十一年（1702年）正月、康熙四十九年（1710年）二月，康熙帝都曾亲自远赴五台山，进行瞻礼活动。乾隆皇帝延续了康熙帝奉皇太后赴五台山进行瞻礼的这一传统，于乾隆十一年（1746年）、十五年（1750年）、二十六年（1761年），乾隆帝亲赴五台山进行瞻礼。

史料中提到康熙皇帝御题碑文的五台山寺院有18座，其中包括了现保存较为完好的显通寺、罗睺寺、菩萨顶、殊像寺等寺院。乾隆帝也多次为五台山中的寺院题写碑文，但其所题写的碑文中，除了黛螺顶未有康熙题写碑文外，其余都是康熙皇帝曾经题写过碑文的寺院。这一点也反映了乾隆帝，对于乃祖之景仰，对于康熙帝的做法，亦步亦趋，紧步其后尘的态度。

在乾隆帝之后，嘉庆皇帝也曾临幸五台。有趣的是，嘉庆临幸五台之事，却见之于一个墓志铭（《龚梅岩刺史墓志铭》）中的描述：“仁宗睿皇帝幸五台，君司台麓

---

① ［清］毕沅. 续资治通鉴. 卷一百九十九. 清嘉庆六年递刻本.

② ［清］顾祖禹. 读史方与纪要. 卷三十九. 清稿本.

③ ［明］祖印天玺. 五台山金刚窟般若寺开山第一代住持嗣裔临济二十四宝山玉大和尚缘起实行功德碑文. 第239页. 转引自. 陈玉女. 明代的佛教与社会. 第218页. 北京大学出版社. 2011.

寺草料局，经画秩如，恩赐衣服，叙加一级。”[①]嘉庆皇帝可能只是为了仿效乃父的做法，象征性地去了一次五台山，之后的清代帝王，似乎就失去了对五台山的兴趣，再也未见哪位皇帝，曾兴师动众地远赴五台山进行佛事瞻礼。

2. 峨眉山的佛教寺院建造

也许是因为不像五台山那样，距离政治与文化中心较为近便，历代在峨眉山上所创建的寺院似乎并不像五台山那样丛密与频繁。据明代时人的说法，明以前历代，在峨眉山仅创建有6座寺院。这里提到了位于山前的华严寺、位于山腰的白水寺，以及位于山巅的光相寺。

除了这三座寺院之外，过了华严寺，则是中峰寺：“又过为中峰寺，即乾明观，黄鲁直居之，为歌凤台。”[②]过了中峰寺，应该就是白水寺，又称“牛心寺”：“有石状如牛心，受水所激而成，有前、后牛心寺。前者白水，而后者黑水，也谓之符文水。孙思邈居于白水，今之万年寺，即白水寺。”[③]显然，牛心寺包括了两座寺院，一座是白水寺，又称“万年寺”（图7-20）；另外一座是后牛心寺，即黑水寺。

清代文献中，峨眉山上的寺院数量，远不止明人所提到的这6座寺院，说明峨眉山佛教寺院，在清代得到较大发展。清代时人似乎也注意到了这一点，清人高士奇《扈从西巡日录》：“又峨眉普贤寺，光景殊胜，不下五台，在唐无闻。李太白峨眉山诗，言仙而不言佛，李长吉合论，言五台山，而不言峨眉山。又山中诸佛祠，俱无唐刻石文字，疑特盛于本朝也。”[④]说明早在清代时人，似乎也认为，峨眉山及其周边地区佛教寺院的逐渐兴盛，正是从清代开始的。

需要特别提到的是，距离峨眉山不是很远的佛教名胜——嘉州凌云寺弥勒大佛造像（图7-21）。早在唐代，凌云寺以其巨大的石佛造像，及石佛外的高大楼阁闻名于世。宋人文献中，提到了凌云寺大佛外所覆的这座楼阁为7层高。到了明代人何宇度的笔下，似乎也只能感慨其屹立江畔的巨大造像了，这时大佛之外的楼阁应该已经不存。但是，在明代人的描述中，在凌云寺仍然可以“前望峨眉三峰”，由此亦可大略窥知，嘉州凌云寺与峨眉山之间存在有抵足而立，相互依托的地理形势。

---

① ［清］郭尚先．郭大理遗稿．卷四文二．龚梅岩刺史墓志铭．清道光二十五年刻本．
② ［明］曹学佺．蜀中广记．卷十一．清文渊阁四库全书本．
③ ［明］曹学佺．蜀中广记．卷十一．清文渊阁四库全书本．
④ ［清］高士奇．扈從西巡日录．清昭代丛书本．

图7-20　峨眉山万年寺山门

图7-22　九华山化城寺

图7-21　四川乐山凌云寺弥勒佛造像

3．九华山的佛教寺院建造

明清以来渐渐趋于突出地位的中国汉传佛教的另外一个重要中心，是位于池州的九华山。九华山佛教建筑，大约肇兴于晚唐五季，渐渐形成规模。从史料中可知，唐代时的九华山上，至少有两座寺院，一座是应天寺，另外一座是化城寺（图7–22）。

宋人的诗歌中，提到在九华山附近，有一座五峰寺："且经五峰寺，遂登九华山；朗饮云泉秀，妙依松石闲。"[①]宋人诗中亦有九华"峰上寺"之说："建寄冠卿云：'见说九华峰上寺，日宫犹在下方开；其中幽境客难到，请为诗中图画来。'"[②]但是，从上下文来看，这里的峰上寺，未必指的是一座寺院的名称，或只是泛说九华山峰之上的寺院。

明代时在九华山的寺院建造上，投入了较大的精力，其中又尤以化城寺著名。在明代人看来，九华山上最为重要的寺院，就是化城寺。需要说明的一点是，九华山上的寺院建设，主要靠的是寺院僧众，以及周围官绅百姓们的热心襄助，而不是像五台山或普陀山上的一些寺院那样，是由远在北京的明朝宫室内廷的帝后及太监们所捐助建造的。因此，九华山上的寺庙，在空间与造型上，似乎也更具民间特色。

在清代人眼中，地藏菩萨道场九华山的地位，及山上的佛教寺院庙宇，与山西五台山不相上下。

4．普陀山的佛教寺院建造

普陀山，又称"补陀洛迦山"、"梅岑山"，是位于浙江定海县东约150里处的一座海中小岛。自唐代时日本僧人携五台山观音造像，至此遇风浪，而将观音像命名为"不肯去观音"，并留至岛上供奉。宋代时又相传，这里是观音大士示现之处，故而渐渐滋衍香火，成为中土、日本，及朝鲜半岛信众礼拜观音菩萨的圣地。

明代万历帝时，由于万历的母亲十分崇佛，其影响也惠及远在千里之外的普陀。万历朝时，帝后对普陀山的佛教事业皆有贡献。万历乙巳年，即万历三十三年（1605年），普陀山上至少有两座皇家敕建寺院，一座是镇海寺，另外一座是普陀寺。其中的普陀寺内，有千佛阁、华藏楼。而普陀山在当时的影响，按照这里的说法，大约可以与东晋高僧慧远创立的庐山寺院相齐名。

明代时人，似乎已经开始将普陀山与之前的另外三座佛教名山——五台、峨眉、九华，相提并论了，并将普陀称为佛教琉璃世界。在明代人看来，普陀山在当时，甚

---

① ［宋］郭祥正．青山集．青山集卷第十七．清文渊阁四库全书本．

② ［宋］计有功．唐诗纪事．唐诗纪事卷第六十．四部丛刊景明嘉靖本．

至有了比九华山更为尊贵的宗教地位。

然而，明代以来，孤悬海上的普陀山，也屡屡成为倭寇、海盗袭击的对象，岛上寺院屡建屡毁。明末清初，普陀山甚至一度香火寂寂。清初时，由于海盗的阻隔，普陀山与大陆的交通联系甚至曾经一度中断。清代初年时，尽管仍然有许多上岛进香的香客，但也仍然时常遇到海盗的袭击。

不同于五台、峨眉等其他佛教名山的是，普陀山地处一座海岛，因而较少掺杂地方居民的住所，也较少受到世俗社会的影响，是一个以佛教僧徒为主的相对比较单纯的宗教生活与修行的空间。此外，从面积规模上来看，偏于海中一座小岛上的普陀山，也远不及五台山、峨眉山、九华山那般空间容量宏大。因此，即使在比较和平稳定的时期，普陀山中也没有太多的寺庙，堪称大庙的寺院不过有三处；称作小庙的佛庵，也不过几十处。

尽管清代初年，普陀山上的寺院建设，有过一些波折，但自康熙年以来，普陀山及周围地区，出现了一次大规模的佛教寺院复兴潮流。明末清初遭到破坏的普陀山佛教寺院，也在康雍两代，渐趋重兴与完善。而在这一过程中，远在京师的康熙、雍正二帝，几乎都积极地参与了普陀山寺院的重建与振兴。现存普陀山上的主要寺院，几乎都是清代康雍时期重建而成的。

第三节　清代佛教寺院遗存及其单体建筑

作为延绵了2000多年之久的中国古代封建王朝的最后一个朝代，清代距离我们的时间最近，现存古代建筑遗存也最多。可以说，现存绝大多数汉传佛教寺院，几乎都是经过清代重修或重建，并大体保持了清代寺院空间格局的寺院。

一、北京的几座清代寺院

北京地区的寺院，从历史的角度观察，覆盖了唐、辽、金、元、明及清代，约千年以上的历史。然而，就寺院整体而言，保存较为完整的寺院，即使其始创的年代再早，也都已经是明清时代重修或重建过的了。而寺院中的主体建筑，大部分其实都是清代时期的遗构。

1．北京潭柘寺

寺位于北京门头沟区潭柘山。据说，寺始建于西晋时期，初名“嘉福寺”，唐代时寺院有所发展，但在唐代会昌灭法中，曾遭毁圮。辽金时代，由于幽州地区佛教律宗的影响较大，以禅宗信仰为主的潭柘寺，在这一时期的香火不甚旺盛。清代时，寺院曾一度更名为“岫云寺”。

寺院环境十分幽胜，背依群山，坐北朝南，地势高亢，寺前空间开阔。沿中轴线前部，经石桥，有砖筑拱券式单檐歇山顶山门，其内依序是天王殿、大雄宝殿及毗卢阁。天王殿为三开间，绿琉璃瓦单檐歇山式屋顶。大雄宝殿为五开间，汉白玉栏杆台基，黄琉璃瓦绿剪边，重檐庑殿式屋顶，其建筑规制明显带有清代皇家敕建寺院的等级色彩（图7-23）。大雄宝殿后原为三圣殿，现已不存，故在大雄宝殿与毗卢殿之间，留有十分空敞的庭院，庭院内有高大的娑罗树和银杏树。

天王殿之前的两侧为钟鼓楼。大雄宝殿之后的庭院两侧配殿，分别为伽蓝殿（东）与祖师殿（西）。寺院中轴线后部的毗卢阁为二层楼阁。其中轴线的建筑配置，完全符合清代寺院的基本空间配置模式。

寺院东（左）侧为方丈院，及清代帝王的行宫，以及包括一座流杯亭在内的园林建筑。寺院西（右）侧位戒坛殿、观音殿及龙王殿，说明元明以来的潭柘寺既受到律宗寺院影响，也开始杂糅了一些道教或民间信仰的印痕。

2．北京碧云寺

寺位于北京海淀区西山余脉聚宝山东麓，紧邻香山公园。初创于元代，经明、清两代是扩建与重修，现存建筑以清代遗构为主。

寺院坐西北朝东南，依山势由低而高，前后有五进院落。寺前有山门，亦为金刚殿。山门之内有天王殿。天王殿两侧为钟楼与鼓楼，殿后为寺院主殿大雄宝殿。殿内供奉有佛祖释迦牟尼造像，及其弟子迦叶、阿难，与胁侍菩萨文殊、普贤。大雄宝殿为三开间单檐庑殿顶建筑，殿前有月台，殿四周设有擎檐柱，颇似一个周围廊。

殿后庭院中央有一座重檐八角攒尖琉璃瓦顶的清代御碑亭。碑亭之后是面阔三间的菩萨殿，单檐歇山式屋顶。菩萨殿之后，为普明妙觉殿。殿面阔五间，硬山卷棚式屋顶，殿内目前改为中山纪念堂。殿后经清代石牌楼及八字影壁浮雕砖墙，可达寺院中轴线最后的金刚宝座塔。

塔亦为清代所建，下有方形金刚宝座，座底部为一个石凿须弥座。座分三层，上下两层刻有佛像，而中间一层则刻为狮子兽首造型。座中央有拱券式洞门，可以通过

图7-23　北京潭柘寺大雄宝殿外观

图7-24　北京碧云寺金刚宝座塔外观

图7-25　北京碧云寺罗汉堂内景

图7-26　北京万寿寺一隅

图7-27　北京觉生寺大雄宝殿（今古钟博物馆）

阶梯进入塔座上部。座上伫立着5座密檐方塔（图7–24）。

寺右侧有田字形平面罗汉堂一座，内供奉有五百罗汉造像（图7–25），这种五百罗汉堂显然是沿袭了五代、两宋以来在寺院中设置五百罗汉堂，且将罗汉堂布置在寺院右侧的旧有规制，但其建筑已经是清代的遗构了。寺院左侧有含青斋、水泉院等附属建筑，其中点缀有十分精美的园林泉石，是一处精美的明清佛教寺院园林例证。

3．北京万寿寺

寺位于北京海淀区高梁河广源闸的西侧。原为一座唐代古寺，明万历五年（1577年），由太后李氏出资，司礼太监冯保监督重建之后，更名为“万寿寺”，最初的功能是收藏经卷。清代顺治、康熙、乾隆年间，屡有重修，光绪初年遭火焚，光绪二十年（1894年）重修后作为帝室行宫。故其寺院及建筑，都系清代建筑遗存。

万寿寺内建筑分为左、中、右三路。沿中轴线依序布置有山门、天王殿、大雄宝殿（亦称大延寿殿）、万寿阁、大禅堂、御碑亭、无量寿佛殿，以及位于寺院中轴线最后的万寿楼，前后有六进院落（图7–26）。

山门是一座砖筑歇山屋顶拱券式洞门，中央为洞门，两侧有窗。山门以内的左右两侧对峙有钟楼与鼓楼，正中面对的是天王殿。其内是寺院主殿大雄宝殿，殿为五开间，单檐歇山式屋顶，殿内供奉有三世佛，两山内壁供奉有十八罗汉，佛背光后壁之后，另有观音造像，与常见的清代佛教主殿内的造像配置十分接近。

万寿寺中轴线上的每座主体建筑两侧，都布置有配殿、庑房，两侧跨院中的建筑，也有庑房、回廊相连，寺院空间显得十分紧凑整齐。

4．北京觉生寺

北京觉生寺位于北京海淀区原西直门外曾家庄，即今北京北三环联想桥北侧。寺始创于清代雍正十一年（1733年），为皇家敕建寺院。寺为坐北朝南布置，沿寺院中轴线，自南向北依次为寺前影壁（已毁）、山门、天王殿、大雄宝殿、后殿、藏经楼与大钟楼。形成约有五进院落的寺院主体部分空间。

中轴线两侧有6座配殿，及连接配殿的庑房，形成了寺院中轴线两侧的两翼部分。山门为三间砖筑歇山式屋顶拱券洞门造型。门前左右有八字墙，对面曾有影壁，现已不存。山门以内为天王殿，为木构三开间硬山屋顶式造型。中间用木制拱门造型，左右有拱券式木窗，从而使得天王殿更像是一座门殿。

大雄宝殿是一座五开间歇山屋顶的大殿，前有一个三开间的抱厦（图7–27）。殿前有砖砌月台。大殿前的空间十分宏敞。大雄宝殿之后为一座五开间的观音殿，其内原本应该是供奉观音菩萨的造像。观音殿之后，即为藏经楼。这是一座硬山屋顶的二层木构楼阁。而这种将藏经楼布置在寺院中轴线后部的做法，是明清寺院中常见的配置模式。

寺院中最雄伟的建筑物，是位于藏经楼之后的大钟楼。这种将钟楼布置在寺院中轴线最后的配置模式，也是这座寺院所特有的。楼被布置在一座青石台基上，台基周围有青石栏杆，前有踏阶。楼为两层，下层平面为方形，上层平面为圆形，其意当寓有“天圆地方”象征概念。由于这口永乐大钟的体量与重量十分宏巨，故这座钟楼的结构与造型十分特别（图7–28）。

5．北京十方普觉寺（卧佛寺）

北京十方普觉寺，俗称“卧佛寺”。寺位于北京西山香山之东的寿牛山南麓。这也曾是一座古寺，先后称为“兜率寺”、“寿安寺”、“昭孝寺”、“洪庆寺”、“永安寺”等，直至清雍正十二年（1734年）重修后，才更名为“十方普觉寺”。然而，现存寺内的铜铸释迦牟尼涅槃造像，为元代的遗存。

寺院为坐北朝南布置，亦分为左、中、右三路。沿中轴线有额为“同参密藏”四柱七层三拱门式彩色琉璃牌坊一座（图7–29）。之内有一个半圆形水池，被称为功德池，池上有石桥跨池而过。水池以北，正对寺院的山门，山门前左右对峙有钟鼓楼。

山门之内，依序为天王殿、三世佛殿、卧佛殿与藏经阁。在山门与卧佛殿之前，主要殿堂两翼，布置有配殿、庑房及两廊，形成了一个比较紧凑的廊院。卧佛殿之后的藏经阁，是一座两侧带有翼楼的楼阁建筑，在空间形成了类似北京四合院后部之后罩楼的作用。

中路主殿三世佛殿，是一座面阔五间，进深三间的单檐歇山顶大殿，上覆绿琉璃瓦黄色剪边。这座大殿相当于一般寺院中的大雄宝殿，殿内供奉有横三世佛（东为净琉璃世界药师佛，中为婆娑世界释迦牟尼佛，西为净土世界阿弥陀佛）。殿内两侧有十八罗汉造像。三世佛背光壁墙之后，仍塑有海上观音造像。

位于三世佛殿之后的卧佛殿，相当于寺院的后殿。殿面广三间，进深两间，单檐歇山式屋顶，檐下用重昂五踩斗栱，上覆绿琉璃瓦黄剪边屋顶。殿中供奉有身长约5.3米的铜铸卧佛（图7–30）。卧佛造像之后，还有一个石筑须弥座，上有十二个圆觉彩色泥塑立式造像，构成了铜卧佛的背景。

图7-28　北京觉生寺钟楼

图7-29　北京十方普觉寺（卧佛寺）牌楼门

图7-30　北京十方普觉寺卧佛殿内卧佛造像

二、五台山的几座清代寺院

有清一代在五台山寺院的修缮与营建上，比其前的几乎任何一代下的工夫都要大。清帝康熙、乾隆多次亲临五台山拜谒，并为五台山的多座寺院撰写碑文或题额，在五台山诸多寺院中留下了历史印迹。正是由于清代帝室的积极参与，五台山，特别是五台山中心地区的寺院，大多数已经是清代重修之后的遗存了，其基本的寺院格局与空间风貌，也多保存的是明清时代的特征（图7–31）。

1．显通寺

大显通寺是五台山最古老的寺院之一，历史上曾被称为“大孚灵鹫寺”、“大华严寺”、“大吉祥显通寺”等。“显通寺”名，是清康熙二十六年（1687年）由康熙帝敕赐而来。现存寺院虽然可能是明代时的基本格局，但寺中的主要建筑，除了无梁殿、铜殿之外，多已是清代遗构（图7–32）。

除山门外，寺院本身是沿南北向中轴线对称设置的，沿中轴线自南向北依序布置有观音殿、文殊殿、大雄宝殿、无量殿、千钵文殊殿、铜殿和藏经楼，共7座主要殿堂。其中，在铜殿之前，原本伫立有一字排开的5座铜塔，惜在抗日战争期间，被日军盗走3座，仅余东西2座。

中轴线上的殿堂由南向北，随地形呈渐次升高布置，且其寺的中轴线，与显通寺之南紧邻塔院寺中轴线前后相接，且相邻很近，从而使得两寺空间有一种前后延展的感觉，更使显通寺的寺院建筑与空间气势显得十分宏伟（图7–33，图7–34）。

寺院的中心为大雄宝殿，这座建筑在寺内的体量最大，殿为面广九间，进深五间，但在殿南亦有一座面广七间的南向抱厦，恰好与大文殊殿的北向抱厦相呼应。大雄宝殿四周，包括抱厦部分，有一圈围廊，略与宋代“周匝副阶”的做法相近，并使得大殿呈重檐庑殿顶，带重檐抱厦的造型。

大雄宝殿重建于清代光绪二十五年（1899年），是一座典型的晚清时代大型木构殿堂实例。殿内供奉横三世佛造像，殿内两侧为十八罗汉像。大殿佛座的背屏之后，还供奉有观音、文殊、普贤三大士造像。

大雄宝殿之后的无量殿，是一座七开间的砖筑无梁殿，有上下二层，外观为七间，内部通过砖拱券，形成三个主要空间，是现存体量较大的明代砖筑无梁殿之一（图7–35）。

位于寺院中轴线末端的藏经楼，是一座二层硬山式屋顶建筑，面阔三间，进深三

图7-31　山西五台山台怀佛寺建筑群

图7-32　五台山大显通寺局部外观

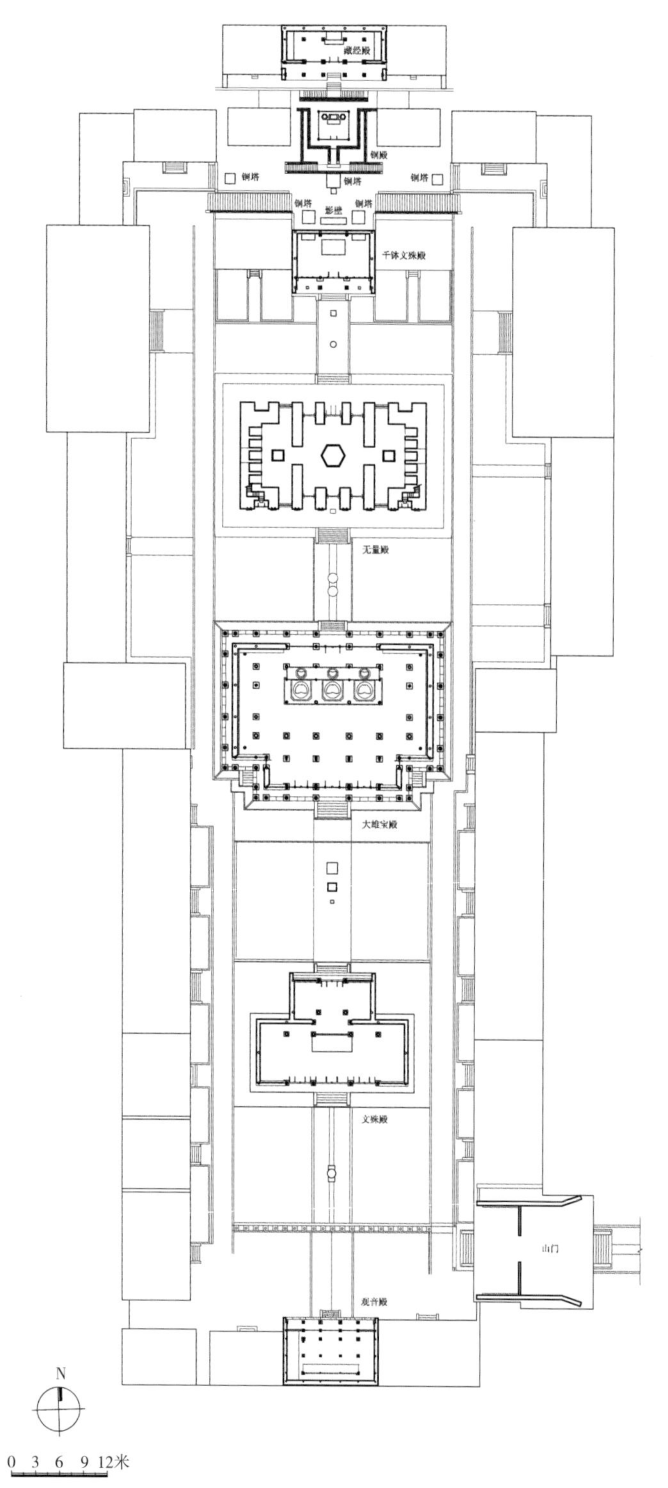

图7-33 五台山显通寺总平面图

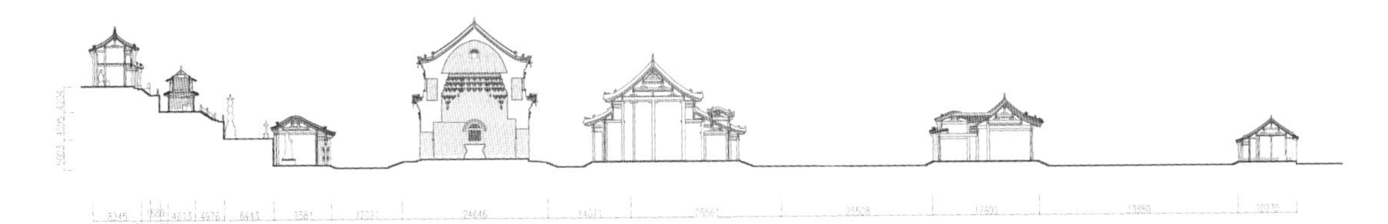

图7-34　五台山显通寺总剖面图

图7-35　五台山显通寺无梁殿

间，但在首层有前檐廊。二层则通过平坐而形成一个前廊。藏经楼两侧各有一座二层硬山屋顶小楼，三楼并峙，形成了寺院中轴线北端的后座楼。

2. 南山寺

位于五台山台怀偏南位置的南山寺，也是一座古寺。寺院依山而建，前后分为三个部分，寺院的较低部分，为极乐寺，有三进院落；寺院的较高部分为佑国寺，亦有三进院落；在两者之间居中位置上，有一进院落，称为善德堂。

寺院为北南向布置，其地形为南高北低，通过寺前右（西）侧的一个高大陡峭的台阶进入，台阶的尽端是一座石雕牌楼。牌楼为三层三拱券式造型。牌楼之内是一座钟楼，钟楼下为一个拱券门洞，从而使这座钟楼兼有了寺院山门的功能。穿过钟楼洞门之后，通过尺度巨大的砖石砌筑影壁，将寺院轴线巧妙地扭转为北南方向。

与影壁相对应，通过一个高大的台阶，可以进入寺院下部的极乐寺。山门之内不仅供奉有四大天王，而且同时供奉有二金刚，说明这座山门是将明代以来形成的金刚殿与天王殿的建筑配置模式，综合在了一座山门建筑之内。

极乐寺内的主殿大雄宝殿内供奉有一佛二弟子，及文殊、普贤二菩萨造像。殿内两侧则供奉有十八罗汉造像。穿过大雄宝殿，从左侧通过一个台阶，即是寺院中部的善德堂。善德堂之后，则为寺院后部的佑国寺。也许因为佑国寺为晚清重修，其内的石雕处理十分丰富。

位于南山寺后部的佑国寺，亦为一座因山而建的三殿两院式建筑群（图7-36）。寺院内依序为天王殿、大雄宝殿与雷音殿。三座殿堂被布置在不同的标高之上，彼此之间以石筑台阶相连（图7-37）。穿过极乐寺之后的善德堂，通过一个高大的台阶，就是佑国寺天王殿。殿内供奉有弥勒及四大天王造像。

天王殿之内，是一个小庭院，庭院两侧为四座庑房。其中与庭院相对应的两座庑房，分别是延寿堂（左）与极乐堂（右）。天王殿之后，通过一个大台阶，可以到达佑国寺的主殿大雄宝殿。这是一座面广七间，进深三间，单檐歇山顶大殿。殿内供奉有三世佛，及两侧的十八罗汉造像；殿四周有外廊环绕，前檐柱间用了雕琢精美的挂落式门罩，颇具晚清建筑意味。

通过一个高大的台阶，可以抵达寺院中轴线最后的雷音殿。这也是一个由主殿与殿前两侧配殿组成的院落。雷音殿面广五间，进深三间，单檐硬山顶。殿内主供毗卢遮那佛，故这座后殿，相当于清代寺院中轴线后部常见的毗卢殿。殿两侧各有挟屋三间，其形制颇似一般四合院内的耳房。

南山寺建筑因山而建，空间配置在高低错落、错综复杂中，又通过一道主轴线而显出基本的空间秩序，因而是一座清代山地寺院的典型。

3．龙泉寺

龙泉寺位于山西五台县台怀镇南的九龙岗。寺初创于北宋时期，清末民初时重建。尽管其中有一些民国初年的建筑，但基本的建筑造型及其做法，与寺院空间布局与建筑配置，仍体现了清代晚期佛教寺院的基本特征。

寺南有一个八字形影壁，影壁对面通过大台阶，到达寺院之前的石牌楼。这是一座民国时期雕凿建造的牌楼，牌楼上充满繁密细致的石雕。穿过牌楼，则是寺院东侧主轴线前的天王殿。

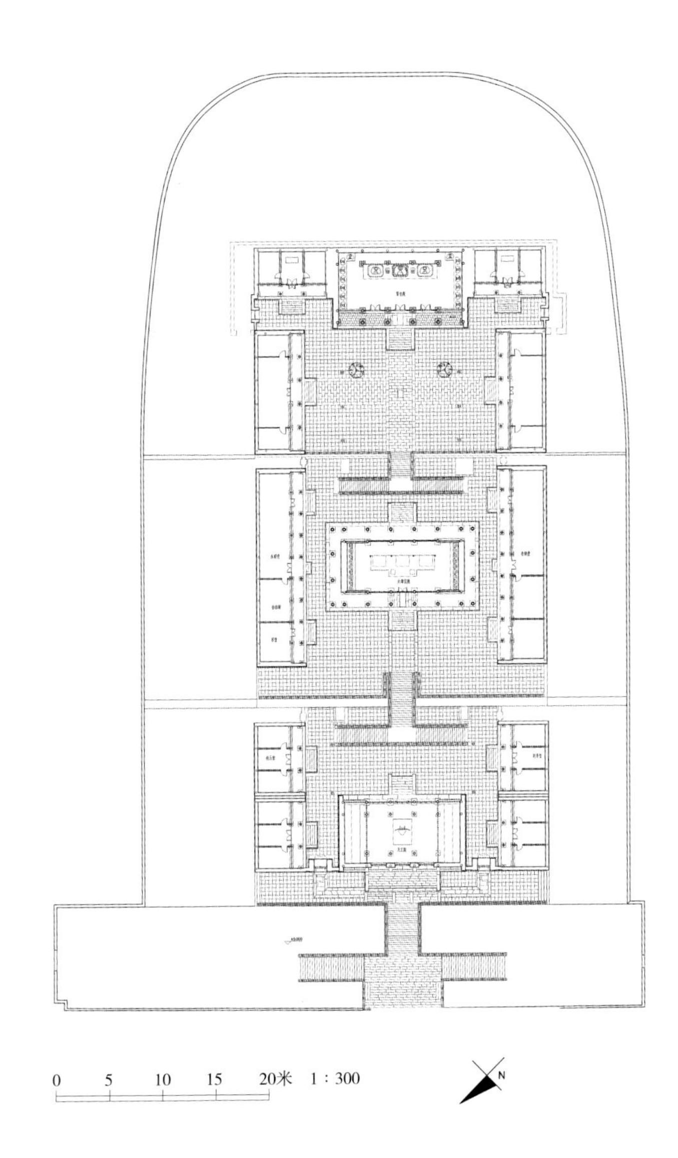

图7-36　山西五台山南山寺之大万圣佑国寺平面图

0　5　10　15　20米　1：300

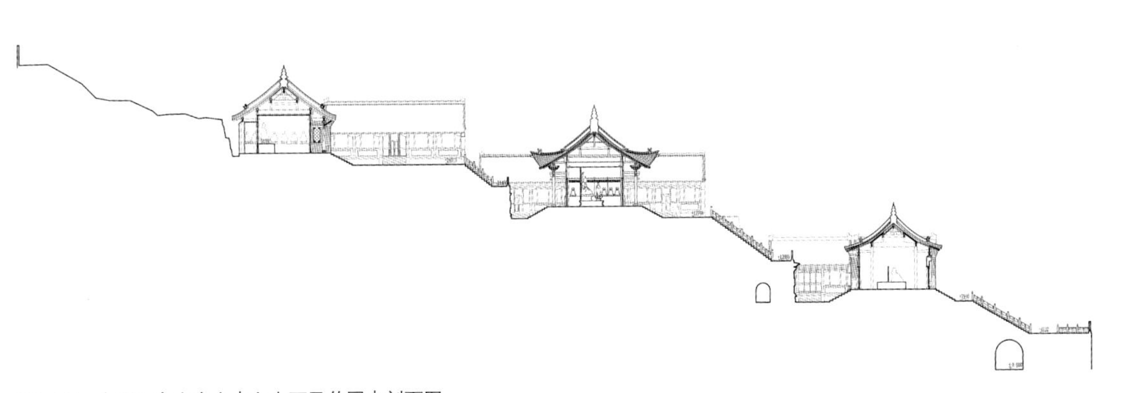

图7-37　山西五台山南山寺之大万圣佑国寺剖面图

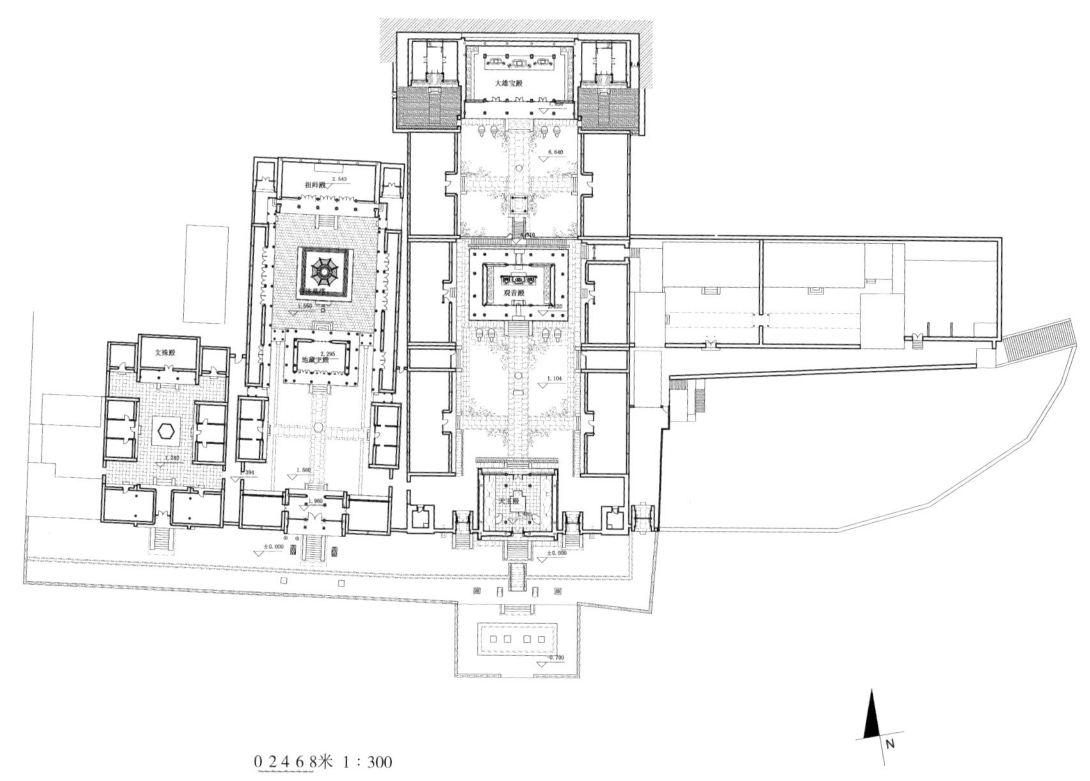

图7-38　山西五台山龙泉寺平面图

龙泉寺由三路南北向轴线组成，东轴线为主轴线，依序布置有天王殿、观音殿与大雄宝殿（图7-38）。天王殿两侧有钟鼓楼。院内两侧为配殿、庑房。大雄宝殿两侧各有一座翼楼。其中，天王殿为面广三间，进深三间，单檐硬山屋顶。殿两侧有2个掖门。门两侧钟鼓楼，分别坐落在一个砖砌墩座上。观音殿为面广五间，进深三间，单檐歇山顶建筑。檐下无斗栱，但柱间有精雕细刻的木制挂落式门罩，颇具晚清建筑的特征。殿内供奉有三大士造像。

位于主轴线后部的大雄宝殿，是一座面广五间，进深三间，单檐硬山顶有前檐廊的建筑。檐下亦无斗栱，但在前檐柱子额方之下，有雕刻十分精美细致的挂落式门罩。殿内供奉有三世佛，两山配置有十八罗汉造像。大雄宝殿檐下并无斗栱，但殿内佛座之上，却有十分精美的上圆下方、中间八角式，带九踩斗栱中心盘龙藻井。

中间与西路轴线，亦有各自独立的山门。中路有三进院落。中轴线上依序布置有山门、地藏殿、普济和尚墓塔，及位于最后的祖师殿（7-39）；山门与祖师殿两侧有侧

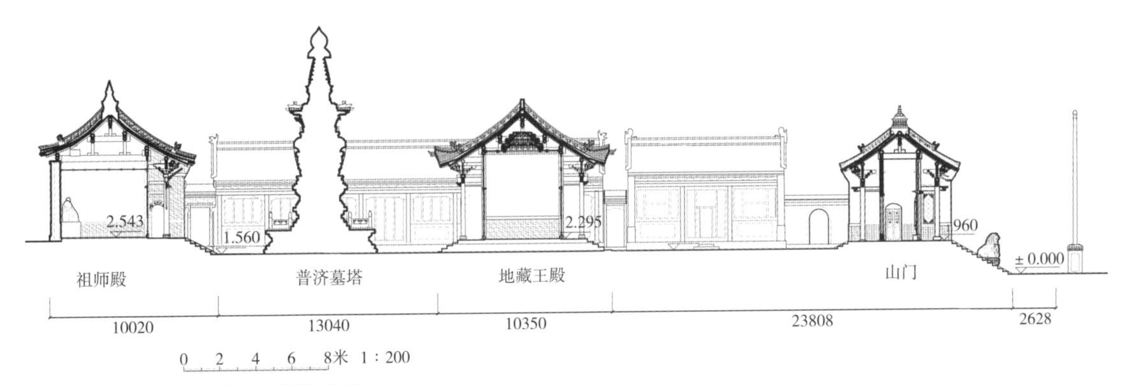

图7-39　山西五台山龙泉寺中路纵剖面图

图7-40　山西五台山龙泉寺普济和尚墓塔

房，院落两侧有配殿与庑房。中轴线后部的普济和尚塔，瘗埋的是曾经建造了五台山南山寺的普济和尚的灵骨，这是一座雕凿十分细密繁缛的喇嘛塔（图7–40）。

龙泉寺给人的感觉是建筑等级并不高，空间配置也比较简单，但建筑的装饰极其复杂繁缛，同时透出了砖石雕刻与木雕在工艺上的成熟与细腻。这或也反映了清代晚期乃至民国初期的艺术审美趣味与石雕、木雕工艺的技术水准。

三、普陀山清代三寺

普陀山在明代及清初，屡遭倭寇及海盗的袭扰，寺院建筑屡毁屡建，现存普陀山的主要寺院及近百座庵院，几乎都是清代的建筑遗存。

1．普济寺

普济禅寺，当属普陀山最早的寺院，五代时在这里建“不肯去观音院”，宋代重修后改为“宝陀观音寺”。元代复有修缮。明代在宝陀寺旧址上兴造“敕建护国永寿普陀禅寺”。清初康熙十年（1671年）再毁。直至康熙三十八年（1699年）再图重兴，并赐额“普济群灵”，寺由此更名为“普济禅寺”。雍正九年（1731年）再次大修，形成现在的规模；嘉庆、光绪间又屡有修缮。

普济寺沿北偏西轴线布置，主要入口稍偏东南。中轴线上依序布置有山门、天王殿、圆通宝殿、藏经殿。藏经殿之后，通过一个垂花门，进入方丈院，方丈室称为“景命殿”。方丈院后另有一高起的小院，其内是位于中轴线最后的烟霞馆。普济寺中轴线上的这一主要建筑配置，基本沿用了明代万历年间的护国永寿普陀禅寺的布局模式（图7–41，图7–42）。

山门两侧各有侧门，天王殿前两侧为钟鼓楼，但钟鼓楼与两侧配殿、庑房都排列在寺院两侧的边缘位置上，并呈前后紧密相接的形式。钟鼓楼之北为伽蓝殿（东）与祖师殿（西）。再北为绣佛殿与白衣殿，这两座殿堂，恰好形成了寺院主殿圆通殿庭院中的主要配殿。在其北侧相接者，是东西罗汉堂。

主殿圆通殿左右各有朵殿，东为灵应殿，西为关帝殿，从而将寺院前后主院落隔开。方丈院内的景命殿西侧有梅曙堂，东则为僧寮、客寮、香积厨，及宾日楼。位于寺院后部两侧的建筑，虽然亦有庭院，但呈南方式建筑特有的因地制宜、幽深密集的空间组织形式。寺院主庭院两侧配殿庑房前的前廊，亦将寺院前后紧密地联系在一起，形成颇具南方建筑曲折幽邃且十分便捷通达的空间形态。

天王殿面广五间，进深四间，有前廊。寺院主殿圆通宝殿，面广七间（约40米），进深五间（约24.7米），重檐歇山式造型（图7–43），殿内却为类似厅堂式建筑的做法，内柱直抵五架梁下。

藏经殿外观像是一座重檐大殿，其实是一座楼阁，藏经楼底层兼作法堂，供奉有三世佛像，二层是藏佛经之处。而藏经殿之后的景命殿，面广五开间，进深九架。由此可以知道一座位于中轴线上的方丈室，其规制还是比较高的。而寺院前部两侧的钟

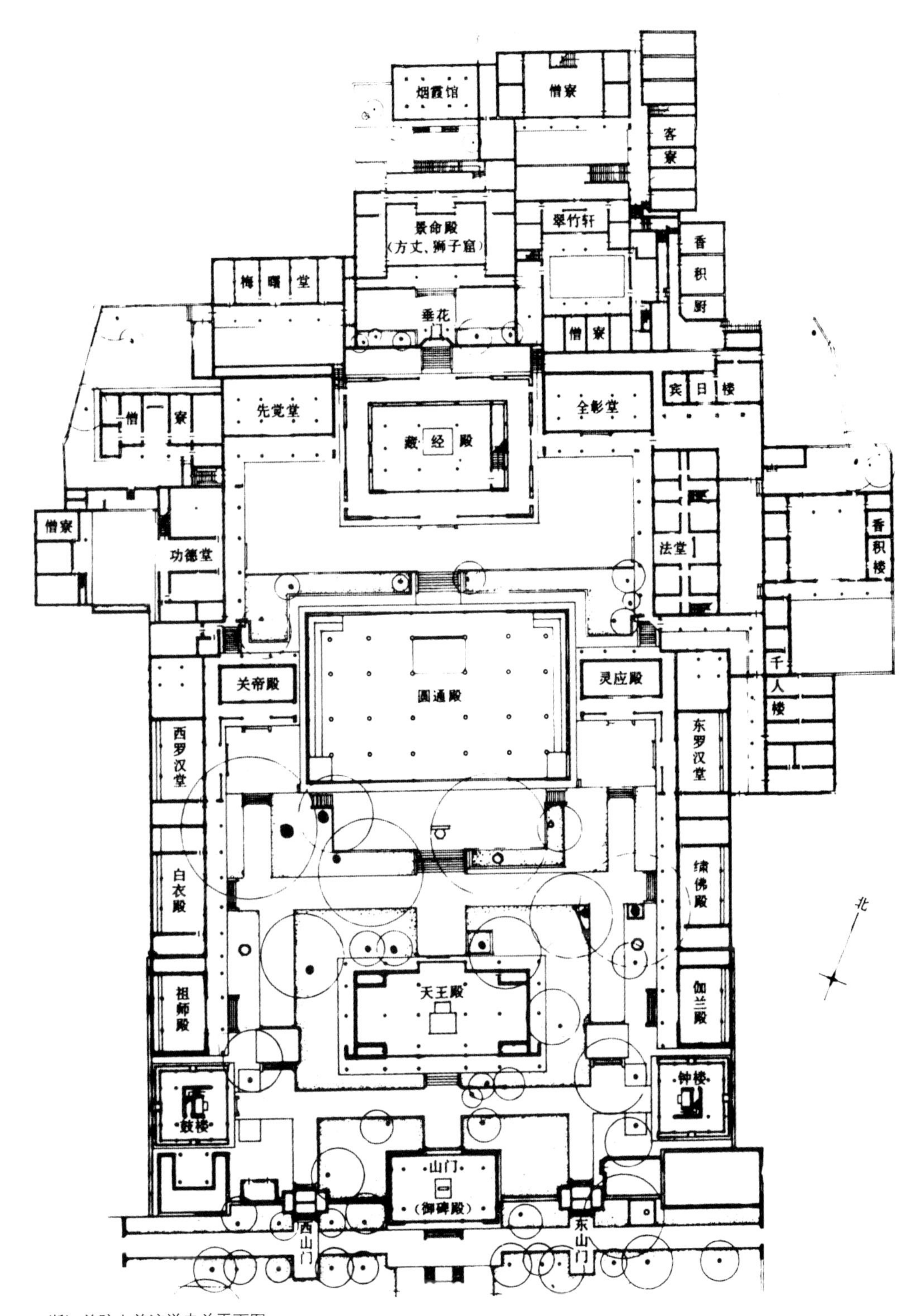

图7-41　浙江普陀山普济禅寺总平面图

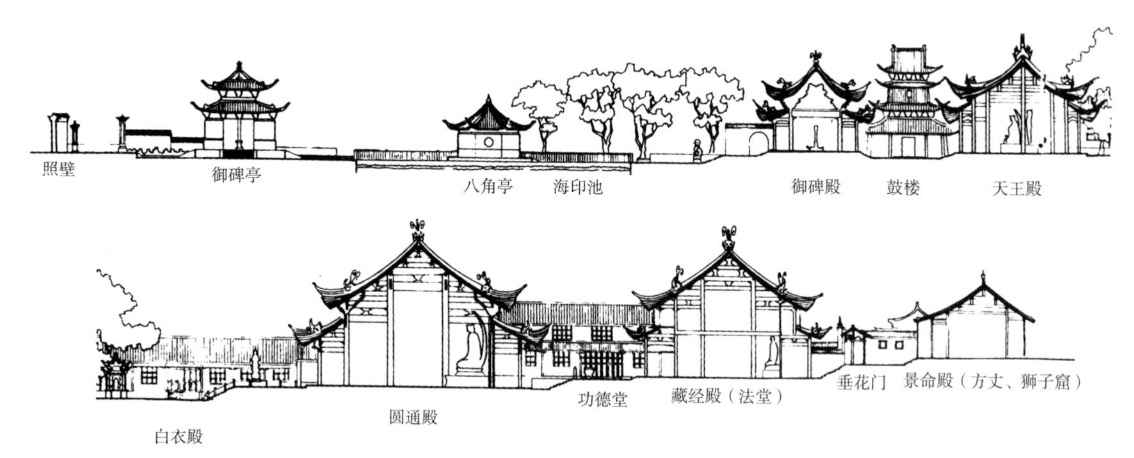

图7-42 浙江普陀山普济禅寺剖面图

图7-43 浙江普陀山普济寺圆通殿外观

鼓楼，均为三层四檐的楼阁建筑，其造型颇具南方楼阁的轻盈与飘逸感觉。

2．法雨寺

普陀山法雨禅寺，原为蜀僧大智于明万历八年（1580年）创建的海潮庵。万历三十三年寺宇初具规模，万历三十四年（1606年），敕赐寺额“护国永寿镇海禅寺”。明末寺院主殿遭火焚，清初又因海寇袭扰，再遭损毁。康熙二十三年（1684年）始弛海禁，寺宇渐次恢复。康熙三十八年（1699年），敕赐帑金重建主殿圆通宝殿，并赐额“天花法雨”，遂更名为“法雨禅寺”。雍正九年（1731年）续赐帑重修，渐成大刹。

法雨寺现状，是沿北偏东轴线布置的，主要入口稍偏西南。寺基约为东西200米，南北235米。寺院前部通过一个庭院转折，进入寺中轴线。沿寺中轴线依序布置有天王殿、玉佛殿、圆通殿、万寿御碑殿、大雄宝殿，及藏经阁等6座建筑（图7–44，图7–45）。

天王殿面广七间，长29.15米；进深四间，12.45米，重檐歇山式屋顶。正立面为砖砌墙面上开拱券洞门与两侧方窗。殿两侧各有一个三开间的侧门，分别称为东山门、西山门。这应该是将山门与天王殿合一之后的权宜做法。天王殿内两侧，对称布置有面广三间、进深三间的小殿。东为伽蓝堂，西为龙王堂。与小殿相邻者为钟楼与鼓楼。

玉佛殿与圆通殿位于一个高大的台座，通过玉佛殿两侧的踏阶可以到达台座之上。玉佛殿面广五间，进深四间，带周围廊。圆通殿据称为康熙三十八年重修时，拆迁明代南京故宫殿堂而成①，殿面广七间，36米；进深五间，26.5米。单层重檐黄琉璃瓦顶。殿内供奉毗卢观音造像，其后塑有海岛观音及五十三参造像。殿内两侧有十八罗汉造像。殿前有月台。因殿内顶部有圆形九龙藻井，故又称“九龙殿”。

万寿御碑殿与大雄宝殿，位于一个更高的台座之上。万寿御碑殿面广5间，进深3间。殿内原有康熙御书碑已毁，现为千手观音造像。大雄宝殿面广5间，长29.5米，进深5间，深18.6米，重檐歇山屋顶。（图7–46）殿为康熙三十二年（1693年）重建，光绪五年（1879年）重修。殿内供奉三世佛造像。

大雄宝殿两侧各有一座面广三间，进深三间的朵殿，分别为准提殿（东）与伏魔殿（西）。准提殿，现改为三圣殿，殿内供奉有西方三圣。伏魔殿相当于关帝殿，殿内供奉关帝造像。

---

① 参见普陀山志．第330页．

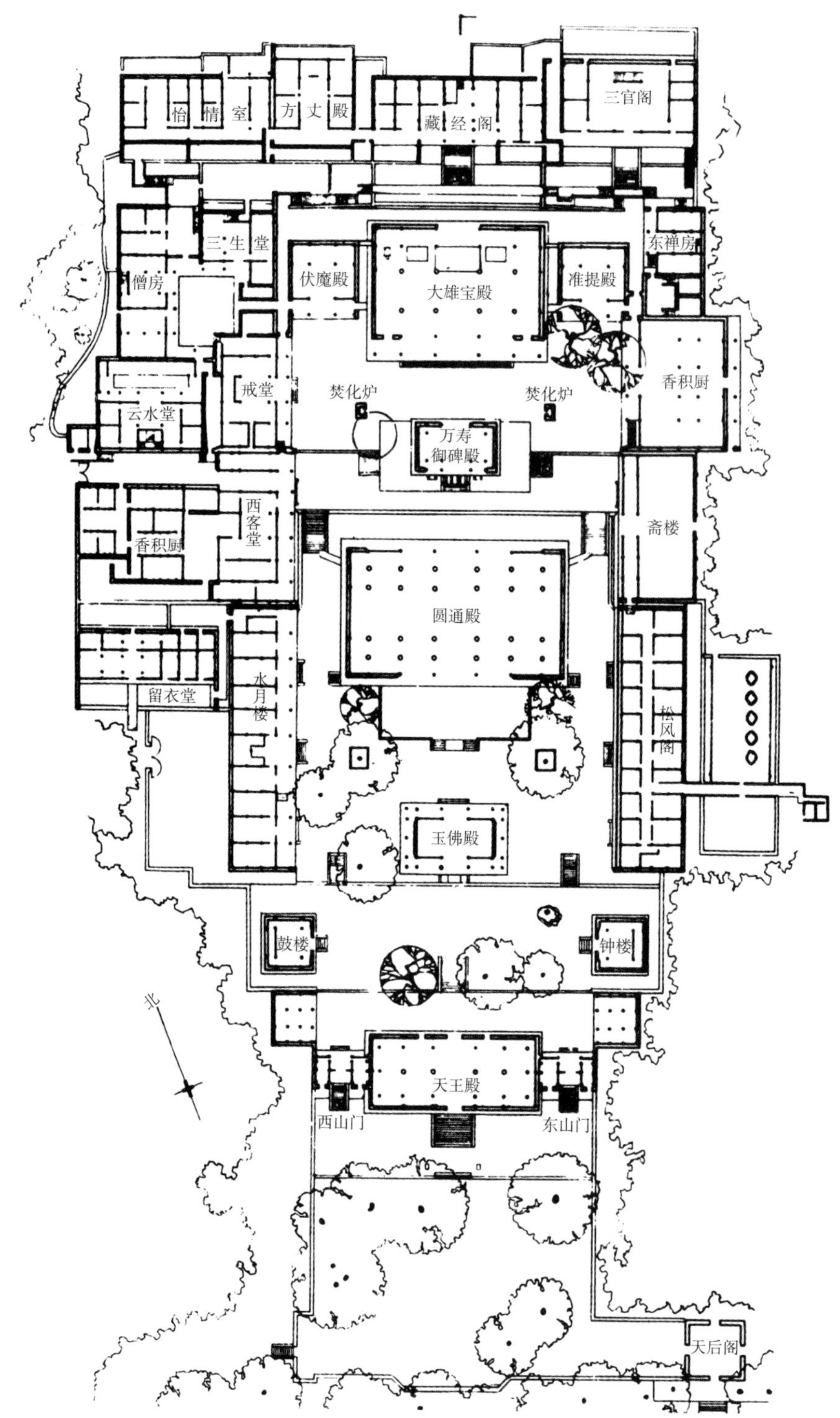

图7-44　浙江普陀山法雨禅寺平面图

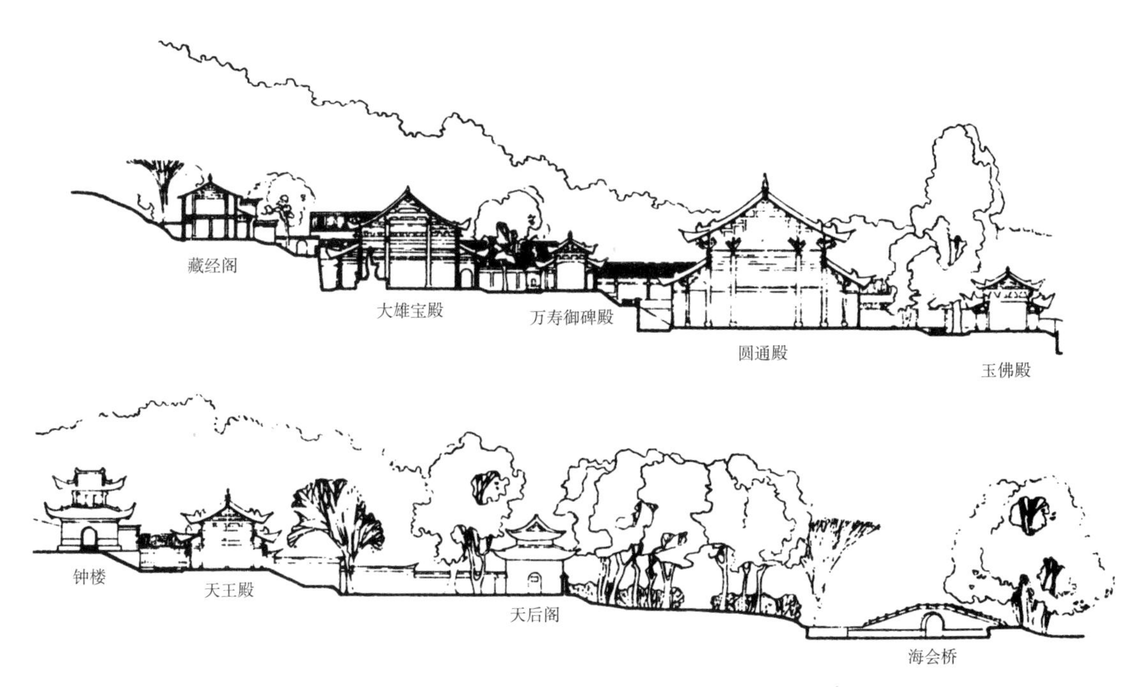

图7-45　浙江普陀山法雨禅寺剖面图

图7-46　浙江普陀山法雨寺大雄宝殿外观

位于中轴线最后端高地之上的藏经阁，是一座二层楼阁。阁首层前檐有抱厦。阁两侧有左右配阁，东为五开间的三官阁，西为三开间的方丈殿。方丈殿之西为怡情室，其内曾供奉有康熙年间御赐珠宝观音造像一尊，故又称“珠宝观音殿”。可惜像已不存。

3．慧济寺

慧济寺位于普陀山上的佛顶山上，故又称“佛顶山寺”。初创于明代万历年间。清代康熙年间重修后，又遭毁圮。乾隆五十八年（1793年）僧人能积在山巅发现石刻“慧济禅寺”字样，遂募捐修造。嘉庆元年（1796年）扩庵为寺。光绪二十一年遭火焚后，再次重修，于光绪二十七年（1901年）建成；民国初年亦有续建。“文革”中又遭损坏，之后渐又恢复。

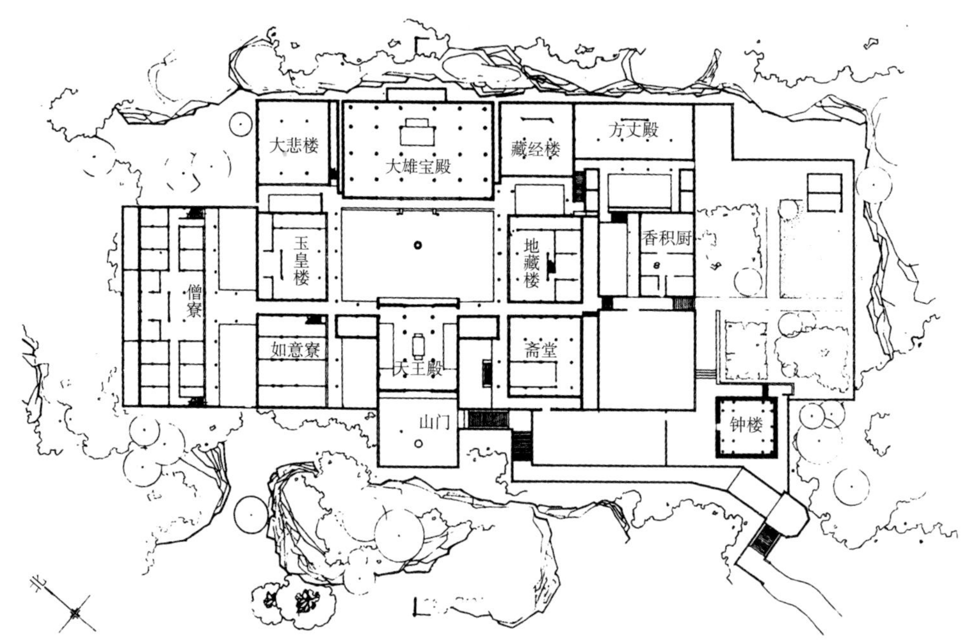

图7-47　浙江普陀山慧济禅寺平面图

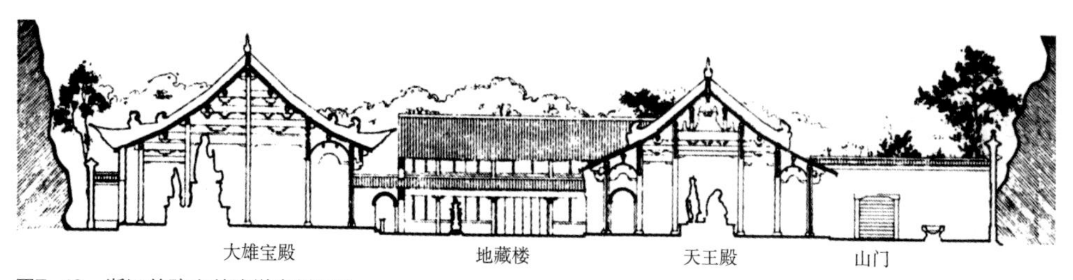

图7-48　浙江普陀山慧济禅寺剖面图

寺通过山道而上，曲折迂回间转入一个规模很小的山门。寺院朝向略近东北与西南方向，但因应地形呈横向布置。中轴线上布置有面广三间，进深五间的天王殿与面广七间，进深五间的大雄宝殿。

天王殿对面有“南无观世音菩萨影壁”一座。天王殿两侧为斋堂与如意寮。大雄宝殿前两侧配殿，分别为地藏楼（左）与玉皇楼（右）。大雄宝殿两侧各有一座朵楼，左为藏经楼，右为大悲楼。由此可知，普济寺是将一般寺院沿中轴线布置的大悲楼、藏经楼，因应地形随宜组织成为横向的建筑配置（图7-47，图7-48）。天王殿与大雄宝殿，均为单层单檐大殿。

寺院右（西）侧为僧寮，寺院左（东）侧为香积厨与方丈院。寺院的钟楼被布置在了寺院的东南一隅。

四、经过明清及晚近重修的几座历史名寺

历史上的许多名寺，因其有名而香火旺盛，从而使寺院修缮经费充沛。因此，凡是历史上的著名寺院，其实都是经过了多次重修或重建，其基本的空间样态或建筑遗存，大约都是相当晚近的。换言之，我们所熟知的一些汉传佛教寺院中的名寺，很可能都已经过反复的重建与重修，而成为清代寺院的空间样态，或其寺内的主要殿堂，很可能都多已经是清代，偶尔可能还有一两座明代的遗构了。

1．洛阳白马寺

经历了将近2000年的历史沧桑，洛阳白马寺的现状，其实已经是一座典型的杂糅了明清时代空间配置特征与晚近重建建筑的寺院。明代洪武二十三年（1390年），太祖朱元璋敕修白马寺，嘉靖三十四年（1555年）再次大规模修缮，初步形成了今日白马寺的规模与空间配置（图7-49）。

寺院沿南北向轴线布置。寺中轴线上依序布置有山门、天王殿、大佛殿、大雄宝殿、接引殿与坐落在清凉台上的毗卢阁等6座殿阁。中轴线两侧则对称布置有钟鼓楼，以及左右配殿、庑房和左右跨院。寺院的后部，在毗卢阁的左右两侧，分别布置有晚近所建的藏经阁（东）与法宝阁（右）（图7-50）。

中轴线上的主要建筑，天王殿面阔五间，进深四间，单檐歇山式造型。殿内有弥勒、韦驮及四大天王造像。大佛殿亦为面阔五间，进深四间的单檐歇山式建筑，其内供奉一佛二菩萨二弟子及观音菩萨造像。大雄宝殿面阔五间，进深四间，单檐悬山式

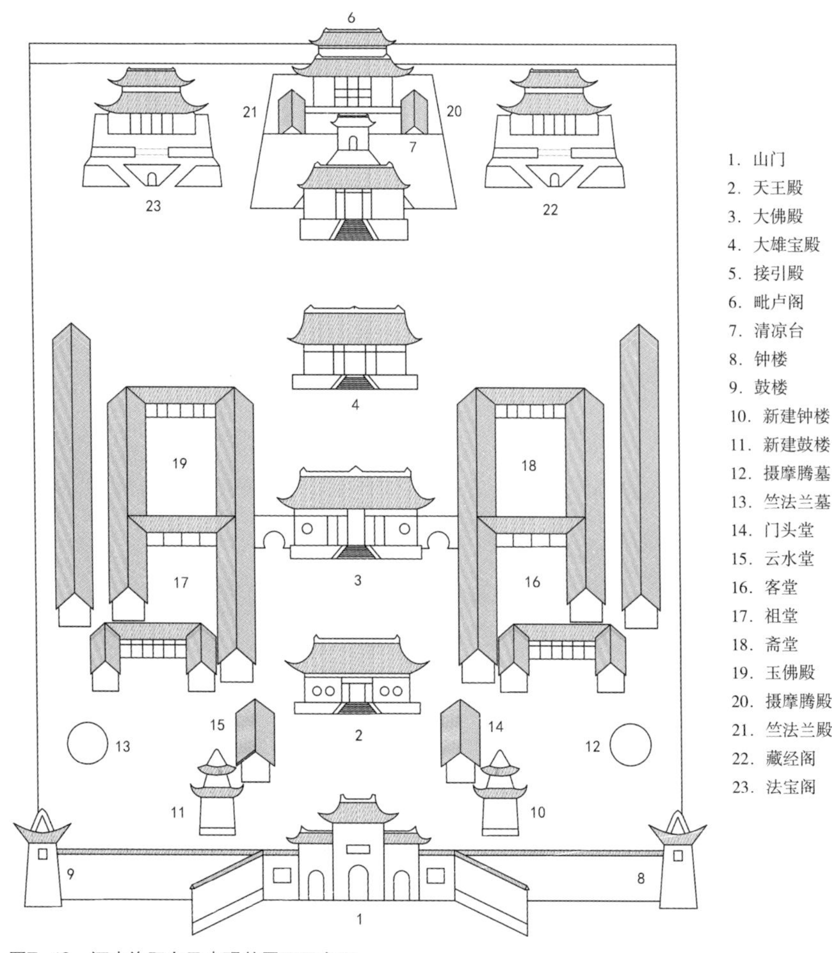

图7-49　河南洛阳白马寺现状平面示意图

图7-50　河南洛阳白马寺法宝阁外观

建筑，内为三世佛造像。这几座殿堂，疑为在明代旧构的基础上，又经历了清代的多次修葺。

位于毗卢阁前的接引殿为清代遗构，是一座面阔三间，进深两间的硬山屋顶小殿，殿内供奉有西方三圣的造像。而位于寺院中轴线最后的毗卢阁，是一座面阔五间，进深四间，重檐歇山式造型建筑。其内供奉有华严三圣，即毗卢遮那佛，及文殊、普贤二菩萨的造像。

寺院的基本配置，反映的不仅是明清寺院的空间形态与建筑配置模式，也多少融入了十分晚近的修缮痕迹与建筑配置理念。其历史价值主要体现在历代所存的40余通碑刻上。位于寺院外东南方位的齐云塔，为金代重修后的遗构，可以说是白马寺内最早的建筑遗存。

2. 开封相国寺

初创于北齐，赐名于唐代，在北宋时期达到其鼎盛状态的开封大相国寺，因为地处中原腹地，屡受战争与黄河水患的蹂躏与破坏。或也因其为名寺，亦经多次重修与重建。明代洪武重修后又遭水患，明永乐、成化、嘉靖年间都有重修。明末黄河泛滥，寺院全被毁坏。清顺治十八年（1661年）与康熙十年（1671年）、康熙二十三年（1684年），及乾隆三十一年的较大规模重建与重修，初步形成了现在的规模。之后的嘉庆、道光、光绪年间都有修缮。民国时期曾经改变其宗教功能。1949年恢复宗教功能后，又有一些修葺活动。

寺仍按南北轴线布置，现存寺址东西宽约62米，南北长约310米。沿中轴线布置有影壁、牌楼（图7–51）、山门、天王殿、大雄宝殿、八角琉璃殿、藏经楼。门前曾有清代影壁、牌楼，似已不存。中轴线上主要殿堂，除山门之外，其余如大雄宝殿、八角琉璃殿、藏经阁等，均为清代遗构。

三开间单檐歇山顶绿琉璃瓦顶山门曾毁于战火，现存建筑为晚近重建。山门内两侧钟鼓楼亦为晚近所建；但楼内高约2.23米，口径1.81米的铜钟则为清乾隆间遗物。山门以内为天王殿，又称接引殿，是一座清代乾隆年间重建的遗构。面阔五间，进深三间，单檐歇山式屋顶覆绿琉璃瓦。

大雄宝殿面广七间，进深五间，重檐歇山黄绿色带剪边方心琉璃瓦屋顶，总高约为13米（图7–52）。殿前有大月台，殿及月台四周均用白石栏杆环绕。殿内供奉横三世佛造像，左右两山有十八罗汉造像，佛像背屏之后有海岛观音与五十三参造像。当属清代大雄宝殿内常见的造像配置形式。

图7-51　河南开封相国寺牌楼旧影

图7-52　河南开封相国寺大雄宝殿外观

图7-53　河南开封大相国寺八角罗汉殿

图7-54　河南开封相国寺藏经楼外观

大雄宝殿之后为罗汉殿，因其为八角形平面，且用绿色琉璃瓦覆顶，故又称“八角琉璃殿”（图7-53）。殿由周围中空式八角殿堂与中央八角中心亭构成，两者间有天井。中心亭内供奉有一尊高3米余的四面千手千眼大悲观音木刻造像，为清代乾隆年间的作品。四周八角堂内则布置有五百罗汉造像，这应该是延续了北宋大相国寺内在第二三门二层布置五百罗汉造像的传统。

位于寺内中轴线最后的藏经楼，面阔五间，进深五间，二层楼阁，高20余米（图7-54）。藏经楼前亦有月台与白石栏杆。藏经楼左右两侧有观音阁（东）与地藏阁（西）。楼前另有东西配殿。

3．登封少林寺

初创于北魏太和十九年（495年）的登封少林寺，因为与禅宗祖师达摩的关联，被称为是中国佛教禅宗的重要祖庭之一。现存寺院是在清代遗存的基础上，渐次修复而成的。寺依地形渐次升高，并沿南北中轴线，依序布置有山门、天王殿、大雄宝殿、藏经阁兼法堂、方丈院、立雪亭、千佛殿，共7座殿堂，六进院落（图7–55 ~ 图7–57）。

山门为三开间单檐歇山顶建筑，原为清雍正间遗构，晚近有所重修。天王殿，面广五间，进深四间，重檐歇山式造型。殿内有门，将其殿分为前后两部分。中间隔墙之前为二金刚造像，隔墙之内为四大天王造像。属将明清时代依序布置的金刚殿与天王殿合二为一的配置模式。

大雄宝殿似为晚近重建之物，其殿面广五间，进深四间，重檐歇山式屋顶。殿内布置有三世佛造像，自东至西分别为药师佛、释迦牟尼佛与阿弥陀佛。殿内两山墙下有十八罗汉造像，三世佛背屏之后，仍为观音造像。

因遭民国时期兵炙所毁，藏经阁亦为晚近重建，面广五间，进深四间。单檐歇山式屋顶，其阁同时兼有法堂的功能。阁内有缅甸僧人捐赠的白玉卧佛造像。

藏经阁之后，通过一个小门，则进入方丈院，院内的主要建筑为方丈室。这是一座单檐硬山式屋顶建筑，有前后廊。方丈室亦为明代所创，但现存建筑当为清代遗构。殿内有祖师达摩的铜铸坐像，两侧则分立有二祖慧可、三祖僧灿、四祖道信、五祖弘忍的造像。

位于寺院中轴线最后的千佛殿，又称“毗卢殿”。殿面广七间，进深三间，单檐硬山式屋顶。殿内东西两壁有明清时代所绘的壁画，其中有“十三棍僧救唐王”，及“五百罗汉毗卢图”，颇为有名。殿内还供奉有毗卢遮那佛造像，与白玉释迦牟尼佛造像。

寺中轴线两侧对称配置有一些殿堂，如山门与天王殿左右有慈云堂与西来堂两个廊院，天王殿内两侧有晚近重建的高大钟鼓楼。大雄宝殿前东西两侧则是近世重建的紧那罗菩萨殿与六祖殿，藏经阁前两侧庑房中有禅堂，方丈室前两侧庑房中有客堂。千佛殿与立雪亭两侧则分别设置为文殊殿（东）、普贤殿（西）、观音殿（东）、地藏殿（西）。两庑之外，还有几个僧舍院。然而，这种寺院建筑配置方式，及部分建筑，因为有较多的晚近重修痕迹，究竟在多大程度上保留了清代原有旧制，尚不十分清楚。

少林寺建筑中历史价值较大者，主要是寺西的塔林（图7–58）、寺北的初祖庵、达摩洞，及寺院周围一些古代禅师墓塔。初祖庵是一座北宋遗构，距离少林寺较远，自成院落，与现状少林寺在空间组织上的联系不大。

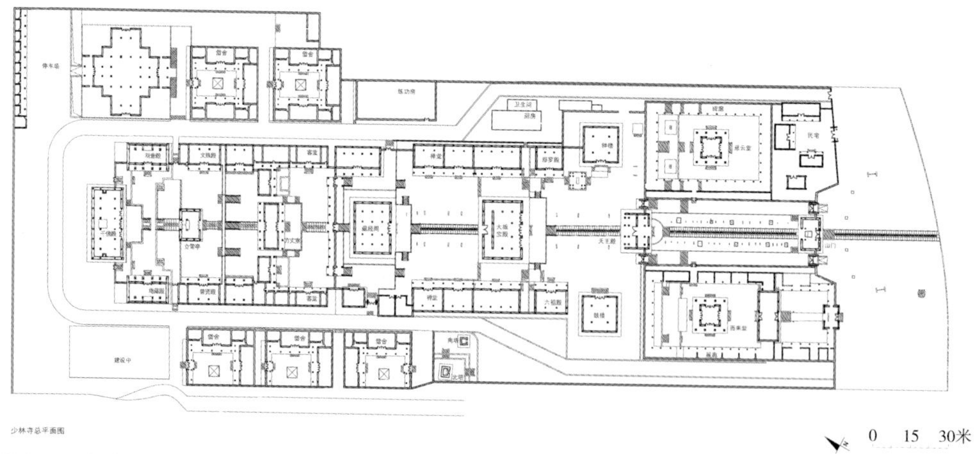

图7-55 河南登封嵩山少林寺总平面图

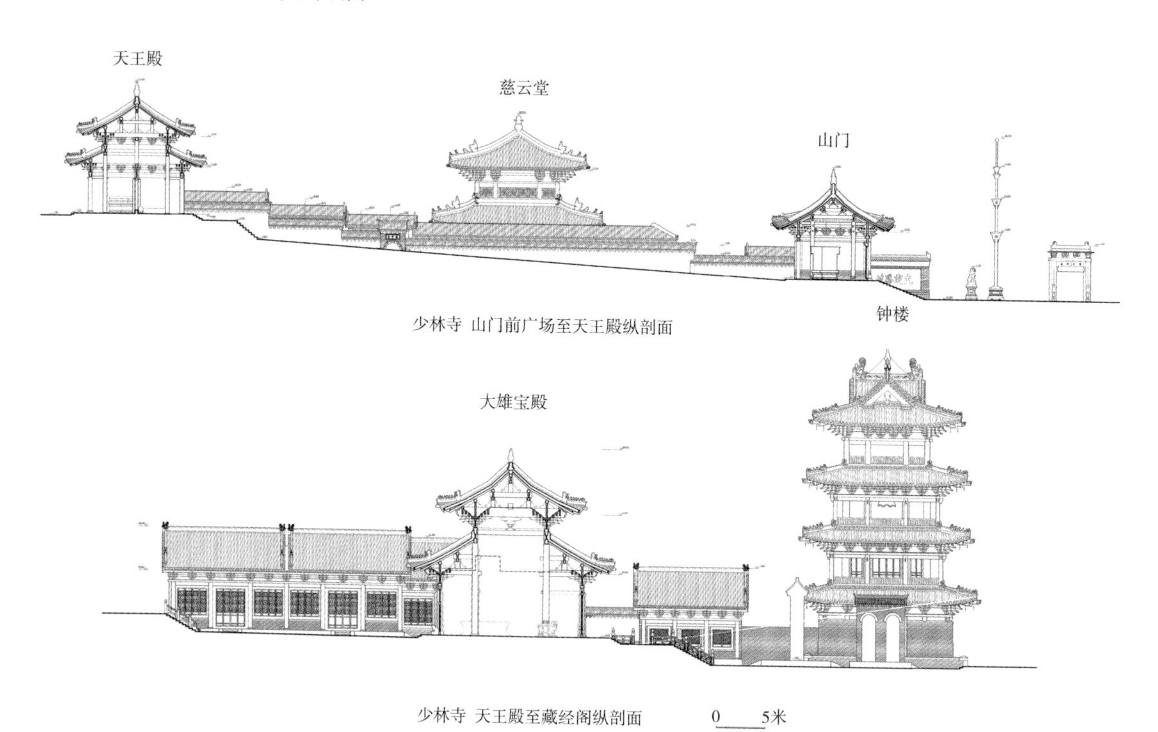

图7-56 河南登封少林寺山门前广场至天王殿纵剖、天王殿至藏经阁纵剖面图

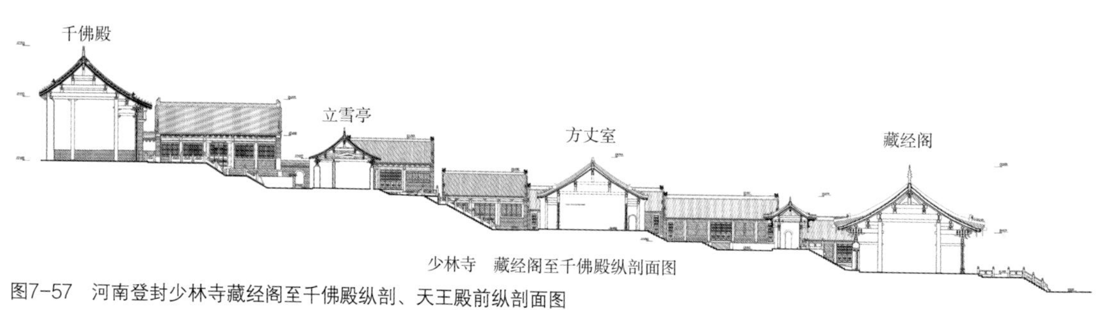

图7-57 河南登封少林寺藏经阁至千佛殿纵剖、天王殿前纵剖面图

图7-58 河南登封少林寺塔林一隅

4．北京法源寺

初创于唐代太宗时期的幽州悯忠寺，是北京地区历史上最早的寺院之一（图7-59）。悯忠寺，又称“愍忠寺”，经历了辽、金、元、明、清多个朝代，几乎与唐代以来的北京历史相始终，历代都有修缮与重建。清雍正十二年（1734年），悯忠寺又进行一次较大规模重修，经过这次重修之后，寺院更名为“法源寺”。

今日法源寺基本空间架构，大体上保留了清雍正年间重修后的寺院基本模式。寺院呈南北向布置，寺院南北长约240米，东西宽度平均约为75米，主要殿堂沿中轴线布置，依序有山门、天王殿、大雄宝殿、悯忠阁（戒坛）、净业堂、大悲殿、藏经阁，共六进院落，7座建筑。

法源寺前的为砖筑方墩式山门三座，中间一座用歇山式瓦顶，两侧门为悬山顶（图7-60）。山门内两侧对称配置有钟楼与鼓楼。天王殿为三开间，单檐歇山；前为砖筑石拱门造型，殿内供奉有弥勒、韦驮，及四大天王造像。

大雄宝殿面广五间，进深三间，并带三开间抱厦前廊。殿内供奉明代雕凿的毗卢遮那佛与文殊、普贤华严三圣造像。华严三圣左右两侧还分别供奉有六大菩萨造像。

图7-59　北京法源寺前身唐代悯忠寺复原鸟瞰

图7-60　北京法源寺山门外观

殿内两侧山墙下有清代所塑十八罗汉造像。大雄宝殿后的悯忠台，一说亦称戒坛，唐代时这里曾有一座三层高观音阁。现状是一座坐落在1米余高的古代台基上的单檐歇山顶三开间小殿。

悯忠台后的净业堂，或称“大遍觉堂”，亦有称“无量殿者”。殿为面阔三间，进深三间的方形大殿，单檐歇山式屋顶，殿内空间比较空阔，其内供奉有铜铸五方佛造像。像为三层，毗卢遮那佛位于上层中央，中层为朝向四个方向的东西南北四佛，下层位千瓣莲花座，每一莲花瓣上，都雕有一尊小铜佛，形成千佛绕毗卢的造型意向。

净业堂之后的大悲殿，又称“观音殿”。殿面阔五间，进深两间，单檐歇山顶，殿后有一间北向的抱厦。殿内中央为明代木刻观音大士造像，分别为准提观音、圣观音与自在观音。殿内左右另有所谓众宝观音、送子观音、千手千眼大悲观音、藏传佛教绿度母观音，及三座精美的珐琅塔。

位于寺院中轴线后部的藏经楼，面广五间，进深三间，二层楼阁。下层屋顶处有腰檐，上层带前廊，上用歇山式屋顶。藏经楼二层为贮藏历代所传佛经的地方，楼的首层兼作寺院的法堂。

法源寺天王殿两侧有庑廊，将主要殿堂两侧的配殿、庑房连接在一起，形成一个空间较为严整紧凑的寺院格局。据清末民初时人记述，法源寺大雄宝殿之左为伽蓝殿，右为祖师殿。现在的法源寺东南方位，有斋堂与僧舍。寺院西侧的跨院中，是中国佛学院所在地。

5．天台国清寺

由隋代高僧智顗所创建的天台国清寺是一座历史名寺，在唐代时，曾与同由智顗创建的当阳玉泉寺，以及建康栖霞寺、泰山灵岩寺并称为中国佛教寺院中的“四绝”。寺初创于隋开皇十八年（598年），初名“天台寺”，后更名为“国清寺”，是中国佛教天台宗的发源地。同历史上诸多名寺一样，国清寺也经历多次重修与重建，现存寺院是清代雍正十二年（1734年）奉敕重建之后的样态。

寺随山势而建，沿南北方向一条中轴线布列主要殿阁，两侧簇拥设置跨院式空间。有趣的是，寺院的正门，并不正对寺院中轴线，也未呈南北向布置模式，而是将寺院朝东布置，进门之后经过一个转折，进入与寺院中轴线相对应的中心甬道。中心甬道的前部之南，与山门并列的位置上，是一道影壁，上书“隋代古刹”四字。影壁之前的溪流之上，还设有一座与影壁相对应的石拱桥，形成寺院前部的引桥。这样的轴线及山门处理，使寺院空间更显幽邃（图7-61）。

图7-61　浙江天台国清寺入口及影壁

图7-62　浙江天台国清寺一隅（鼓楼）

图7-63　浙江天台国清寺大雄宝殿外观

寺院中轴线上依序布置有弥勒殿、雨花殿、大雄宝殿、药师殿、观音殿5座殿堂，以及一个放生池，中轴线的两侧对称配置有钟楼、鼓楼、祖堂等建筑（图7–62）。中轴线之西的跨院，亦形成一条建筑轴线，沿轴线布置有安养堂、三圣殿、止观堂、妙法堂和法华经幢。妙法堂之上，为藏经楼。说明这座寺院的藏经楼，被布置在了西跨院的后部。

与西跨院对称布置的东跨院，前后布置有延寿堂、聚贤堂、方丈楼和迎塔楼。其中的聚贤堂，其实是寺内僧人的斋堂。东跨院之东，另有一路院落，其中有里客堂、大彻堂（禅堂）和修竹轩，以及香积厨、茶堂等建筑。这一路建筑的前部，还有一座慈云楼，很可能是接待用房。所有这些建筑物，都是因山就势布置，形成由南向北渐次升高的空间态势。

因为是清代初年敕建的寺院，其中轴线上的主要殿堂颇具清代官式建筑的意味。位于寺院中轴线前部的弥勒殿，其实相当于正山门，其中供奉有弥勒坐像，以接引来寺朝谒的香客。弥勒像之后为护法神韦驮造像。殿内两侧对称峙立着二金刚造像，因此，可以将其理解为明清时代寺院前部常见的金刚殿。

弥勒殿之后的雨花殿，相当于一般寺院中的天王殿，其中供奉有四大天王的造像。大雄宝殿为寺内的主殿，面阔五间，重檐歇山式屋顶。

大雄宝殿之后的药师殿面广三间，重檐歇山黄琉璃瓦顶（图7–63）。上下檐皆出三踩斗栱。内供药师佛造像。殿后即为中轴线上最后一座殿堂——观音殿。这是一座晚近重建的木构官式三开间大殿，重檐歇山屋顶。上下檐皆用五踩斗栱。内供千手千眼大悲观音造像，及观音的三十二化身像。

除了寺院中轴线上的建筑采用了清代官式建筑造型与做法之外，东西跨院建筑，包括较为重要的三圣殿、罗汉堂、禅堂等建筑，都采用了南方木构单檐歇山式建筑的一般做法，其造型更具南方建筑特色。

此外，寺院周围还有砖砌六面九级“隋塔”，及石碑“一行到此水西流”等古迹，以及一些古老的树木，向人们诉说着这座历史名寺的历史沧桑。

结语

清代是2000多年封建王朝的最后一个朝代，也是距离我们最近的一个王朝。有清一代260余年，在佛教寺院的建造上，最大的建树，是修建了一系列壮丽辉煌的藏传佛教建筑，包括北京、承德、五台等地那些气势不凡的藏传佛教建筑，不仅在建筑创作上与文化与艺术上，创造性地将汉藏文化融合为一个有机的整体，也起到了笼络蒙藏上层，强化民族团结的作用，因此，这些寺院及其建筑，不仅具有极强的艺术效果，也具有十分重要的政治与文化意义。

此外，清代统治阶层在汉传佛教建筑上的建树不多，且由于清代的佛教政策，使得清代佛教寺院的规模，受到较大的限制，因而，有清一代的寺院规模都不是很大，即使是历史上一些名寺巨刹，在经历了清代数百年洗礼之后，寺院的空间规模与建筑尺度也都变得局促而有限。

更为令人遗憾的是，清代佛教寺院中，鲜有自己时代的创新。大部分汉传佛教寺院，基本的空间模式与建筑配置，基本上是在延续明代寺院格局基础上，甚至有所退化。无论在空间格局上，还是寺内建筑物配置上，有清一代几乎没有创造过任何前代寺院中从未出现过的做法。好一点的寺院，无非是较多地保存了元明时代的基本既有格局，或者较好地保护与沿用了寺内尚存的古老建筑，如宋辽金元时代的古老遗构。但在建筑类型上，寺院空间上，几乎没有任何超越前代的创造性内容出现。这不能不说是一个遗憾。

然而，我们又不得不承认的是，现存绝大多数寺院，其基本的格局，及寺内的建筑，又都是清代为我们保存下来的。一些历史上的名寺，虽然难以再现历史上的辉煌，但在有清一代，基本上以一个完整寺院的形式保存了下来。其中若有古老建筑遗存者，在清代多也得到了妥善的保护与维修。当然，其基本的寺院格局，几乎无一例外地按照清代寺院的平面特征加以了改造与完善。所以，尽管清代佛教建筑鲜有创新，但其对于传统佛教文化及建筑的保存与保护，也是功不可没的。

真正对佛教寺院与建筑造成直接威胁与大规模破坏者，在南方地区，主要是晚清时代出现的太平天国之祸。存世仅仅十几年的太平天国，扫荡与蹂躏了一度被视为汉传佛教之重心的中国长江以南地区几乎所有佛寺，同时遭殃的还有这一地区的几乎所有道观与地方祠宇，其破坏力远远超过了历史上所谓“三武一宗之厄”造成的冲击。而在北方地区，则无论是清末民初的军阀混战，还是侵华日军的炮火蹂躏，以及民国初年“拉大庙，建学校”的政策性导向，都起到了相当严重的破坏性作用。1949年以来的破除迷信，以及“文革”中所谓的“破四旧”运动，对于本已保存不多的各地寺院及其建筑所造成的摧残与损害，也是不可小觑的。

近些年兴起的佛教寺院及其建筑的再次勃兴，一方面起到了传承中国传统佛教文化的作用；另一方面，或许是对几乎贯穿了20世纪一整个世纪那些对待宗教及其建筑荒谬而激烈做法之历史过程的一个叛逆与反动，抑或是对其所造成巨大损害的一个弥补，亦未可知？

索引

D

E

F

G

H

J

K

L

M

N

P

Q

R

S

T

W

X

Y

Z

附　图片来源

导言插图

图0-1　杨昌鸣　摄
图0-2　辛惠园　摄
图0-3　baike.baidu.com
图0-4　baike.baidu.com
图0-5　邢聪　摄
图0-6　黄文镐　摄
图0-7　宋莉军　摄
图0-8　北京古今慧海文化信息交流中心
图0-9　北京古今慧海文化信息交流中心
图0-10　baike.baidu.com
图 0-11　baike.baidu.com
图 0-12　郑建民　摄
图 0-13　baike.baidu.com
图 0-14　北京古今慧海文化信息交流中心
图 0-15　北京古今慧海文化信息交流中心
图 0-16　baike.baidu.com
图 0-17　baike.baidu.com
图 0-18　www.quanjing.com
图 0-19　baike.baidu.com
图 0-20　兰巍　摄
图 0-21　baike.baidu.com
图 0-22　杨昌鸣　摄
图 0-23　baike.baidu.com
图 0-24　baike.baidu.com
图 0-25　baike.baidu.com
图 0-26　baike.baidu.com
图 0-27　林虎　摄
图0-28　《梁思成全集》，中国建筑工业出版社，2001.
图0-29　《梁思成全集》，中国建筑工业出版社，2001.

第一章插图

图1-1　北京古今慧海文化信息交流中心
图1-2　baike.baidu.com
图1-3　baike.baidu.com
图1-4　北京古今慧海文化信息交流中心
图1-5　baike.baidu.com

图1-6　笔者复原
图1-7　傅熹年. 中国古代建筑史. 第二卷［M］. 北京：中国建筑工业出版社，2001：484 .
图1-8　傅熹年. 中国古代建筑史. 第二卷［M］. 北京：中国建筑工业出版社，2001：477.
图1-9　李菁　绘
图1-10　方拥　摄
图1-11　敦煌石窟全集. 第21集. 北京：商务印书馆，2001.
图1-12　敦煌石窟全集. 第21集. 北京：商务印书馆，2001.
图1-13　笔者复原，笔者工作室绘图
图1-14　笔者复原并绘图
图1-15　笔者复原并绘图
图1-16　李若水复原并绘图
图1-17　笔者复原并绘图
图1-18　笔者复原并绘图
图1-19　北京古今慧海文化信息交流中心
图1-20　黄文镐　摄
图1-21　梁思成. 图像中国建筑史［M］. 天津：百花文艺出版社，2001.
图1-22　刘敦桢. 中国古代建筑史［M］. 北京：中国建筑工业出版社，1984.
图1-23　baike.baidu.com
图1-24　李大卫　摄
图1-25　刘敦桢. 中国古代建筑史［M］. 北京：中国建筑工业出版社，1984.
图1-26　刘敦桢. 中国古代建筑史［M］. 北京：中国建筑工业出版社，1984.
图1-27　清华大学建筑学院资料室
图1-28　杨昌鸣　摄
图1-29　baike.baidu.com
图1-30　黄文镐　摄
图1-31　黄文镐　摄
图1-32　刘敦桢. 中国古代建筑史［M］. 北京：中国建筑工业出版社，1984：92.
图1-33　笔者复原并绘图
图1-34　baike.baidu.com
图1-35　刘敦桢. 中国古代建筑史［M］. 北京：中国建筑工业出版社，1984：91.
图1-36　辛惠园　摄
图1-37　辛惠园　摄
图1-38　辛惠园　摄
图1-39　刘敦桢. 中国古代建筑史［M］. 北京：中国建筑工业出版社，1984：140.
图1-40　baike.baidu.com
图1-41　刘敦桢. 中国古代建筑史［M］. 北京：中国建筑工业出版社，1984：141.
图1-42　baike.baidu.com
图1-43　郑建民　摄
图1-44　郑建民　摄

第二章插图

图2-1　台北故宫博物院藏
图2-2　baike.baidu.com
图2-3　北京古今慧海文化信息交流中心
图2-4　北京古今慧海文化信息交流中心
图2-5　北京古今慧海文化信息交流中心
图2-6　北京古今慧海文化信息交流中心
图2-7　福州地方志编纂委员会. 福州市志（第2册）［M］北京：方志出版社，1998.
图2-8　辛惠园　摄
图2-9　辛惠园　摄
图2-10　辛惠园　摄
图2-11　北京古今慧海文化信息交流中心
图2-12　笔者自绘
图2-13　辛惠园　摄
图2-14　福州文管会杨秉伦提供
图2-15　笔者自绘
图2-16　笔者自绘
图2-17　辛惠园　摄
图2-18　笔者自绘
图2-19　笔者自绘
图2-20　笔者自绘

图2-21　辛惠园　摄
图2-22　辛惠园　摄
图2-23　白昭薰　摄
图2-24　白昭薰　摄
图2-25　朱南哲．韩国建筑史［M］．首尔：高丽大学校出版社，2006.
图2-26　白昭薰　摄
图2-27　笔者自绘
图2-28　辛惠园　摄
图2-29　黄文镐　摄
图2-30　罗哲文．中国古塔［M］．北京：外文出版社，1994.
图2-31　北京古今慧海文化信息交流中心
图2-32　傅熹年．中国古代建筑史·第二卷［M］．北京：中国建筑工业出版社，2001.
图2-33　傅熹年．中国古代建筑史·第二卷［M］．北京：中国建筑工业出版社，2001.
图2-34　傅熹年．中国古代建筑史·第二卷［M］．北京：中国建筑工业出版社，2001.
图2-35　辛惠园　摄
图2-36　辛惠园　摄
图2-37　李若水　摄
图2-38　丁承朴．中国建筑艺术全集·佛教建筑（二）（南方）［M］．北京：中国建筑工业出版社，1999.
图2-39　李若水　摄
图2-40　李若水　摄
图2-41　清华大学建筑学院资料室
图2-42　清华大学建筑学院资料室
图2-43　辛惠园　摄
图2-44　辛惠园　摄
图2-45　笔者自绘
图2-46　笔者自绘
图2-47　笔者自摄
图2-48　笔者自摄

第三章插图

图 3-1　baike.baidu.com
图3-2　baike.baidu.com
图3-3　兰巍　摄
图3-4　baike.baidu.com
图3-5　baike.baidu.com
图3-6　baike.baidu.com
图3-7　李沁园　绘
图3-8　李沁园　绘
图3-9　冯珊珊．辽上京城市形态研究［D］．西安：西安建筑科技大学，2013.
图3-10　孙蕾　绘
图3-11　罗哲文．中国古塔［M］．北京：外文出版社，1994.
图3-12　黄庄巍　摄
图3-13　北京古今慧海文化信息交流中心
图3-14　梁思成．梁思成全集·第一卷［M］．北京：中国建筑工业出版社，2001.
图3-15　梁思成．梁思成全集·第二卷［M］．北京：中国建筑工业出版社，2001.
图3-16　笔者自绘
图3-17　郭黛姮．中国古代建筑史·第三卷［M］．北京：中国建筑工业出版社，2003.
图3-18　郭黛姮．中国古代建筑史·第三卷［M］．北京：中国建筑工业出版社，2003.
图3-19　清华大学建筑学院资料室
图3-20　笔者自绘
图3-21　辛惠园　摄
图3-22　清华大学建筑学院资料室
图3-23　郭黛姮．中国古代建筑史·第三卷［M］．北京：中国建筑工业出版社，2003.
图3-24　郭黛姮．中国古代建筑史·第三卷［M］．北京：中国建筑工业出版社，2003.
图3-25　郭黛姮．中国古代建筑史·第三卷［M］．北京：中国建筑工业出版社，2003.
图3-26　郭黛姮．中国古代建筑史·第三卷［M］．北京：中国建筑工业出版社，2003.
图3-27　郭黛姮．中国古代建筑史·第三卷［M］．北京：中国建筑工业出版社，2003.

图3-28　曹昌智. 中国建筑艺术全集·佛教建筑(一)(北方)[M]. 北京：中国建筑工业出版社，2003.
图3-29　清华大学建筑学院资料室
图3-30　清华大学建筑学院资料室
图3-31　辛惠园　摄
图3-32　辛惠园　摄
图3-33　辛惠园　摄
图3-34　郭黛姮. 中国古代建筑史·第三卷[M]. 北京：中国建筑工业出版社，2003.
图3-35　清华大学建筑学院资料室
图3-36　辛惠园　摄
图3-37　辛惠园　摄
图3-38　辛惠园　摄
图3-39　辛惠园　摄
图3-40　辛惠园　摄
图3-41　黄文镐　摄
图3-42　郭黛姮. 中国古代建筑史·第三卷[M]. 北京：中国建筑工业出版社，2003.
图3-43　郭黛姮. 中国古代建筑史·第三卷[M]. 北京：中国建筑工业出版社，2003.
图3-44　郭黛姮. 中国古代建筑史·第三卷[M]. 北京：中国建筑工业出版社，2003.
图3-45　黄文镐　摄
图3-46　辛惠园　摄
图3-47　郭黛姮. 中国古代建筑史·第三卷[M]. 北京：中国建筑工业出版社，2003.
图3-48　郭黛姮. 中国古代建筑史·第三卷[M]. 北京：中国建筑工业出版社，2003.
图3-49　辛惠园　摄
图3-50　郭黛姮. 中国古代建筑史·第三卷[M]. 北京：中国建筑工业出版社，2003.
图3-51　辛惠园　摄
图3-52　郭黛姮. 中国古代建筑史·第三卷[M]. 北京：中国建筑工业出版社，2003.
图3-53　郭黛姮. 中国古代建筑史·第三卷[M]. 北京：中国建筑工业出版社，2003.
图3-54　清华大学建筑学院资料室
图3-55　郭黛姮. 中国古代建筑史·第三卷[M]. 北京：中国建筑工业出版社，2003.
图3-56　清华大学建筑学院资料室
图3-57　清华大学建筑学院资料室
图3-58　清华大学建筑学院资料室
图3-59　清华大学建筑学院资料室
图3-60　辛惠园　摄
图3-61　郭黛姮. 中国古代建筑史·第三卷[M]. 北京：中国建筑工业出版社，2003.
图3-62　郭黛姮. 中国古代建筑史·第三卷[M]. 北京：中国建筑工业出版社，2003.
图3-63　李瑞芝　摄
图3-64　辛惠园　摄
图3-65　郭黛姮. 中国古代建筑史·第三卷[M]. 北京：中国建筑工业出版社，2003.
图3-66　罗哲文. 中国古塔[M]. 北京：外文出版社，1994.
图3-67　北京古今慧海文化信息交流中心
图3-68　曹昌智. 中国建筑艺术全集·佛教建筑(一)(北方)[M]. 北京：中国建筑工业出版社，2000.
图3-69　内蒙古自治区建筑历史编辑委员会编. 内蒙古古建筑[M]. 北京-文物出版社，1959.
图3-70　罗哲文. 中国古塔[M]. 北京：外文出版社，1994.
图3-71　彭明浩　摄
图3-72　北京古今慧海文化信息交流中心
图3-73　北京古今慧海文化信息交流中心
图3-74　曹昌智. 中国建筑艺术全集·佛教建筑(一)(北方)[M]. 北京：中国建筑工业出版，2000.
图3-75　北京古今慧海文化信息交流中心
图3-76　辛惠园　摄
图3-77　辛惠园　摄
图3-78　孙蕾　摄
图3-79　辛惠园　摄

图3-80　辛惠园　摄
图3-81　北京古今慧海文化信息交流中心
图3-82　王军，燕宁娜，刘伟．宁夏古建筑［M］．北京：中国建筑工业出版社，2015.
图3-83　上海人民美术出版社出版明信片，2000.
图3-84　中国建筑工业出版社．中国美术全集·建筑艺术编（袖珍本）·宗教建筑［M］．北京：中国建筑工业出版社，2004.
图3-85　王军，燕宁娜，刘伟．宁夏古建筑［M］．北京：中国建筑工业出版社，2015.
图3-86　王军，燕宁娜，刘伟．宁夏古建筑［M］．北京：中国建筑工业出版社，2015.
图3-87　辛惠园　摄
图3-88　曹昌智．中国建筑艺术全集·佛教建筑（一）（北方）［M］．北京：中国建筑工业出版社，2000.
图3-89　郭黛姮．中国古代建筑史·第三卷［M］．北京：中国建筑工业出版社，2003.
图3-90　辛惠园　摄

第四章插图

图4-1　郑建民　摄
图4-2　杨昌鸣　摄
图4-3　baike.baidu.com
图4-4　郭黛姮．中国古代建筑史·第三卷［M］．北京：中国建筑工业出版社，2003.
图4-5　baike.baidu.com
图4-6　辛惠园　摄
图4-7　郭黛姮．中国古代建筑史·第三卷［M］．北京：中国建筑工业出版社，2003.
图4-8　辛惠园　摄
图4-9　辛惠园　摄
图4-10　辛惠园　摄
图4-11　辛惠园　摄
图4-12　郭黛姮．中国古代建筑史·第三卷［M］．北京：中国建筑工业出版社，2003.
图4-13　郭黛姮．中国古代建筑史·第三卷［M］．北京：中国建筑工业出版社，2003.
图4-14　清华大学建筑学院资料室
图4-15　郭黛姮．中国古代建筑史·第三卷［M］．北京：中国建筑工业出版社，2003.
图4-16　郭黛姮．中国古代建筑史·第三卷［M］．北京：中国建筑工业出版社，2003.
图4-17　王曦晨　摄
图4-18　郭黛姮．中国古代建筑史·第三卷［M］．北京：中国建筑工业出版社，2003.
图4-19　郭黛姮．中国古代建筑史·第三卷［M］．北京：中国建筑工业出版社，2003.
图4-20　清华大学建筑学院资料室
图4-21　郭黛姮．中国古代建筑史·第三卷［M］．北京：中国建筑工业出版社，2003.
图4-22　郭黛姮．中国古代建筑史·第三卷［M］．北京：中国建筑工业出版社，2003.
图4-23　王曦晨　摄
图4-24　郭黛姮．中国古代建筑史·第三卷［M］．北京：中国建筑工业出版社，2003.
图4-25　郭黛姮．中国古代建筑史·第三卷［M］．北京：中国建筑工业出版社，2003.
图4-26　曹昌智．中国建筑艺术全集·佛教建筑（一）（北方）［M］．北京：中国建筑工业出版社，2000.
图4-27　郭黛姮．中国古代建筑史·第三卷［M］．北京：中国建筑工业出版社，2003.
图4-28　郭黛姮．中国古代建筑史·第三卷［M］．北京：中国建筑工业出版社，2003.
图4-29　青榆，王昊　摄
图4-30　郭黛姮．中国古代建筑史·第三卷［M］．北京：中国建筑工业出版社，2003.
图4-31　梁思成．梁思成全集·第一卷［M］．北京：中国建筑工业出版社，2001.
图4-32　李若水　摄
图4-33　郭黛姮．中国古代建筑史·第三卷［M］．北京：中国建筑工业出版社，2003.
图4-34　baike.baidu.com

图4-35　郭黛姮. 中国古代建筑史·第三卷［M］. 北京：中国建筑工业出版社，2003.
图4-36　郭黛姮. 中国古代建筑史·第三卷［M］. 北京：中国建筑工业出版社，2003.
图4-37　辛惠园　摄
图4-38　辛惠园　摄
图4-39　黄文镐　摄
图4-40　中国建筑工业出版社. 中国美术全集·建筑艺术编（袖珍本）·宗教建筑［M］. 北京：中国建筑工业出版社，2004.
图4-41　辛惠园　摄
图4-42　辛惠园　摄
图4-43　辛惠园　摄
图4-44　郭黛姮. 中国古代建筑史·第三卷［M］. 北京：中国建筑工业出版社，2003.
图4-45　郭黛姮. 中国古代建筑史·第三卷［M］. 北京：中国建筑工业出版社，2003.
图4-46　辛惠园　摄
图4-47　辛惠园　摄
图4-48　清华大学建筑学院资料室
图4-49　辛惠园　摄
图4-50　辛惠园　摄
图4-51　辛惠园　摄
图4-52　辛惠园　摄
图4-53　辛惠园　摄
图4-54　辛惠园　摄
图4-55　郭黛姮. 中国古代建筑史·第三卷［M］. 北京：中国建筑工业出版社，2003.
图4-56　郭黛姮. 中国古代建筑史·第三卷［M］. 北京：中国建筑工业出版社，2003.
图4-57　李若水　摄
图4-58　郭黛姮. 中国古代建筑史·第三卷［M］. 北京：中国建筑工业出版社，2003.
图4-59　郭黛姮. 中国古代建筑史·第三卷［M］. 北京：中国建筑工业出版社，2003.
图4-60　辛惠园　摄
图4-61　辛惠园　摄
图4-62　辛惠园　摄
图4-63　敖仕恒　摄
图4-64　郭黛姮. 中国古代建筑史·第三卷［M］. 北京：中国建筑工业出版社，2003.
图4-65　郭黛姮. 中国古代建筑史·第三卷［M］. 北京：中国建筑工业出版社，2003.
图4-66　北京古今慧海文化信息交流中心
图4-67　北京古今慧海文化信息交流中心
图4-68　郭黛姮. 中国古代建筑史·第三卷［M］. 北京：中国建筑工业出版社，2003.
图4-69　郭黛姮. 中国古代建筑史·第三卷［M］. 北京：中国建筑工业出版社，2003.
图4-70　郭黛姮. 中国古代建筑史·第三卷［M］. 北京：中国建筑工业出版社，2003.
图4-71　辛惠园　摄
图4-72　郭黛姮. 中国古代建筑史·第三卷［M］. 北京：中国建筑工业出版社，2003.
图4-73　郭黛姮. 中国古代建筑史·第三卷［M］. 北京：中国建筑工业出版社，2003.
图4-74　郭黛姮. 中国古代建筑史·第三卷［M］. 北京：中国建筑工业出版社，2003.
图4-75　杨澍　摄
图4-76　郭黛姮. 中国古代建筑史·第三卷［M］. 北京：中国建筑工业出版社，2003.
图4-77　清华大学建筑学院资料室
图4-78　黄庄巍　摄
图4-79　郭黛姮. 中国古代建筑史·第三卷［M］. 北京：中国建筑工业出版社，2003.
图4-80　辛惠园　摄
图4-81　辛惠园　摄
图4-82　辛惠园　摄
图4-83　辛惠园　摄
图4-84　郭黛姮. 中国古代建筑史·第三卷［M］. 北京：中国建筑工业出版社，2003.
图4-85　罗哲文. 中国古塔［M］. 北京：外文出版社，1994.
图4-86　郭黛姮. 中国古代建筑史·第三卷［M］. 北京：中国建筑工业出版社，2003.

图4-87　郭黛姮．中国古代建筑史・第三卷［M］．北京：中国建筑工业出版社，2003.

图4-88　丁承朴．中国建筑艺术全集・佛教建筑（二）（南方）［M］．北京：中国建筑工业出版社，1999.

图4-89　刘楚婷　摄

图4-90　辛惠园　摄

图4-91　郭黛姮．中国古代建筑史・第三卷［M］．北京：中国建筑工业出版社，2003.

图4-92　郭黛姮．中国古代建筑史・第三卷［M］．北京：中国建筑工业出版社，2003.

图4-93　郭黛姮．中国古代建筑史・第三卷［M］．北京：中国建筑工业出版社，2003.

图4-94　梅静　摄

图4-95　梅静　摄

图4-96　郭黛姮．中国古代建筑史・第三卷［M］．北京：中国建筑工业出版社，2003.

图4-97　郭黛姮．中国古代建筑史・第三卷［M］．北京：中国建筑工业出版社，2003.

图4-98　辛惠园　摄

图4-99　曹昌智．中国建筑艺术全集・佛教建筑（一）（北方）［M］．北京：中国建筑工业出版社，2000.

图4-100　曹昌智．中国建筑艺术全集・佛教建筑（一）（北方）［M］．北京：中国建筑工业出版社，2000.

图4-101　北京古今慧海文化信息交流中心

图4-102　北京古今慧海文化信息交流中心

图4-103　曹昌智．中国建筑艺术全集・佛教建筑（一）（北方）［M］．北京：中国建筑工业出版社，2000.

图4-104　罗哲文．中国古塔［M］．北京：外文出版社，1994.

图4-105　baike.baidu.com

第五章插图

图5-1　包志禹　摄

图5-2　包志禹　摄

图5-3　刘敦桢．中国古代建筑史［M］．北京：中国建筑工业出版社，2008.

图5-4　北京古今慧海文化信息交流中心

图5-5　17世纪版本的鲁布鲁克的威廉《东行纪》版画插图

图5-6　陈永龄，主编.《民族词典》编辑委员会，编. 民族辞典［M］. 上海：上海辞书出版社，1987.

图5-7　辛惠园　摄

图5-8　清华大学建筑学院测绘

图5-9　北京古今慧海文化信息交流中心

图5-10　辛惠园　摄

图5-11　清华大学建筑学院测绘

图5-12　清华大学建筑学院测绘

图5-13　辛惠园　摄

图5-14　潘谷西．中国古代建筑史・第四卷［M］．北京：中国建筑工业出版社，2009.

图5-15　潘谷西．中国古代建筑史・第四卷［M］．北京：中国建筑工业出版社，2009.

图5-16　辛惠园　摄

图5-17　贺从容　摄

图5-18　潘谷西．中国古代建筑史・第四卷［M］．北京：中国建筑工业出版社，2009.

图5-19　辛惠园　摄

图5-20　刘珊珊　摄

图5-21　潘谷西．中国古代建筑史・第四卷［M］．北京：中国建筑工业出版社，2009.

图5-22　上海市文物保管委员会．上海市郊元代建筑真如寺正殿中发现的工匠墨笔字［J］．文物，1966（3）．

图5-23　辛惠园　摄

图5-24　北京古今慧海文化信息交流中心

图5-25　辛惠园　摄

图5-26　北京古今慧海文化信息交流中心

图5-27　黄文镐　摄

图5-28　北京古今慧海文化信息交流中心

图5-29　清华大学建筑学院测绘

图5-30　baike.baidu.com
图5-31　北京古今慧海文化信息交流中心
图5-32　孙大章，傅熹年，罗哲文，等．梵宫——中国佛教建筑艺术［M］．上海：上海辞书出版社，2006.
图5-33　baike.baidu.com
图5-34　刘敦桢．中国古代建筑史［M］．北京：中国建筑工业出版社，2008.
图5-35　清华大学建筑学院测绘
图5-36　清华大学建筑学院测绘
图5-37　北京古今慧海文化信息交流中心
图5-38　北京古今慧海文化信息交流中心
图5-39　北京古今慧海文化信息交流中心
图5-40　王贵祥．匠人营国——中国古代建筑史话［M］．北京：中国建筑工业出版社，2015.
图5-41　刘敦桢．中国古代建筑史［M］．北京：中国建筑工业出版社，2008.
图5-42　辛惠园　摄
图5-43　关野贞　摄，1918
图5-44　国家文物局．全国重点文物保护单位（第六批）［M］．北京：文物出版社，2008.
图5-45　《潮州古建筑》编写组．潮州古建筑［M］．北京：中国建筑工业出版社，2008.
图5-46　北京古今慧海文化信息交流中心
图5-47　罗哲文．中国古塔［M］．北京：外文出版社，1994.
图5-48　曹华　摄
图5-49　北京古今慧海文化信息交流中心

第六章插图

图6-1　韩桂茂提供
图6-2　image.baidu.co
图6-3　李群．青海古建筑［M］．北京：中国建筑工业出版社，2015.
图6-4　贺从容，李沁园，梅静．浙江古建筑地图［M］．北京：清华大学出版社，2015.
图6-5　贺从容，李沁园，梅静．浙江古建筑地图［M］．北京：清华大学出版社，2015.
图6-6　image.baidu.com
图6-7　北京古今慧海文化信息交流中心
图6-8　辛惠园　摄
图6-9　潘谷西．中国古代建筑史·第四卷［M］．北京：中国建筑工业出版社，2009.
图6-10　北京古今慧海文化信息交流中心
图6-11　潘谷西．中国古代建筑史·第四卷［M］．北京：中国建筑工业出版社，2009.
图6-12　北京古今慧海文化信息交流中心
图6-13　米飞飞．神秘法海寺鲜为人知的“北京敦煌”［J］．资源与人居环境，2014（11）.
图6-14　潘谷西．中国古代建筑史·第四卷［M］．北京：中国建筑工业出版社，2009.
图6-15　潘谷西．中国古代建筑史·第四卷［M］．北京：中国建筑工业出版社，2009.
图6-16　北京古今慧海文化信息交流中心
图6-17　潘谷西．中国古代建筑史·第四卷［M］．北京：中国建筑工业出版社，2009.
图6-18　潘谷西．中国古代建筑史·第四卷［M］．北京：中国建筑工业出版社，2009.
图6-19　image.baidu.com
图6-20　潘谷西．中国古代建筑史·第四卷［M］．北京：中国建筑工业出版社，2009.
图6-21　潘谷西．中国古代建筑史·第四卷［M］．北京：中国建筑工业出版社，2009.
图6-22　黄文镐　摄
图6-23　黄文镐　摄
图6-24　辛惠园　摄
图6-25　清华大学建筑学院测绘
图6-26　清华大学建筑学院测绘
图6-27　黄文镐　摄
图6-28　孙大章，傅熹年，罗哲文，等．梵宫——中国佛教建筑艺术［M］．上海：上海辞书出版社，2006.
图6-29　baike.baidu.com
图6-30　兰巍　摄

图6-31　兰巍　摄
图6-32　兰巍　摄
图6-33　兰巍　摄
图6-34　刘珊珊　摄
图6-35　孙大章，傅熹年，罗哲文，等．梵宫——中国佛教建筑艺术［M］．上海：上海辞书出版社，2006.
图6-36　baike.baidu.com
图6-37　baike.baidu.com
图6-38　北京古今慧海文化信息交流中心
图6-39　baike.baidu.com
图6-40　辛惠园　摄
图6-41　清华大学建筑学院测绘
图6-42　image.baidu.cn
图6-43　baike.baidu.com
图6-44　baike.baidu.com
图6-45　image.baidu.cn

第七章插图

图7-1　杨昌鸣　摄
图7-2　image.baidu.cn
图7-3　杨昌鸣　摄
图7-4　baike.baidu.com
图7-5　林佳　摄
图7-6　image.baidu.cn
图7-7　image.baidu.cn
图7-8　北京古今慧海文化信息交流中心
图7-9　李乾朗．巨匠神工　透视中国经典古建筑［M］．台北：远流出版事业股份有限公司，2007.
图7-10　李乾朗．穿墙透壁：剖视中国经典古建筑［M］．南宁：广西师范大学出版社，2009.
图7-11　baike.baidu.com
图7-12　北京古今慧海文化信息交流中心
图7-13　北京古今慧海文化信息交流中心
图7-14　杨昌鸣　摄
图7-15　杨昌鸣　摄
图7-16　杨昌鸣　摄
图7-17　杨昌鸣　摄
图7-18　北京古今慧海文化信息交流中心
图7-19　北京古今慧海文化信息交流中心
图7-20　北京古今慧海文化信息交流中心
图7-21　奚进　摄
图7-22　吴立旺．神奇佛国九华山［M］．合肥：黄山书社，2007.
图7-23　辛惠园　摄
图7-24　曹昌智．中国建筑艺术全集·佛教建筑（一）（北方）［M］．北京：中国建筑工业出版社，2000.
图7-25　曹昌智．中国建筑艺术全集·佛教建筑（一）（北方）［M］．北京：中国建筑工业出版社，2000.
图7-26　徐腾　提供
图7-27　image.baidu.cn
图7-28　曹昌智．中国建筑艺术全集·佛教建筑（一）（北方）［M］．北京：中国建筑工业出版社，2000.
图7-29　北京古今慧海文化信息交流中心
图7-30　北京古今慧海文化信息交流中心
图7-31　www.lvmama.com/
图7-32　曹昌智．中国建筑艺术全集·佛教建筑（一）（北方）［M］．北京：中国建筑工业出版社，2000.
图7-33　清华大学建筑学院测绘
图7-34　清华大学建筑学院测绘
图7-35　xinzhou.sxgov.cn
图7-36　清华大学建筑学院测绘
图7-37　清华大学建筑学院测绘
图7-38　清华大学建筑学院测绘
图7-39　清华大学建筑学院测绘
图7-40　辛惠园　摄
图7-41　王连胜．普陀洛迦山志［M］．上海：上海古籍出版社，1999.
图7-42　王连胜．普陀洛迦山志［M］．上海：上海古籍出版社，1999.
图7-43　曹昌智．中国建筑艺术全集·佛教建筑（一）

（北方）［M］. 北京：中国建筑工业出版社，2000.

图7-44　王连胜. 普陀洛迦山志［M］. 上海：上海古籍出版社，1999.

图7-45　王连胜. 普陀洛迦山志［M］. 上海：上海古籍出版社，1999.

图7-46　北京古今慧海文化信息交流中心

图7-47　王连胜. 普陀洛迦山志［M］. 上海：上海古籍出版社，1999.

图7-48　王连胜. 普陀洛迦山志［M］. 上海：上海古籍出版社，1999.

图7-49　赵萨日娜　绘

图7-50　朴沼衍　摄

图6-51　（法）爱德华　1907年摄

图7-52　北京古今慧海文化信息交流中心

图7-53　刘珊珊　摄

图7-54　北京古今慧海文化信息交流中心

图7-55　清华大学建筑学院测绘

图7-56　清华大学建筑学院测绘

图7-57　清华大学建筑学院测绘

图7-58　罗哲文. 中国古塔［M］. 北京：外文出版社，1994.

图7-59　傅熹年. 中国古代建筑史·第二卷［M］. 北京：中国建筑工业出版社，2001.

图7-60　北京古今慧海文化信息交流中心

图7-61　北京古今慧海文化信息交流中心

图7-62　丁承朴. 中国建筑艺术全集·佛教建筑（二）（南方）［M］. 北京：中国建筑工业出版社，1999.

图7-63　中国建筑工业出版社. 中国美术全集·建筑艺术编·宗教建筑［M］. 北京：中国建筑工业出版社，2004.

关于本书图片来源的说明

本书为纯学术性著作，其中所引图片，除本人绘制及尽可能注明提供者来源之外，因为书中内容覆盖范围过于宽泛，无法一一自行解决，故从网络上采纳了部分相关图片。所有图片仅用于与书中文字有关的图形参照，借以帮助读者理解书中文字所叙述内容，并无任何其他商业性目标。在此谨作说明，并向所有图片提供者，致以真诚的感谢。也因无法一一请允，谨在此表示深深的歉意。

作者 谨上

2019年4月17日

图书在版编目（CIP）数据

古刹美寺／王贵祥著．—北京：中国城市出版社，2019.12
（大美中国系列丛书）
ISBN 978-7-5074-3215-2

Ⅰ．①古… Ⅱ．①王… Ⅲ．①佛教－寺庙－古建筑－建筑艺术－介绍－中国 Ⅳ．①TU-098.3

中国版本图书馆CIP数据核字（2019）第227236号

本书是作者在多年研究、教学基础上，总结编撰而成。作者以翔实的文字、大量的历史照片、建筑现状照片及线描图、轻松的笔触和深刻的视角，对自佛教传入我国两千多年来，佛教建筑历经汉朝、南北朝、隋唐、五代与辽金、元代，及至明清的起源、分布、结构、造型与发展，进行了分析和阐述，使读者能够追寻着历史的踪迹与历代佛寺建筑遗存，去探求佛教寺塔中所蕴含的深沉、博大与优雅的文化、艺术与建筑之美。本书可供建筑师、相关专业的在校师生，以及对建筑、历史、文化、旅游感兴趣的相关从业者和大众读者阅读、参考。

责任编辑：董苏华　李　鸽
书籍设计：付金红　李永晶
责任校对：李美娜

大美中国系列丛书
王贵祥　陈薇　主编
古刹美寺
王贵祥　著
*
中国建筑工业出版社、中国城市出版社出版、发行（北京海淀三里河路9号）
各地新华书店、建筑书店经销
北京锋尚制版有限公司制版
北京雅昌艺术印刷有限公司印刷
*
开本：787×1092毫米　1/16　印张：21½　字数：381千字
2020年9月第一版　2020年9月第一次印刷
定价：247.00元
ISBN 978－7－5074－3215－2
（904170）